这是除《物种起源》以外，达尔文一切著作中最有价值的一本。

——莱伊尔（Charles Lyell，1797—1875）

　　我发现研究兰花非常有收获，因为它使我看到了，为了借助昆虫受精，兰花的各个部分几乎都与虫媒受精相互适应；显然，这是自然选择的结果。

——达尔文写给博物学家胡克（J. D. Hooke，1817—1911）的信

　　兰科植物的财富几乎使我发狂了……在我的一生中，没有什么能比兰科植物更让我感兴趣的了。

——达尔文（C.R.Darwin，1809—1882）

本书列入"十三五"国家重点图书出版规划

科学元典丛书

The Series of the Great Classics in Science

主　　编　任定成

执行主编　周雁翎

策　　划　周雁翎

丛书主持　陈　静

　　科学元典是科学史和人类文明史上划时代的丰碑，是人类文化的优秀遗产，是历经时间考验的不朽之作。它们不仅是伟大的科学创造的结晶，而且是科学精神、科学思想和科学方法的载体，具有永恒的意义和价值。

科学元典丛书

兰科植物的受精

兰科植物借助于昆虫受精的种种装置

The Various Contrivances by Which Orchids are Fertilised by Insects

[英] 达尔文 著　唐进 汪发缵 陈心启 胡昌序 译

叶笃庄 校　陈心启 重校

北京大学出版社
PEKING UNIVERSITY PRESS

图书在版编目（CIP）数据

兰科植物的受精/(英)达尔文著；唐进等译. —北京：北京大学出版社，2016.8
（科学元典丛书）
ISBN 978-7-301-27242-8

Ⅰ.①兰… Ⅱ.①达… ②唐… Ⅲ.①兰科－植物－受精 Ⅳ.①Q949.71②Q944.44

中国版本图书馆 CIP 数据核字（2016）第 148410 号

The Various Contrivance By Which Orchids are Fertilised by Insects
（2nd Edition）
By Charles Darwin
London: J. Murray, 1877

书　　　名	兰科植物的受精
	LANKE ZHIWU DE SHOUJING
著作责任者	［英］达尔文　著　唐　进　汪发缵　陈心启　胡昌序　译
	叶笃庄　校　陈心启　重校
丛 书 策 划	周雁翎
丛 书 主 持	陈　静
责 任 编 辑	陈　静
标 准 书 号	ISBN 978-7-301-27242-8
出 版 发 行	北京大学出版社
地　　　址	北京市海淀区成府路 205 号　　100871
网　　　址	http://www.pup.cn　　新浪微博：@北京大学出版社
微信公众号	科学元典（微信号：kexueyuandian）
电 子 信 箱	zyl@pup.pku.edu.cn
电　　　话	邮购部 010-62752015　发行部 010-62750672　编辑部 010-62707542
印 刷 者	北京中科印刷有限公司
经 销 者	新华书店
	787 毫米 × 1092 毫米　16 开本　15.75 印张　彩插 8　260 千字
	2016 年 8 月第 1 版　2021 年 6 月第 2 次印刷
定　　　价	49.00 元

弁　言

　　这套丛书中收入的著作，是自古希腊以来，主要是自文艺复兴时期现代科学诞生以来，经过足够长的历史检验的科学经典。为了区别于时下被广泛使用的"经典"一词，我们称之为"科学元典"。

　　我们这里所说的"经典"，不同于歌迷们所说的"经典"，也不同于表演艺术家们朗诵的"科学经典名篇"。受歌迷欢迎的流行歌曲属于"当代经典"，实际上是时尚的东西，其含义与我们所说的代表传统的经典恰恰相反。表演艺术家们朗诵的"科学经典名篇"多是表现科学家们的情感和生活态度的散文，甚至反映科学家生活的话剧台词，它们可能脍炙人口，是否属于人文领域里的经典姑且不论，但基本上没有科学内容。并非著名科学大师的一切言论或者是广为流传的作品都是科学经典。

　　这里所谓的科学元典，是指科学经典中最基本、最重要的著作，是在人类智识史和人类文明史上划时代的丰碑，是理性精神的载体，具有永恒的价值。

一

科学元典或者是一场深刻的科学革命的丰碑,或者是一个严密的科学体系的构架,或者是一个生机勃勃的科学领域的基石,或者是一座传播科学文明的灯塔。它们既是昔日科学成就的创造性总结,又是未来科学探索的理性依托。

哥白尼的《天体运行论》是人类历史上最具革命性的震撼心灵的著作,它向统治西方思想千余年的地心说发出了挑战,动摇了"正统宗教"学说的天文学基础。伽利略《关于托勒密与哥白尼两大世界体系的对话》以确凿的证据进一步论证了哥白尼学说,更直接地动摇了教会所庇护的托勒密学说。哈维的《心血运动论》以对人类躯体和心灵的双重关怀,满怀真挚的宗教情感,阐述了血液循环理论,推翻了同样统治西方思想千余年、被"正统宗教"所庇护的盖伦学说。笛卡儿的《几何》不仅创立了为后来诞生的微积分提供了工具的解析几何,而且折射出影响万世的思想方法论。牛顿的《自然哲学之数学原理》标志着 17 世纪科学革命的顶点,为后来的工业革命奠定了科学基础。分别以惠更斯的《光论》与牛顿的《光学》为代表的波动说与微粒说之间展开了长达 200 余年的论战。拉瓦锡在《化学基础论》中详尽论述了氧化理论,推翻了统治化学百余年之久的燃素理论,这一智识壮举被公认为历史上最自觉的科学革命。道尔顿的《化学哲学新体系》奠定了物质结构理论的基础,开创了科学中的新时代,使 19 世纪的化学家们有计划地向未知领域前进。傅立叶的《热的解析理论》以其对热传导问题的精湛处理,突破了牛顿的《自然哲学之数学原理》所规定的理论力学范围,开创了数学物理学的崭新领域。达尔文《物种起源》中的进化论思想不仅在生物学发展到分子水平的今天仍然是科学家们阐释的对象,而且 100 多年来几乎在科学、社会和人文的所有领域都在施展它有形和无形的影响。《基因论》揭示了孟德尔式遗传性状传递机理的物质基础,把生命科学推进到基因水平。爱因斯坦的《狭义与广义相对论浅说》和薛定谔的《关于波动力学的四次演讲》分别阐述了物质世界在高速和微观领域的运动规律,完全改变了自牛顿以来的世界观。魏格纳的《海陆的起源》提出了大陆漂移的猜想,为当代地球科学提供了新的发展基点。维纳的《控制论》揭示了控制系统的反馈过程,普里戈金的《从存在到演化》发现了系统可能从原来无序向新的有序态转化的机制,二者的思想在今天的影响已经远远超越了自然科学领域,影响到经济学、社会学、政治学等领域。

科学元典的永恒魅力令后人特别是后来的思想家为之倾倒。欧几里得的《几何原本》以手抄本形式流传了 1800 余年,又以印刷本用各种文字出了 1000 版以上。阿基米德写了大量的科学著作,达·芬奇把他当作偶像崇拜,热切搜求他的手稿。伽利略以他的继承人自居。莱布尼兹则说，了解他的人对后代杰出人物的成就就不会那么赞赏了。为捍卫《天体运行论》中的学说，布鲁诺被教会处以火刑。伽利略因为其《关于托勒密与哥白尼两大世界体系的对话》一书，遭教会的终身监禁，备受折磨。伽利略说吉尔伯特的《论磁》一书伟大得令人嫉妒。拉普拉斯说，牛顿的《自然哲学之数学原理》揭示了宇宙的最伟大定律，它将永远成为深邃智慧的纪念碑。拉瓦锡在他的《化学基础论》出版后 5 年被法国革命法庭处死，传说拉格朗日悲愤地说，砍掉这颗头颅只要一瞬间，再长出这样的头颅 100 年也不够。《化学哲学新体系》的作者道尔顿应邀访法，当他走进法国科学院会议厅时，院长和全体院士起立致敬，得到拿破仑未曾享有的殊荣。傅立叶在《热的解析理论》中阐述的强有力的数学工具深深影响了整个现代物理学，推动数学分析的发展达一个多世纪，麦克斯韦称赞该书是"一首美妙的诗"。当人们咒骂《物种起源》是"魔鬼的经典""禽兽的哲学"的时候，赫胥黎甘做"达尔文的斗犬"，挺身捍卫进化论，撰写了《进化论与伦理学》和《人类在自然界的位置》，阐发达尔文的学说。经过严复的译述，赫胥黎的著作成为维新领袖、辛亥精英、"五四"斗士改造中国的思想武器。爱因斯坦说法拉第在《电学实验研究》中论证的磁场和电场的思想是自牛顿以来物理学基础所经历的最深刻变化。

在科学元典里，有讲述不完的传奇故事，有颠覆思想的心智波涛，有激动人心的理性思考，有万世不竭的精神甘泉。

二

按照科学计量学先驱普赖斯等人的研究，现代科学文献在多数时间里呈指数增长趋势。现代科学界，相当多的科学文献发表之后，并没有任何人引用。就是一时被引用过的科学文献，很多没过多久就被新的文献所淹没了。科学注重的是创造出新的实在知识。从这个意义上说，科学是向前看的。但是，我们也可以看到，这么多文献被淹没，也表明划时代的科学文献数量是很少的。大多数科学元典不被现代科学文献所引用，那是因为其中的知识早已成为科学中无须证明的常识了。即使这样，科学经典也会因为其中思想的恒久意义，而像人文领域里的经典一样，具有永恒的阅读价值。于是，科学经典就被一编再编、一印再印。

早期诺贝尔奖得主奥斯特瓦尔德编的物理学和化学经典丛书"精密自然科学经典"从 1889 年开始出版，后来以"奥斯特瓦尔德经典著作"为名一直在编辑出版，有资料说目前已经出版了 250 余卷。祖德霍夫编辑的"医学经典"丛书从 1910 年就开始陆续出版了。也是这一年，蒸馏器俱乐部编辑出版了 20 卷"蒸馏器俱乐部再版本"丛书，丛书中全是化学经典，这个版本甚至被化学家在 20 世纪的科学刊物上发表的论文所引用。一般把 1789 年拉瓦锡的化学革命当作现代化学诞生的标志,把 1914 年爆发的第一次世界大战称为化学家之战。奈特把反映这个时期化学的重大进展的文章编成一卷,把这个时期的其他 9 部总结性化学著作各编为一卷,辑为 10 卷"1789—1914 年的化学发展"丛书,于 1998 年出版。像这样的某一科学领域的经典丛书还有很多很多。

科学领域里的经典,与人文领域里的经典一样,是经得起反复咀嚼的。两个领域里的经典一起,就可以勾勒出人类智识的发展轨迹。正因为如此,在发达国家出版的很多经典丛书中,就包含了这两个领域的重要著作。1924 年起,沃尔科特开始主编一套包括人文与科学两个领域的原始文献丛书。这个计划先后得到了美国哲学协会、美国科学促进会、科学史学会、美国人类学协会、美国数学协会、美国数学学会以及美国天文学学会的支持。1925 年,这套丛书中的《天文学原始文献》和《数学原始文献》出版,这两本书出版后的 25 年内市场情况一直很好。1950 年,沃尔科特把这套丛书中的科学经典部分发展成为"科学史原始文献"丛书出版。其中有《希腊科学原始文献》《中世纪科学原始文献》和《20 世纪(1900—1950 年)科学原始文献》,文艺复兴至 19 世纪则按科学学科(天文学、数学、物理学、地质学、动物生物学以及化学诸卷)编辑出版。约翰逊、米利肯和威瑟斯庞三人主编的"大师杰作丛书"中,包括了小尼德勒编的 3 卷"科学大师杰作",后者于 1947 年初版,后来多次重印。

在综合性的经典丛书中,影响最为广泛的当推哈钦斯和艾德勒 1943 年开始主持编译的"西方世界伟大著作丛书"。这套书耗资 200 万美元,于 1952 年完成。丛书根据独创性、文献价值、历史地位和现存意义等标准,选择出 74 位西方历史文化巨人的 443 部作品,加上丛书导言和综合索引,辑为 54 卷,篇幅 2 500 万单词,共 32 000 页。丛书中收入不少科学著作。购买丛书的不仅有"大款"和学者,而且还有屠夫、面包师和烛台匠。迄 1965 年,丛书已重印 30 次左右,此后还多次重印,任何国家稍微像样的大学图书馆都将其列入必藏图书之列。这套丛书是 20 世纪上半叶在美国大学兴起而后扩展到全社会的经典著作研读运动的产物。这个时期,美国一些大学的寓所、校园和酒吧里都能听到学生讨论古典佳作的声音。有的大学要求学生必须深研 100 多部名著,甚至在教学中不得使用最新的实验设备,而是借助历史上的科学大师所使用的方法和仪器复制品去再现划时代的著名实验。至 20 世纪 40 年代末,美国举办古典名著学习班的城市达 300 个,学员 50 000 余众。

相比之下,国人眼中的经典,往往多指人文而少有科学。一部公元前 300 年左右古希腊人写就的《几何原本》,从 1592 年到 1605 年的 13 年间先后 3 次汉译而未果,经 17 世纪初和 19 世纪 50 年代的两次努力才分别译刊出全书来。近几百年来移译的西学典籍中,成系统者甚多,但皆系人文领域。汉译科学著作,多为应景之需,所见典籍寥若晨星。借 20 世纪 70 年代末举国欢庆"科学春天"到来之良机,有好尚者发出组译出版"自然科学世界名著丛书"的呼声,但最终结果却是好尚者抱憾而终。20世纪90年代初出版的"科学名著文库",虽使科学元典的汉译初见系统,但以10卷之小的容量投放于偌大的中国读书界,与具有悠久文化传统的泱泱大国实不相称。

我们不得不问:一个民族只重视人文经典而忽视科学经典,何以自立于当代世界民族之林呢?

三

科学元典是科学进一步发展的灯塔和坐标。它们标识的重大突破,往往导致的是常规科学的快速发展。在常规科学时期,人们发现的多数现象和提出的多数理论,都要用科学元典中的思想来解释。而在常规科学中发现的旧范型中看似不能得到解释的现象,其重要性往往也要通过与科学元典中的思想的比较显示出来。

在常规科学时期,不仅有专注于狭窄领域常规研究的科学家,也有一些从事着常规研究但又关注着科学基础、科学思想以及科学划时代变化的科学家。随着科学发展中发现的新现象,这些科学家的头脑里自然而然地就会浮现历史上相应的划时代成就。他们会对科学元典中的相应思想,重新加以诠释,以期从中得出对新现象的说明,并有可能产生新的理念。百余年来,达尔文在《物种起源》中提出的思想,被不同的人解读出不同的信息。古脊椎动物学、古人类学、进化生物学、遗传学、动物行为学、社会生物学等领域的几乎所有重大发现,都要拿出来与《物种起源》中的思想进行比较和说明。玻尔在揭示氢光谱的结构时,提出的原子结构就类似于哥白尼等人的太阳系模型。现代量子力学揭示的微观物质的波粒二象性,就是对光的波粒二象性的拓展,而爱因斯坦揭示的光的波粒二象性就是在光的波动说和粒子说的基础上,针对光电效应,提出的全新理论。而正是与光的波动说和粒子说二者的困难的比较,我们才可以看出光的波粒二象性学说的意义。可以说,科学元典是时读时新的。

除了具体的科学思想之外,科学元典还以其方法学上的创造性而彪炳史册。这些方法学思想,永远值得后人学习和研究。当代诸多研究人的创造性的前沿领域,如认知心理学、科学哲学、人工智能、认知科学等,都涉及对科学大师的研究方法的研究。一些科学史学家以科学元典为基点,把触角延伸到科学家的信件、实验室记录、所属机构的档案等原始材料中去,揭示出许多新的历史现象。近二十多年兴起的机器发现,首先就是对科学史学家提供的材料,编制程序,在机器中重新做出历史上的伟大发现。借助于人工智能手段,人们已经在机器上重新发现了波义耳定律、开普勒行星运动第三定律,提出了燃素理论。萨伽德甚至用机器研究科学理论的竞争与接受,系统研究了拉瓦锡氧化理论、达尔文进化学说、魏格纳大陆漂移说、哥白尼日心说、牛顿力学、爱因斯坦相对论、量子论以及心理学中的行为主义和认知主义形成的革命过程和接受过程。

除了这些对于科学元典标识的重大科学成就中的创造力的研究之外，人们还曾经大规模地把这些成就的创造过程运用于基础教育之中。美国几十年前兴起的发现法教学，就是在这方面的尝试。近二十多年来，兴起了基础教育改革的全球浪潮，其目标就是提高学生的科学素养，改变片面灌输科学知识的状况。其中的一个重要举措，就是在教学中加强科学探究过程的理解和训练。因为，单就科学本身而言，它不仅外化为工艺、流程、技术及其产物等器物形态，直接表现为概念、定律和理论等知识形态，更深蕴于其特有的思想、观念和方法等精神形态之中。没有人怀疑，我们通过阅读今天的教科书就可以方便地学到科学元典著作中的科学知识，而且由于科学的进步，我们从现代教科书上所学的知识甚至比经典著作中的更完善。但是，教科书所提供的只是结晶状态的凝固知识，而科学本是历史的、创造的、流动的，在这历史、创造和流动过程之中，一些东西蒸发了，另一些东西积淀了，只有科学思想、科学观念和科学方法保持着永恒的活力。

然而，遗憾的是，我们的基础教育课本和科普读物中讲的许多科学史故事不少都是误讹相传的东西。比如，把血液循环的发现归于哈维，指责道尔顿提出二元化合物的元素原子数最简比是当时的错误，讲伽利略在比萨斜塔上做过落体实验，宣称牛顿提出了牛顿定律的诸数学表达式，等等。好像科学史就像网络上传播的八卦那样简单和耸人听闻。为避免这样的误讹，我们不妨读一读科学元典，看看历史上的伟人当时到底是如何思考的。

现在，我们的大学正处在席卷全球的通识教育浪潮之中。就我的理解，通识教育固然要对理工农医专业的学生开设一些人文社会科学的导论性课程，要对人文社会科学专业的学生开设一些理工农医的导论性课程，但是，我们也可以考虑适当跳出专与博、文与理的关系的思考路数，对所有专业的学生开设一些真正通而识之的综合性课程，或者倡导这样的阅读活动、讨论活动、交流活动甚至跨学科的研究活动，发掘文化遗产、分享古典智慧、继承高雅传统，把经典与前沿、传统与现代、创造与继承、现实与永恒等事关全民素质、民族命运和世界使命的问题联合起来进行思索。

我们面对不朽的理性群碑，也就是面对永恒的科学灵魂。在这些灵魂面前，我们不是要顶礼膜拜，而是要认真研习解读，读出历史的价值，读出时代的精神，把握科学的灵魂。我们要不断吸取深蕴其中的科学精神、科学思想和科学方法，并使之成为推动我们前进的伟大精神力量。

任定成
2005 年 8 月 6 日
北京大学承泽园迪吉轩

为什么达尔文会选择兰花作为研究对象呢？因为兰花独特的授粉方式，也许是植物界谱写出的最匪夷所思的自然演化篇章。

▶ 在《物种起源》出版3年后，达尔文于1862年出版了《兰科植物借助于昆虫受精的种种装置》（*On the Various Contrivances by Which British and Foreign Orchids are Fertilised by Insects*），简称《兰科植物的受精》（*Fertilisation of Orchids*）。他研究兰花的目的，是为了证明自然选择是生物进化的动力，为《物种起源》提供补充例证和材料。图为《兰科植物的受精》英文版插图。

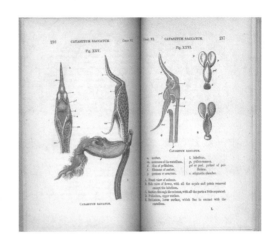

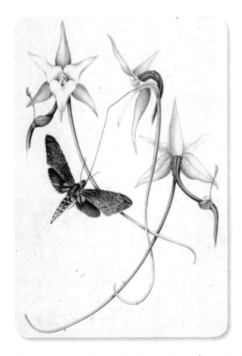

⚫ 达尔文收到来自马达加斯加岛一种奇妙的兰科植物——长距武夷兰（*Angraecum sesquipedale*）标本，这种兰花拥有长达近30cm的蜜腺距。如此长而窄的蜜腺距，让只能依靠昆虫授粉的兰花如何完成授粉？达尔文大胆做了预测：马达加斯加岛上一定生活着一种长有极长的吻的昆虫，吻的长度刚好能到达花距的底部！

在达尔文去世20多年后，亦即1903年，科学家终于在马达加斯加岛上发现了这种长吻的天蛾，并且证实它正是长距武夷兰的授粉者！为纪念达尔文的惊人智慧，这种天蛾的拉丁学名的加词采用了"praedicta"，即"预测"之意。

🔼 2007年在多米尼加发现的一块无刺蜂（*Proplebeia dominicana*）琥珀揭开了兰花进化的历史。这块琥珀中无刺蜂身上带有兰花花粉，研究发现兰科植物的传粉系统大约起源于8000万年前。早在白垩纪晚期，兰花便出现在这个地球上了。换句话说，兰花曾与恐龙一起生存在地球上。

🔼 兰花被认为是单子叶植物中最进化的类群，其形态的多样性和对环境的适应性让人惊叹。其花朵颇似美丽的迷宫，当昆虫进入后，花中种种装置会互相配合，或"有偿"或"欺骗"，或"强迫"或"诱导"，将自身含有雄性精子的花粉块紧紧贴附在昆虫身上，使其在访问下一朵花时，能准确击中雌性的接受器——柱头，从而完成异花受精。其构造之精巧，协作之奇妙，是生物进化极为生动的铁证。

◀ 眉兰（*Ophrys* sp.）的花朵像极了雌蜂，急于传宗接代的雄蜂上前企图携对象"婚飞"，而在这个受骗过程中，却帮助眉兰完成了异花授粉。

　　后期的研究发现，除了依靠外观的模仿，眉兰还通过释放一种特殊的化学物质来模拟雌蜂的性激素，简直进化到了极致。

Ophrys ciliata zingaro

兰花的生存策略堪称完美，理论上应该呈现出一个多姿多彩的兰花王国。但是自从西方博物学探险兴起，人类对珍稀野生兰花的贪恋日益狂热，兰花也为自己的美丽付出了沉重的代价。

◐19世纪的"兰花猎人"在世界各地寻找和采集兰花新种，大量的野生兰花被挖走，运送到欧洲的植物园里。然而因为时代所限，当时的运输与栽培手段的相对落后，绝大多数的兰花死在了运输途中，最终成活的少之又少。

◐◓原本遍布于英国本土的杓兰属植物Cypripedium calceolus在经历了19世纪的浩劫之后，于1917年宣布灭绝。后来在英格兰西北部的兰开夏郡被重新发现，这株英国最后的杓兰被军警24小时昼夜保护起来。

为牟利而盗采的现象发生在世界各地，南美兜兰往往在被发现后数年内就被洗劫一空。1973年，兰科植物所有物种均被列入《华盛顿公约》（CITES）附录一和附录二，其原生种的国际贸易被严格禁止和控制。这是植物所能达到的最高保护级别。然而，尽管公约早已生效，签署国的履约情况并不乐观。中国的情况更值得深思，国兰（如春兰等）曾被疯狂地盗采和贩卖，其他兰花也不例外，资源受到严重破坏。虽然中国政府明令禁止非法滥采贩卖，但显然难以奏效。

◐ 在中国大别山区，常有人从山上乱挖滥采野生兰花，然后像卖菜一样按堆低价贱卖，卖不掉的就随便丢弃。

◐ 贵阳花鸟市场兰花交易一条街。野生兰花交易在此异常火爆，一些野生树种和兰花被大肆采挖。

◐ 黔东南州及凯里市金井花鸟市场中非法贩卖的野生兰花。

早在200年前，西方植物绘画的作品数量达到顶峰，涌现出一批著名的科学画师，其中林登、贝特曼和林德利合称为"兰花三大师"，他们以培养兰花、画兰花闻名于世。

● 林登（Jean Jules Linden，1817—1898），比利时著名植物学家。生于卢森堡，曾到哥伦比亚、古巴等地采集植物，特别是兰科植物。

● 林登一生共绘制了1100种世界各地的兰花，其中有许多前人未见过的珍稀品种。兰科植物拉丁名中的"lindenii"就是为了纪念他的。他后来曾在比利时的根特（Ghent）建立私人兰花苗圃。

● 贝特曼（James Bateman，1811—1897），英国著名博物学家、园艺学家。达尔文在看到长距武夷兰时，曾推测必是有一种长吻的天蛾为之传粉，这种兰花正是贝特曼采自马达加斯加并寄赠给达尔文的。

● 贝特曼是一位狂热的兰花收藏家和研究者，在园艺界享有崇高的声誉，英国《园丁年鉴》曾评价他为"19世纪博物学界最为卓越的人之一"。与林登的兰花画作相比，贝特曼的兰花画以奇绝而出名，笔触更加精细。由于贝特曼对兰科植物研究的巨大贡献，兰科中有一个属叫 Batemania 的，就是林德利为纪念他而命名的。贝特曼后来还建立了著名的比达尔夫花园。

🔵 林德利（John Lindley，1799—1865），英国著名植物学家。伦敦大学植物学系著名教授，曾参与植物大百科全书的撰写。他在名著《兰科植物的属和种》（*Genera and Species of Orchidaceous Plants*）中首次建立了兰科植物的自然分类系统。他是19世纪最著名的兰界权威之一，在兰科中发现和描述了大量的新属和新种。中国人熟知的苞叶兰属（*Brachycorythis*）、贝母兰属（*Coelogyne*）和石仙桃属（*Pholidota*）等就是由他命名的。

🔵 林德利为胡克的作品绘制了大量插图，达尔文的书里常引用他的研究。

🔵 海克尔（Ernst Haeckel，1834—1919），德国著名的博物学家、艺术家，他将达尔文的进化论引入德国。

🔵 海克尔《自然界的艺术形态》中的兰花画作。

走进中国文人墨客的书斋、庭院中，映入眼帘的大多是一派素淡、飘逸、雅致、洁净，有时还可以闻到一缕淡淡的清香，而兰科中的国兰类，如春兰、蕙兰、建兰、墨兰、寒兰等便是造就这种环境的最有代表性花卉。世界上最古老的两部兰花专著，是出自南宋（1127—1279）的《金漳兰谱》和《王氏兰谱》，而吟兰、画兰的风尚则可以追溯到更久远的年代。

现存最古老的兰花传世画是北宋（960—1127）宫廷画家的一幅蕙兰水墨工笔纨扇画，其次是南宋赵孟坚（1199—1264）和郑思肖（1241—1318）的真迹。到了元、明、清，则更是名家辈出，如元曹雪窗（法名普释明，1312—1368）、明文徵明（1470—1559）、清石涛（1642—1718）和郑燮（郑板桥，1693—1765）等，画兰盛极一时。

△北宋蕙兰水墨工笔纨扇画。

△赵孟坚春兰水墨画。

◁郑思肖春兰水墨画。

据统计，今天在全世界博物馆中收藏的中国兰花绘画，至少有明代11位画家的33幅和清代32位画家的101幅之多，至于吟兰的诗词则更多了。这在全世界都是首屈一指的。

🔺 普释明蕙兰水墨画。

🔺 文徵明兰竹水墨画。

🔺 石涛兰竹水墨画。

🔺 郑板桥寒兰水墨画。

目　录

早生红门兰（*Orchis mascula*）花的构造——花粉块的运动能力——金字塔穗红门兰（*Orchis pyramidalis*）各部分的完善适应——红门兰属（*Orchis*）的与某些近缘属的其他物种——关于寻访几种兰花的昆虫和它们寻访的频度——关于各种兰科植物的能育性和不育性——关于花蜜的分泌，以及有目的地使昆虫在吸取花蜜时耽搁时间

▲石斛属　大苞鞘石斛（*Dendrobium wardianum*）　▲石斛属　石斛（*Dendrobium nobile*）
（吉占和/摄）　　　　　　　　　　　　　　　　（吉占和/摄）

导　读

陈心启

（中国科学院植物研究所　研究员）

· *Introduction to Chinese Version* ·

　　《兰科植物的受精》是紧接着《物种起源》之后出版的一部名著。兰科是一个庞大而进化的植物群。花中有种种精巧的装置，诸如雌雄蕊合生而成的蕊柱，由柱头中裂片变成的蕊喙，蕊喙上的黏盘及柄状物，由花粉黏合而成的花粉团，从花粉团一端伸出的花粉团柄，等等。这些装置或器官，彼此连接或相互关联，其作用是"千方百计"使访花的昆虫带走花粉团，以达到异花受精的目的。由于昆虫的种类和行为不同，花部器官的结构不同，蕊喙上的黏性物质不同，某些器官的运动方式不同，在植物装置与昆虫行为之间的相互适应方面，表现出很大的多样性，而又几乎达到了尽善尽美的地步。

　　达尔文说："这些兰科植物的财富几乎使我发狂了。"又说："在我的一生中，没有什么能比兰科植物更让我感兴趣的了。"还说："我发现研究兰花非常有收获，因为它使我看到了，为了借助昆虫受精，兰花的各个部分几乎都与虫媒受精相互适应；显然，这是自然选择的结果。"

　　《兰科植物的受精》出版后受到普遍的赞誉，甚至有人认为："这是《物种起源》以外，除了达尔文一切著作中最有价值的一本。"因此，我们若再进一步学习达尔文的进化论，除了《物种起源》外，《兰科植物的受精》应当是一部必读的专著。

一、达尔文和他的名著《兰科植物的受精》

（一）

达尔文（1809—1882）是生物进化科学的伟大奠基者。他的一生给我们留下了以《物种起源》为代表的 23 本著作和大量的笔记、书信和草稿，涉及了地质学、动物学、植物学、古生物学、生物地理学、生态学、土壤学、人类学等学科的广大领域。这些著述大多是在极其丰富的实践基础上，根据大量的第一手资料，凭借深邃的洞察力和卓越的理解力写成的。他的进化学说，不仅对生物的进化，也对整个生物科学的发展作出了不朽的贡献，可以和牛顿、爱因斯坦之于物理学、天文学的巨大贡献媲美、齐名，被视为推动人类智慧进步的科学天才。

达尔文的《物种起源》出版于 1859 年，印了 1250 册，在出版的当天就售罄了。翌年第二版印了 3000 册，也很快售出。此后，在 1861 年、1866 年、1869 年和 1872 年继续出新版，总共出了六版。此书到了 1876 年仅在英国就售出 16000 册，而且被译成几乎所有的欧洲文字，包括波兰文和波希米亚文，也被译成日文。其影响之大，在当时的科学界是绝无仅有的。但在我国，第一个中译本迟至 1920 年才由中华书局正式出版，译者马君武，书名为《物种原始》。至于向国人介绍达尔文的最早文章，则应是 1873 年在上海《申报》上登载的"两博士新作人本"一文（见庚镇城《达尔文新考》，2009）。

达尔文不仅是一位伟大的科学家，也是一位人格高尚的学者。他经过长期的观察研究，直到 1842 年才开始把物种变化的理论写成摘要；1844 年把它扩充到 230 页；1856 年在莱伊尔（C. Lyell）的劝说下才真正开始写作，并在 1857 年把有关的情况写信告诉了格雷（A. Gray）。但是，当写作大约完成一半的时候，在 1858 年夏初他收到华莱士（A. R. Wallace）从马

◀ 魔鬼文心兰。

来群岛寄来的一篇论文《论变种无限地偏离其原始模式的倾向》。此论文所持的观点恰恰与达尔文的理论完全相同。因此,他放弃了写作的原计划,以免伤害朋友。莱伊尔和胡克(J. D. Hooker)得知此事后,劝说达尔文把自己的原稿摘要和给格雷的信连同华莱士的论文同时发表。但达尔文很不愿意,认为这样做不公平。后来还是在 1858 年的《林奈学会会报》上发表了,并在莱伊尔和胡克的怂恿下,开始正式写作《物种起源》文稿,直到 1859 年 11 月出了第一版。而值得赞扬的是,华莱士也是一位人品高尚的学者。他后来得知,达尔文研究自然选择不仅早于自己,而且深度和广度也超过自己,于是心悦诚服地把自己在 1889 年出版的有关生物进化理论的书,以《达尔文主义》(*Darwinism*)作为书名,其高风亮节令人钦佩。

达尔文“想在一些年中每年捐献一笔相当数目的款项,来协助或推进对生物学有实际用处的一种研究或几种研究”。他在一生的研究中曾从斯托伊德尔的《植物名称汇编》(*E. G. Steudel's Nomenclator Botanicus*)中获益良多。此书共两册,第二版分别出版于 1841—1842 年。书中记载了此前所有的植物名称、定名人、产地和文献,无疑是植物学研究的最基础、不可或缺的工具书和参考书。于是他决定出资赞助编制 *Index Kewensis*(《邱园植物名称汇编》)以造福于全世界的植物学研究。此书在胡克的监修下,由林奈学会的秘书杰克逊(D. Jackson)负责完成。此项工作非常繁重,原稿重量达一吨以上,分为两卷,在 1893—1895 年正式出版。此后每五年出一续编,直到今天的电子版。《邱园植物名称汇编》是全世界植物学发展的必备工具书。《中国植物志》是包含 126 卷册的巨著,曾获 2009年国家自然科学一等奖,而《邱园植物名称汇编》乃是编写《中国植物志》的最重要的工具书和参考书之一。达尔文的儿子弗朗西斯(Francis)说:“《邱园植物名称汇编》将是一种适当纪念我父亲的东西;我父亲同这一著作之间的关系说明了他性格的一部分,即同情他自己研究范围之外的工作,并且尊重在科学一切部门中所进行的微小而坚韧的劳动。”

达尔文一生曾获得大量的奖项和荣誉头衔,据庚镇城《达尔文新考》的统计,授予达尔文奖项的,除英国外有 18 个国家,全部奖项和头衔达 74项之多,其中包括博士、名誉教授、准院士、通讯院士、名誉院士等。然而,不论在何种场合,达尔文从来不给自己,也没有他人给他戴上那种令人厌烦的、无聊的科学贵族的帽子。默默奉献,不谙虚荣。不论在《邱园植物名称汇编》的序言中还是在达尔文的葬礼上,均被称为达尔文先生。今天回想起来仍然令人产生由衷的敬意。

（二）

《兰科植物的受精》是紧接着《物种起源》之后出版的名著。出版的时间是 1862 年 5 月 15 日,两书相距不足两年半。

兰科是最为庞大和进化的植物群之一,花中精巧的构造或装置,在适应虫媒传粉方面几乎是尽善尽美的,是研究植物与昆虫的协同进化的绝好"财富",也是植物"钟情"于异花受精的有力"证人"。这或许正是达尔文对兰科植物"发狂""感兴趣"和"极大喜悦"的真正原因。他在 1861 年 9 月 24 日给著名植物学家胡克的信中说:"这些兰科植物的财富几乎使我发狂了。"接着,在 10 月 13 日的信中又说:"在我的一生中,没有什么能比兰科植物更让我感兴趣的了。"甚至到了晚年,在 1880 年 2 月 16 日给另一位著名植物学家本瑟姆(G. Bentham)的信中,还对此念念不忘地说:"兰科植物是一些奇妙的东西,我发现了它们受精方法的一些小问题。当我想到这点时,我有时会感到极大喜悦。"

关于此书的写作,达尔文在日记中说:"1862 年 5 月 15 日,我的一本小书《兰科植物的受精》出版了,它用了我十个月的劳动,其中大部分事实,还是在前几年慢慢积累起来的。1839 年夏季,并且我相信也就是 1838 年夏季,我就开始注意到在昆虫媒介下的自花受精,因为在物种起源的推论中,我曾得出一个结论,即杂交在保持物种类型的稳定上起着重要的作用。……1862 年以前好几年,我专门注意不列颠兰科植物的受精作用;在我看来,最好的计划是,与其使用我慢慢搜集起来的有关其他植物的大量材料,莫如准备一篇兰科植物的完整论著。"显然,他很早就开始注意植物的异花受精的现象,只是注意力主要集中在蝶形花科和其他适应于异花受精的植物,如紫堇属(*Fumaria*)、荷花牡丹属(*Dielytra*＝*Dientra*)、半边莲属(*Lobelia*)、亚麻属(*Linum*)和千屈菜属(*Lythrum*)等。而真正集中力量观察和研究兰科大致始于此书出版前 3～4 年,因为他与植物界名流热烈讨论兰科植物的构造和传粉机制是始于 1860 年 6 月以后。

人们通常认为,兰科植物的花是硕大而艳丽的,其实不然。达尔文在其唐恩(Downe)寓所附近所看到的英国土生土长的兰花,如红门兰属(*Orchis*)、手参属(*Gymnadenia*)、鸟巢兰属(*Neottia*)等的花朵,直径不过 1～2cm;至于角盘兰属(*Herminium*)、斑叶兰属(*Goodyera*)、绥草属(*Spiranthes*)的一些种类,直径只有 2～3mm。而花中的细微结构,如蕊喙、黏盘、花粉团、花粉团柄等,则更是小如毫发,观察起来难度甚大。达尔文不仅把这些结构弄得一清二楚,而且对于适应昆虫传粉的机制,诸如蕊喙黏性物质变干的时间、花粉团柄运动的方式以及它们对昆虫行为如何适应等,也都了如指掌。他甚至能够根据花朵的构造推测出传粉媒介的类别。例如,他在马达加斯加岛上看到一种叫长距武夷兰(*Angraecum sesquipedale*)的兰花,唇瓣基部有长达 29.3cm 的圆筒状细距,距的末端盛满花蜜,因而推测该岛必有一种长吻蛾为之传粉。此见解曾经受到人们嘲笑。然而,令人折服的事发生了:在《兰科植物的受精》面世 41 年后,一种吻长 1 英尺以上的长吻蛾在马达斯加岛上被发现了,它正好是长距武夷兰的传粉伙伴。

达尔文坚信,兰花中种种适应于异花受精的精巧结构,乃是自然界的杰作。他是用这样的一句话来结束此书的:"自然界断然告诉我们:它厌恶永恒的自花受精。"对此,格雷在 1874 年 6 月 4 日的《自然杂志》中指出:"自然厌恶真空"这一格言代表着中古时代的科学特点,而"自然厌恶近亲受精"这一格言及这一原则的证明,属于我们这个时代,也属于达尔文先生。他创造了这点,也创始了"自然选择"的原理。

事实上,达尔文对兰科植物的研究,明显有助于深化他对自然选择这一理论的认识,从而使《物种起源》这部巨著的内容更加充实。他在《兰科植物的受精》出版前不久的 1861 年 9 月 24 日给出版者默里(J. Marray)的信中说:"这本书或者可以说明,人们怎样可以在物种有变异的信念下去研究博物学。"又说:"我认为这本小书会对《物种起源》产生良好的影响,因为它将说明在细节上我也做了一些艰苦的工作。"还说:"我能够阐明看起来没有意义的皱纹和角状物的意义;现在谁敢说这种或那种构造是没有用处的。"继而在 1861 年 5 月 14 日,亦即此书出版的前一天给胡克的信中说:"我发现研究兰花非常有收获,因为它使我看到了,为了借助昆虫受精,兰花的各个部分几乎都与虫媒受精相互适应;显然,这是自然选择的结果。……甚至最微小的结构也是如此。"他在《兰科植物的受精》的导言中说得更明确:"在我的《物种起源》一书中,只提出了一般的理由,相信高等植物要求和另一个体的偶然杂交,几乎是一个普遍的自然规律;同样,没有一种具两性花的植物是世世代代自花受精的。就因为我提出了这个观点,而没有举出充分的事实加以说明,而遭到责难。"诚然,《兰科植物的受精》的出版,乃是对这些责难的有力回击。

达尔文的健康情况一直不佳。在 40 岁上下就开始"手发抖""头时常感到眩晕""三天之中我总有一天不能做任何事"。他在日记中还写道:"我的健康坏到如此程度,以致在我亲爱的父亲于 1848 年 11 月 13 日去世的时候,我竟不能参加他的葬礼。"后来,虽然健康略有改善,但总体上是体弱多病的。而1858年前后,正是他开始观察和研究兰科植物,而又忙于正式写作《物种起源》之时。《物种起源》是在1859年出版的,而1860年和1861年又再版两次,接着在1862年又出版了《兰科植物的受精》。在此大忙期间,达尔文还经常与友人通信,讨论许多学术问题。据《达尔文生平》(*Life of Charles Darwin*)*书中的统计,在1858—1859年的两年中,达尔文写给胡克、格雷、莱伊尔、华莱士、赫胥黎等人记录在案的信件就达28封之多。在此期间,其工作量之大,工作之艰苦,令人难以置信。从这里也可以窥见这位伟大科学家坚韧不拔的奋斗和敬业的精神。

《兰科植物的受精》出版后,曾受到植物学界的高度赞扬。正如他在1862年6月给出版者默里的信中所说:"植物学家们把我那本关于兰科植物的书捧到天上去了。"当然,其中最重要的乃是胡克、本瑟姆、格雷等名家的赞誉。更值得一提的是莱伊尔的评论。据《达尔文生平》一书中所载,达尔文在致格雷的一封信中说,最重视这本书的人是莱伊尔。后者在晚年高度赞扬了《兰科植物的受精》。他认为,"除了《物种起源》以外,这是达尔文一切著作中最有价值的一本。"莱伊尔是一位名声显赫的地质学家,他的名著《地质学原理》(*Principles of Geology*)的副题为"试以现在还在进行着的原因说明过去地表的变化"。此书对达尔文的影响至巨。据《达尔文生平》记载,赫胥黎曾经指出:"要说达尔文的最伟大著作,乃是把这一指导思想(指进化论——译注)以及《地质学原理》的论述方法坚定不移地应用于生物学所产生的效果,几乎一点也不过分。"

《兰科植物的受精》已经出版一个半世纪了。在20世纪50年代我当研究生时才开始翻读原著的若干章节,曾为达尔文的洞察力和兰花的精巧结构惊叹,后来翻译时更感到钦佩、着迷。时至今日,我从事兰科植物研究已近六十个春秋了,当我再次勘校译稿时,依然给我以新的启示。眼下,生物学的发展已进入分子时代,然而全球的学术界每年都仍然发表许多研究达尔文学说和著述的文章,鼓励人们继续从这座知识宝库中汲取智慧的力量。庚镇城在《达尔文新考》(2009)中说:"在我们应该充分研究达尔文著作的时代,历史却没有让我们很好地进行,给我们民族造成一项缺憾。为了加快我国生物科学前进的步伐,我国生物科学工作者很有必要补上研究达尔文学说的这一课。"应当说,除了进一步学习《物种起源》

---

* F.达尔文著,叶笃庄、叶晓译,科学出版社,1983年出版。

之外,《兰科植物的受精》也是此课中的重要内容。

二、关于中译本若干问题的说明

（一）此书在 1965 年出版的中译本（下称原译本）曾用《兰花的传粉》为书名。这是因为原著中的全部内容都在叙述兰科植物花的构造及其适应于昆虫搬运花粉的机制,未曾涉及精、卵的融合。原著的书名为：*On the Various Contrivances by Which Orchids are Fertilised by Insects*,在 1877 年出第二版时,删去了"On"。中国科学院植物研究所图书馆收藏有 1890 年再次印刷的第二版(1877)原著,原是唐进老师给我指定的研究生读物。我翻阅几个章节后试着翻译,后来竟全部译成中文了。当时两位老师正忙于编写《中国植物志》莎草科,只是大致看了一下,并交另外一位研究生通读一遍,就同意交科学出版社。此译稿一直拖到 1965 年才出版,其间书中存在的数处重大错误仍然没有得到改正,责任完全在我,甚感愧对老师和读者。

（二）此书的原译本在 1997 年由叶笃庄审校后出了校阅版（下称叶校本）。叶校本把书名改为《兰科植物的受精》是较为贴切的。因为广义的受精（Fertilisation）既包括精、卵融合,也包括交配过程。就植物而言,自然也包括了传粉（Pollination）。其次,叶校本将 Contrivance 改译为"装置"是完全正确的。对于这两处改动,本次再版完全采用了。但在书名《兰科植物的受精》下方,加上"兰科植物借助于昆虫受精的种种装置",并置于括号内,以示对原作者和原著的尊重。

（三）由于原译本将 1890 年误为第二版的出版时间,在扉页上"内容简介"栏内竟将第一版和第二版的出版相距时间误为 28 年。这一错误在叶校本中未能得到纠正。此外,数处重大错译也未获改正;个别地方还有不妥的变动。例如"gradation""correspondent"和"assistant",在原译本中译为"阶梯""通信朋友"和"助手",而在叶校本中被改为"级进""朋友"和"朋友"。此次,又被改回来了。"阶梯（或层次）"的中文意思很明白,而"级进"之意颇难揣度。由于达尔文有许多素未谋面的朋友,为其提供活植物或植物标本,故将 correspondent 译为通信朋友较为贴切。

（四）兰科是一个植物群,然而植物分类学家对其所包含的范围和等级的看法并不一致。有人称之为兰目（Orchideae），也有人称为兰科（Orchidaceae）。例如，有人把拟兰科（Apostasiaceae）降为拟兰亚科（Apostasioideae），放在兰科之内，也有人承认是独立的科。在达尔文的《兰科植物的受精》书中，不论用 Orchideae，还是 Orchids，或者用 Orchidaceae，都是指兰科这个植物群，不论译为兰物植物、兰科或兰花，其意义并无不同。

（五）植物的拉丁学名和中文名称产生变动是难以避免的。这是由于它不仅受制于国际植物命名法规，也取决于植物学家的不同观点。例如，兰科中两个属的拉丁学名 *Corysanthes* 和 *Corybas*，是由不同的植物学家在不知情的情况下根据相同的植物属（铠兰属）命名的，两者是同物异名，而 *Corybas* 发表较早，有优先权，故舍弃 *Corysanthes* 而采用 *Corybas*；卵叶对叶兰的拉丁学名长期以来都用 *Listera ovata*，后来由于 *Listera* 被归并入 *Neottia*，故拉丁学名改为 *Neottia ovata*，但中文名称不变，仍然叫卵叶对叶兰；又如拉丁属名 *Coryanthes* 在原译本中被译为盔花兰属，但后来得知盔花兰属这一中文名称已被优先用于 *Galearis*，故将 *Coryanthes* 改译为盔唇兰属。诸如此类的名称变动，新译本都力求加上注释。

（六）花粉块（单数 pollinarium，复数 pollinaria）是兰科植物中最为奇特的结构，它是由花粉团（单数 pollinium，复数 pollinia；也称 pollen masses）、花粉团柄（caudide）、黏盘柄（stipe）和黏盘（单数 viscidium，复数 viscidia）组成的，有时其中缺乏某一部分或更多部分，也称花粉块。但是，在《兰科植物的受精》书中，达尔文不用 pollinarium 和 stipe，而把花粉块称为 pollinia(-um)，把黏盘柄称为蕊喙柄（pediced of the rostellum）。我们在中译本中把 pollinia 一律译为花粉块而非花粉团，但蕊喙柄没有改动，仍译为蕊喙柄。这是因为花粉块与花粉团的内涵相去甚远，而蕊喙柄和黏盘柄则只是同物异名。

（七）对于外国人名的翻译，叶校本较之原译本有很大的改动。例如，J. D. Hooker 在原译本中译为虎克，G. Bentham 译为本沁，而在叶校本中被改为胡克和本瑟姆。为了避免引起混乱，新译本仍沿用叶校本的译名，不再改动。

三、兰花的中国情结

中国人对兰花是情有独钟的。世界上最早兰科植物专著是我国南宋时期出版的《金漳兰谱》(赵时庚,1233)和《兰谱》(王贵学,1247)。书中主要论述兰属(*Cymbidium*)植物的观赏品种和栽培方法。此后,在元、明、清诸代也陆续出版了不少类似的著作。而近代的研究则晚至 20 世纪早期,而且大多数是植物分类学方面的论著,如胡先骕命名的凤兰属(*Neofinetia Hu*)(1925)和唐进、汪发缵发表的新种巴郎山杓兰(*Cypripedium palangshanense Tang & Wang*)(1938)以及其他论著。

中国人爱兰的历史十分悠久,显然是和中国的文化底蕴和内涵相关联的。当人们走进中国文人墨客的书斋或庭院时,映入眼帘的大多是一派素淡、飘逸、雅致和洁净,有时还可以闻到一缕淡淡的清香,而造就这种高雅环境最具代表性的花卉便是兰花,也就是我们今天常说的国兰或兰属地生种类,如春兰、蕙兰、建兰、墨兰、春剑、寒兰之类。而咏兰、画兰在中国历史上甚至成为一种流传甚广的风尚。中国最早的一首咏兰诗写于唐朝末年,作者唐彦谦为官陕西汉中。诗曰:"清风摇翠环,凉露滴苍玉。美人胡不纫,幽香霭空谷。"而清风、凉露、苍玉、幽香所表达的情怀,正是兰花的风韵,今天读起来,依然令人感到清心、舒怀。目前已知最早的传世兰花画卷是北宋(960—1126)宫廷画家的一幅蕙兰水彩工笔纨扇画。此后就是宋代末年的两幅名画:赵孟坚(1199—1264)和郑思肖(1241—1318)的真迹。赵孟坚是著名书画家赵孟頫(子昂)的堂兄,能诗文,善书法,工画兰。他在南宋灭亡后隐居于湖南嘉禾,画兰明志,不食元禄,令人敬仰。而郑思肖的情操则更是令人钦佩。他在南宋灭亡之时年仅 38 岁,隐居于江苏苏州,终身不仕元朝。他在画卷上写道:"向来俯首问羲皇,汝是何人到此方。未有画前开鼻孔,满天浮动古馨香。"他画兰无土无根,把南宋誉为"古馨香",并自号所南翁,以表达对南宋的怀念。此后,在元、明、清代、吟兰画兰的名家就更多了。元朝画兰名家曹雪窗(1312—1368)是一位和尚,法名释普明,其画兰风靡江浙,有"户户雪窗兰"的说法。到了明、清，则更是名家辈出，如明代的文征明（1470—1559）、清代的石涛（1642—1718）和郑燮（郑板桥）（1693—1765）等人的画兰极盛一时。仅在清《芥子园画传》中收集的兰花画卷就达 35 幅之多。据可靠统计，今天全世界博物馆收藏的兰花画卷，至少有明代 11 位画家的 33 幅，和清代 32 位画家的 101 幅。不论兰花画家的数目，乃至兰花画卷的数目，中国在世界上都是首屈一指的。至于兰花的诗词就更是难以计数了。世界上没有哪个国家或哪个民族，有如此丰富的兰花文学与艺术底蕴可与之相比。而实际上中国人对兰花的欣赏和钟爱，已经远远超出兰花自身，而和中国的文学、艺术、民俗、风尚、道德、情操等紧密地结合在一起了。这就是兰花的中国情结。它源远流长，是一笔不可多得的精神财富。

四、兰科分类与形态特征简介

在 19 世纪中期，最重要的兰科植物分类学专著是林德利（J. Lindley）的 *The Genera and Species of Orchidaceous Plants*（《兰科植物的属和种》）（1830—1840）。达尔文在《兰科植物的受精》中就是按照林德利分类系统的 7 个族分别予以论述的，只是次序有所变动，但未曾讨论排列次序与分类位置之间的关系。书中所论述的兰科植物约有 84 属 134 种，遍及科内除拟兰亚科（Apostasioideae）以外的所有类群。

虽然，目前在分子生物学的引领下，对兰科的分类系统的研究取得了很大的进展，对于亚科、族和亚族的划分，较林德利系统有了很大的不同，但这并不影响我们读懂达尔文在《兰科植物的受精》中所详尽论述的不同物种中花的细微装置及其适应于虫媒传粉的有效机制。然而从另一方面看，如果我们能够更深刻地了解各分类群之间的亲缘关系，对于我们进一步看清各种器官在不同分类群之间的异同，及其演化趋势是大有裨益的。

兰科植物的花通常是两性的，只在龙须兰属（*Catasetum*）、肉唇兰属（*Cycnoches*）和鸟足兰属（*Satyrium*）等极少数的属中发现有两性花、雄花、雌花或两性株、雄株、雌株同时存在的现象。

兰科的花被大多由 3 枚萼片、2 枚侧生花瓣和 1 枚中央唇瓣组成。唇瓣通常较大，明显不同于花瓣，上面常生有种种附属物，基部有时具中空的圆筒状距；由于花梗或子房的扭转或弯曲，唇瓣常常位于花的下方，成为昆虫访花的降落台。

花的中央有一个柱状体，称蕊柱。它是雌蕊和雄蕊的合生体。在较原始的拟兰亚科和杓兰亚科（Cyperipedioideae）中，雌蕊与雄蕊的合生并不完全，通常还可以看到花柱、略 3 裂的柱头、2～3 枚雄蕊和长短不一的花丝；花粉松散或有黏性，除个别种类外，都不黏合成形状固定的花粉团，没有蕊喙，也无完善的花粉块。《兰科植物的受精》一书中只在第八章论述了杓兰亚科中的杓兰属（Cypripedium）和兜兰属（Paphiopedilum）的一些种类。这个亚科由杓兰属、兜兰属、碗兰属（Selenipedium）和美洲兜兰属（Phragmipedium）4 个属组成，但在达尔文时代，只承认杓兰属，其他3 个属的种类全部归并入杓兰属。这个亚科的特点是：唇瓣囊状，微凸而略 3 裂的柱头正好面对囊底，两枚雄蕊则分别位于囊后方两侧的出口处。当昆虫被骗掉入囊中后，在逃逸时爬过囊底，背部触及柱头面，留下带来的花粉，然后在出口处触及花药，带走花粉，为下一朵花授粉。

兰科植物总共有约 800 属 25000 种，其中 99％以上的种类都属于香荚兰科（Vanilloideae）、兰亚科（Orchidoideae）和树兰亚科（Epiden-droideae）。这 3 个亚科通常具有兰科中最为独特的结构：蕊喙（rostel-lum）和花粉块（pollinarium）。蕊喙是由柱头上裂片变成的舌状结构，位于柱头上方，花药之下；蕊喙的一部分常常变成黏性的片状、盘状或块状物，称黏盘。黏盘上有时还附有一个柄状物，称黏盘柄（达尔文书中称蕊喙柄）。另一方面，在花药中的花粉已黏合成有固定形状的团块，称花粉团；花粉团的一端变为长短不一的柄状物，称花粉团柄；花粉团柄在花朵开放时，已从药室中伸出，连接于黏盘或黏盘柄上。花粉团、花粉团柄、黏盘柄和黏盘组成了花粉块。由于花粉团和花粉团柄是雄性的，而黏盘和黏盘柄是来自柱头，因而是雌性来源的，所以花粉块是雌雄合体的器官，它在异花传粉中扮演了关键的角色。在一般情况下，昆虫首先踏上唇瓣这个降落台上，并通过唇瓣和蕊柱之间的夹缝或通道进入花中采集花蜜或食用营养物，当退出时触及蕊喙并使之破裂，此时黏盘便紧贴在昆虫的身体上，从而拉出整个花粉块。在昆虫搬运到另一朵花之前，通过花粉团柄、黏盘柄、黏盘等的种种"运动"，使花粉团处于恰当的位置，当昆虫进入另一朵花时正好击中柱头，完成异花受精。由于昆虫的种类和行为不同，花部器官的结构不同，蕊喙上的黏性物质不同，花粉团柄和黏盘柄的运动方式不同，在植物装置与昆虫行为之间的相互适应，表现出了很大的多样性,而又几乎达到了尽善尽美、令人惊叹的地步。

在上述 3 个亚科中,香荚兰亚科通常被认为是较为原始的。这个亚科的花粉团粉质,不黏合成蜡质或骨质,不具明显的花粉团柄和黏盘,更无黏盘柄,蕊喙不存在或不甚发育。这个亚族很小,不足 200 种。达尔文只在第三章旭兰族中论及香荚兰属(*Vanilla*)和朱兰属(*Pogonia*)。

兰亚科种类较多,达尔文在第一至二章,即眉兰族(Ophreae)中加以介绍。此亚科中有许多属,如红门兰属(*Orchis*)、眉兰属(*Ophrys*)、手参属(*Gymnadenia*)、角盘兰属(*Herninium*)等也产欧洲。达尔文就是在其伦敦郊区唐恩寓所附近开始观察和研究这些属的一些种类的。这个亚科全部是地生种类,通常具块茎或根状茎,而无假鳞茎。花粉块一般由花粉团、花粉团柄和黏盘组成的,花粉团大多含有许多小团块(massulae),由弹丝相连接,是可分割的(sectile)。林德利系统把斑叶兰属(*Goodyera*)、绶草属(*Spiranthes*)等归在鸟巢兰族(Neotteae)之中,而《兰科植物的受精》也同样把它们放在第四章鸟巢兰族中加以介绍。近代的研究已揭示出,这些属应当放在兰亚科中,与眉兰族有更近的亲缘关系。

树兰亚族是兰科中最大的植物群,广布于全球,特别是热带地区,只有少数的属,如头蕊兰属(*Cephalanthera*)、火烧兰属(*Epipactis*)、鸟巢兰属(*Neottia*)等也见于欧洲。《兰科植物的受精》中第三至七章中所论述的旭兰族、鸟巢兰族、沼兰族、树兰族、万代兰族的绝大多数种类都属于这个亚科。此亚科有大量的附生种类,常常有假鳞茎或肉质茎,花粉团大多已黏合成蜡质或骨质,常有黏盘柄,但在一些较原始的种类中也不尽然。该亚科在我国常见的属有兰属(*Cymbidium*)、石斛属(*Dendrobium*)、石豆兰属(*Balbophyllum*)、虾脊兰属(*Calanthe*)、独蒜兰属(*Pleione*)等。

为了更好地了解兰科植物的形态特征和读懂《兰科植物的受精》,在本书最后,将科中常用的植物学术语逐一加以注释,作为附录的形式以飨读者。

内 容 简 介

　　《兰科植物的受精》是达尔文生平重要著作之一,出版于 1862 年。第二版(1877)与第一版相隔了 15 年之久,在内容上无疑是更加充实、更加丰富了。中译本是根据第二版译出的。

　　本书是在极其细致的试验、观察和研究的基础上,并批判地总结了其他学者的研究成果而写成的。作者旨在通过对兰科植物高度适应于异花受精的种种结构的系统介绍,以说明异花受精对植物有利,因而为自然选择保存下来这一普遍原理。他是用这样一句话来结束本书的:"大自然断然告诉我们,她厌恶永恒的自花受精。"

　　从这里,我们不但可以学习到有关兰科植物及其受精方面极其丰富的知识,而且,可以窥见这位伟大学者的学说、思想以及严谨的治学精神。

　　本书可供大专学校及研究机关的生物学工作者以及兰花爱好者参考。

▲雷杜德（Pievre-Joseph Redouté，1759—1840）手绘绿花构兰（*Cypripedium henryi*）。

导 言

　　本书旨在说明兰科植物受精所凭借的装置（contrivance），这种装置多种多样，而且几乎尽善尽美，实无异于动物界中任何最巧妙的适应。其次，要说明的是，这些装置的主要目的在于使昆虫从别的植株上运来花粉使之受精。在我的《物种起源》（*On the Origin of Species*）一书中，只提出了一般的理由，相信高等植物要求和另一个体的偶然杂交，几乎是一个普遍的自然规律；同样，没有一种具两性花的植物是世世代代自花受精的。就因为我提出了这个观点，而没有举出充分的事实加以说明，曾遭到责难。这是因为《物种起源》那本书的篇幅所限，现在我想表白一下，对这一论点，我并不是语焉不详。

　　如果把这篇短文与其他论文合在一起发表，会嫌篇幅过大，因此，我把它单独发表。因为在植物界中兰科植物被普遍认为属于最奇特、且变化最大类型之列，我相信所举的一些事实，可能会引起某些观察者更精细地去研究我国几种土产兰科植物的习性。对于兰花的许多装置经过研究后，将使大多数人对于整个植物界的评价大大提高。然而，我担心，对于博物学没有浓厚兴趣的人来说，对兰花的一些必要的详细叙述会被认为太琐碎，太复杂了。本文也使我有机会试图说明，研究生物对于十分相信每一构造都是遵循第二性法则（secondary law）而出现的观察者，或许就像对于那些把每一细微构造悉视为造物主直接安排的结果的人一样是有意义的。

我必须先提一下，C. K. 施彭格尔（Christian Konrad Sprengel）在他 1793 年出版的精湛而有价值的《揭露自然界秘密》（*Das entdeckte Geheimniss der Natur*）一书中，出色地叙述了红门兰属（*Orchis*）花的几个组成部分的作用的梗概；因为他清楚地了解了柱头位置，而且，他发现昆虫对搬运花粉团是必不可少的[①]。但是，他忽视了花中许多奇巧的装置，看来，这是由于他相信兰花柱头，通常是从同一朵花中得到花粉的。施彭格尔也曾部分地描写了火烧兰属（*Epipactis*）花的构造，但是，关于对叶兰属（*Listera*）*，他完全误解了该属特有的显著现象，胡克博士（Dr. Hooker）曾在 1854 年的《哲学学报》（*Philosophical Transactions*）中对此属作过完美的描述。他对花中各部分的构造作了完整而正确的记载，并附有图；但是，由于他没有注意到昆虫的作用，所以，他对所研究的对象还没有完全了解。R. 布朗（Robert Brown）在《林奈学报》[②]上发表过一篇著名论文，他表示，相信昆虫对于大多数兰科植物的结实是必不可少的；但是他又说，在密集的穗状花序上全部蒴果都产生种子并不是少见的，这一事实似乎与上述信念不大一致；以后我们会发现这个疑问是没有根据的。还有许多别的作者也曾举出一些事实，并表示他们或多或少笃信虫媒作用对于兰科植物受精的必要性。

借本书写作之便，我谨愉快地向不断把新鲜标本寄给我的几位先生们致以衷心的感谢，没有这些标本的帮助，本书是不可能写成的。同时，在我的亲密助手中，有好几位是极其辛劳的。当我请求他们帮助或索要资料时，从没有一次不以极慷慨的心情尽可能赐助于我。

[①] 德尔皮诺（Delpino）曾在［《对植物界雌雄蕊异熟现象的进一步观察》（*Ult. Osservazioni sulla Dicogamia*）第二部，1875 年 150 页］中得知韦夏（Waetcher）的学术报告，这篇报告于 1801 年发表于勒默尔（Roemer）的《植物记录》（*Archiv. für die Botanik*）2 卷 11 页，看来别人还没有见过它。似乎韦夏还不曾见到施彭格尔的著作，所以他在这篇报告里指出：昆虫对各种不同兰科植物的受精是必要的，他还详尽地描述了鸟巢兰属（*Neottia*）的奇异构造。

* 已并入 *Neottia*（鸟巢兰属）。——译者

[②] *Linnaen Transactions*，1833 年，15 卷，704 页。

名 词 说 明

　　如果有人从没有听过植物学课而要看这篇论文时，那么，本文中所用的普通名词的词义说明，可能对他们是有好处的。在大多数植物的花中，雄蕊（stamen）或雄性器官成为一轮，围绕着一个或多个叫雌蕊（pistil）的雌性器官。在所有普通兰科植物的花中，只有一个完全发育的雄蕊，它和雌蕊汇合成为蕊柱（column）。平常雄蕊有一根花丝（filament），或叫支持线（在英国产的兰科植物中很少看到）。这根花丝或支持线把花药举起来。花药中有花粉（pollen）或雄性生殖物质。花药分两室，在大多数兰科植物中，两个室非常清楚，在有些种类中甚至像是两个分离的花药。所有普通植物的花粉都是细小的粒状粉末，然而，大多数兰科植物的花粉粒却黏合成团块。这些团块常常被一个极其特别的附属物支持着，此附属物叫花粉团柄（caudicle）。这个部分和所有其他器官，将在后面第一个物种早生红门兰（*Orchis mascula*）项下加以更详细地描述，并用图表示。花粉团，连同花粉团柄和其他附属物，合称花粉块（pollinia）*。

　　兰科植物原有 3 个雌蕊或雌性器官，它们联合在一起，其中两个雌蕊上前方的表面形成两个柱头。但是，这两个柱头常常完全愈合而像一个

---

　　* 现已改用 pollinaria（单数：pollinarium）。——译者

结构。在受精过程中，从花粉粒发出来的长管穿透了柱头。这个长管把花粉粒中的内含物，运送给子房内的胚珠（ovule）或幼小种子。

位于上面的一个柱头变成一个异常的叫做蕊喙（rostellum）的器官。在许多兰科植物中，蕊喙不像一个真正的柱头。蕊喙在成熟时或者含有黏性物质，或者全然为黏性物质所组成。在许多物种中，花粉团牢固地附着在蕊喙一部分的外膜上。当昆虫寻访兰花时，它就和花粉团一起被昆虫带走。这个被带走部分，在许多英国兰科植物中，仅包含一小片薄膜，以及在膜片下的一层或一团黏性物质，或称它为"黏盘"（viscid disc）；但是，在许多外来物种中，这个被带走的部分是很大的，而且是很重要的，致使其中一部分像前面一样仍应称为黏盘，而另一部分就必须称它为蕊喙柄（pedicel of the rostellum）*，蕊喙柄末端连着花粉团。专家们把被带走的蕊喙部分称作"腺"（gland）或"着粉腺"（retinaculum），就是由于这个腺的明显功能而得以保持花粉团不失其原来位置。在许多外来种中，这个连着花粉团的蕊喙柄或蕊喙延长物，若用花粉团柄这一名称的话，一般说来，似乎会与真正的花粉团的花粉团柄混淆起来，其实，蕊喙柄和花粉团柄的性质和来源是完全不同的。蕊喙是黏盘和黏性物质被带走后所剩下的那个部分，有时叫做"黏囊"（bursicula）或叫做"穴"（fovea）或"囊"（pouch）。但是，为了方便起见，避免用这些名词而把整个变形的柱头叫作蕊喙，有时再加上一个形容词来表示它的形状；和花粉团一起被带走的那部分蕊喙称做黏盘，有时连蕊喙柄也在内。

最后，兰花的外轮三片花被片称为萼片（sepal），它们合起来组成花萼（calyx）；但是，它们不像普通植物花的萼片那样是绿色的，而是常常跟它内轮的三片花瓣（petal）一样，通常是有色彩的。几乎在所有兰科植物的物种中，三片花瓣中的一片比其他两片大，它的位置本来是在上方的，现在却位居下方来了，这就给昆虫一个降落的地方，这片花瓣实由于子房经过扭转之后而被转到下方来的，它被称为下唇或唇瓣（labellum）。唇瓣常常呈现种种非常奇妙的形状，还分泌花蜜来吸引昆虫，并往往拉长而形成一个距状蜜腺。

---

* 蕊喙柄目前被称为黏盘柄（stipe）。——译者

第二版序言

    本书第一版早在 1862 年问世，并已经绝版一个时期了。在本书出版后的两三年中，承世界各地各方面通信朋友们的好意，我接到许许多多信件，特别是南巴西的 F. 米勒（Fritz Müller）先生，他告诉我许多新奇的事实，并提醒我注意一些错误之处。而且从那以后，已发表了各种关于兰科植物受精方面的论文，我也亲自研究了若干新的、突出的类型。这样，在我手边已经积聚了大量的资料，但是若一一加以介绍，会使本书的篇幅过于冗长。因此，我只挑选出一些比较有意义的事实，并把几篇已发表过的文章作了简短的摘要。本书就这样改写了：增补与修正之处如此之多，因而我感到要按老办法列表说明是不可能的。然而，我已按照发表年代的顺序，附录了从本书第一版问世以来所发表过的有关兰科植物受精方面所有论文的题目和书名。最后，我要说明的是，任何读者，如果只想知道这些兰科植物在受精方面具有何等惊人之复杂与完善的适应性，最好去阅读论龙须兰亚族（Catasetidae）的第七章。若是把导言后面的术语解释先浏览一遍，我想对于这个族的花的构造和各部分作用的叙述则更易于理解。

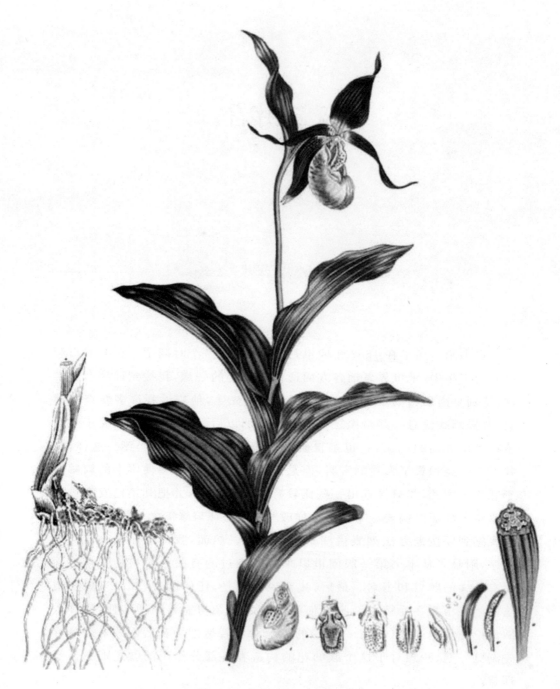

▲杓兰（*Cypripedium calceolus*）

第一章 眉兰族

· Chapter I Ophreae ·

早生红门兰（*Orchis mascula*）花的构造——花粉块的运动能力——金字塔穗红门兰（*Orchis pyramidalis*）*各部分的完善适应——红门兰属（*Orchis*）的与某些近缘属的其他物种——关于寻访几种兰花的昆虫和它们寻访的频度——关于各种兰科植物的能育性和不育性——关于花蜜的分泌，以及有目的地使昆虫在吸取花蜜时耽搁时间

---

* 许多学者认为，此种应放在 *Anacamptis*（细距红门兰属）之中。——译者

我尽可能使全书各章适当地按照林德利（Lindley）所划分的兰科（Orchideae）＊排列次序。英国的一些物种分隶于他所划分的 5 个族，即：眉兰族（Ophreae）、鸟巢兰族（Neotteae）、旭兰族（Arethuseae）、沼兰族（Malaxeae）和杓兰族（Cypripedeae），但在后两族中，每族只有一个属。前八章我描述了分隶于几个族的、各不相同的、国内外产的物种。第八章中还有一段是关于兰科植物花朵同源性的讨论。第九章专供杂论和总论。

眉兰族包括大多数普通的英国物种，我们将从红门兰属开始。读者可能会感到下面所介绍的兰花的一些细小结构很不易了解。但是，我能保证，如果他肯耐心地把第一种结构搞清楚，那么以后各种结构就易于领悟。所附插图（图 1）系说明在早生红门兰（O. mascula）花中较重要器官的相关部位。花的萼片与花瓣已经去掉，只留下具有蜜腺距（nectary）的唇瓣。蜜腺距仅示侧面图（图 1，A，n），蜜腺距扩大的口部几乎隐藏在正面图（B）的阴影里。柱头（s）二浅裂，系由两个几乎愈合的柱头组成；它位于囊状蕊喙（r）之下。花药（图 1，A 与 B，a）由两个远远分开的药室组成，药室前面纵裂，各室有一个花粉团。

图 1，C 表示由两个药室之一取出来的一个花粉块，它由一些楔形的花粉粒束组成（见图 1，F，图中各束是强制分开的），这些楔形的束是由非常有弹性的细丝把它们连接在一起的。这些细丝在每一个花粉团的下端汇合为一，构成有弹性的、直的花粉团柄（图 1，C，c）。花粉团柄的末端牢固地附着于黏盘（图 1，C，d），黏盘（见插图 E，从囊状蕊喙的纵切面可以看到）是由一个微小的、广椭圆形膜片组成，在其下面各有一个黏质球。每个花粉块有其各自的黏盘；这两个黏质球一起（图 1，D）被包藏在蕊喙里。

蕊喙是一个近于球形而微尖的突起（见图 1，A 与 B 中的 r），悬在两个近愈合的柱头上方，我们必须详尽地描述它，因为它的每一个细微结构都是十分重要的。图 1，E 示其中一个黏盘和一个黏质球的切面；图 1，D 示藏在蕊喙中的两个黏盘的正面观。用图 1，D 来说明蕊喙的结构，也许是

◀早生红门兰。

＊ 兰科（Orchidaceae）是一个很大的家族，有些植物学者称之为兰目（Orchideae）。这实质上只是植物分类学家对植物群等级的看法不同。J. Lindley 在其专著中也同时使用 Orchidaceous Plants 和 Orchideae，故这里一律译为兰科或兰科植物。——译者

再好也没有了；但必须知道：此处蕊喙的前唇是大大地被下压了。花药的最下部是和蕊喙的背部连在一起，见图 1，B。在生长初期，这个蕊喙是由一群多角形的细胞组成，细胞中充满着带棕色的物质，这些细胞不久就自行溶化为极黏的、半流质的、无结构的两个球。这两个黏球稍稍伸长，在它们顶部几乎是并行的，下部是凸的。除背部外，它们在蕊喙中是完全分离的（都被流质包围着），每个黏球的背部，黏着于蕊喙外膜的一小部分，换句话说即蕊喙外膜的盘上。两个花粉团柄的末端，在外面牢固地附着于蕊喙外膜的两个小盘上。

组成蕊喙整个外表面的薄膜起初是连续的，但当花一经开放后，即使是最轻微的触动，立即使薄膜横裂而为一条弧形缝线，这条缝线位于药室的前面，同时，也在药室间的膜质小鸡冠状突起或小褶片的前面（见图 1，D）。这种开裂的动作，对蕊喙形状毫无影响，但它使蕊喙前部变为唇状而易被压下。图 1，D 表示它已大大往下压了；图 1，B 表示蕊喙唇的边缘正面观。当前唇完全被压下去时，两个黏质球就显露出来。由于蕊喙后部有弹性，这个唇或囊在压过后，马上弹回，又把两个黏质球包起来。

我不敢断言：蕊喙外膜从不自己发生破裂；当然，这层外膜是做好破裂准备的，因为它沿着特定的线已变得十分柔弱；但是，有好几次，我见到这个破裂的发生，是由于极轻微地触动了它，这触动如此轻微，以致使我断定，这种破裂并不是单纯机械性的。由于没有较好的名词，我就叫它活力（vital）。我们以后还会发现其他例子。像极轻微地一触或是一阵氯仿蒸气的影响，就能使蕊喙外膜沿着一些特定的缝线破裂。

蕊喙在前面发生横裂的时候，亦可能（因为根据各部分的位置，不可能确定这个事实）在后面同时破裂而为两条广椭圆形的缝。这样一来，这两条广椭圆形缝线，就把两个小盘 * 与蕊喙外表面的其余部分分开，两个花粉团柄就附着于这两个小盘的外面，同时，这两个黏质球就黏着在两个小盘的里面。蕊喙的裂缝虽如此复杂，但却高度准确。

因为这两个药室前面由顶至底纵向开裂，甚至在开花前就是这样，所以，当蕊喙一旦受到轻微触动的影响而完全破裂时，它的前唇就很容易往下压。并且，由于这两个小盘的薄膜已经被分开了，这时，与其相联系的两个花粉块，就处于完全离生的状态，但仍然留在它们原来的位置上。因

---

　　* 按达尔文的原来名称应为蕊喙外膜的小盘，为了避免名称冗长起见，此处译为小盘（又称黏盘），以下同。——译者

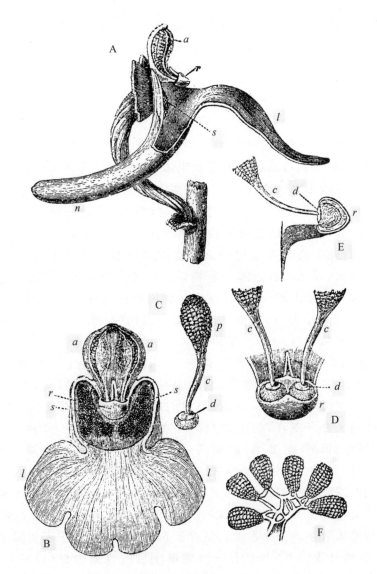

图 1　早生红门兰（*Orchis mascula*）

a. 花药，由两个药室组成；*r*. 蕊喙；*s*. 柱头；*l*. 唇瓣；

n. 蜜腺距；*p*. 花粉团；*c*. 花粉团柄；*d*. 花粉块的黏盘

A. 花的侧面图，除唇瓣外所有萼片和花瓣均已切除，不独将近一半的唇瓣，而且蜜腺距上部亦被切除；B. 花的正面图，除唇瓣外，全部萼片和花瓣均已切除；C. 一个花粉块，示花粉粒的束、花粉团柄和黏盘；D. 两个花粉块的花粉团柄正面图，带有黏盘，黏盘位于蕊喙里，蕊喙唇被压下来了；E. 通过蕊喙的侧切面图，示一个被藏在蕊喙里的黏盘和一个花粉团柄，蕊喙唇并未被压下；F. 示各花粉粒束（此处各束被展开了）被弹丝系在一起。

（根据 Bauer 的图复制）

此,花粉束和花粉团柄依旧处在药室里面;黏盘仍然是蕊喙的一部分,但是已和蕊喙分开了;同时,黏质球还是藏在蕊喙里。

现在,让我们来观察一下关于早生红门兰(图1)的复杂的机制是怎样起作用的。假定有一个昆虫落到一个成为良好降落台的唇瓣上,它就探头向花里面那个背向具有柱头(s)的腔里(见侧面图A,或正面图B)钻进去,为的是要把它的吻(proboscis)伸到蜜腺距的末端;或者试用一枝削尖了的普通铅笔,极轻巧地送入蜜腺距里去,也会同样完美地把这个动作显示出来。由于这个囊状蕊喙突出于蜜腺距的通道上,因而,要不触动蕊喙而让物体推进到蜜腺距里去,几乎是不可能的。这时蕊喙外薄膜沿着原来的缝线破裂,蕊喙前唇或囊是很容易下压的。当前唇压下去后,一个或两个黏质球,几乎会无误地接触到正在闯进蜜腺距里来的物体。这两个球的黏性很大,任凭什么物体只要和它们一接触就会牢牢黏住。并且,这种黏性物质具有像水泥一样的、在几分钟内凝固与变干的特殊化学性能。由于药室在正面开裂,当昆虫的头从花中退出时,或是当铅笔被取出时,将带出一个或两个花粉块。花粉块牢固地粘在接触物上,像触角一样向上竖起,如图2,A所示。这种水泥般的牢固附着力是非常必要的,因为,假如花粉块向旁边或后面落下,它就永远不能使花受精。由于花粉块所在的两个药室位置的关系,所以,当它们附着在任何物体上时,两个花粉块位置稍稍叉开。现在,假定这只昆虫飞到另一朵花去,或者,我们把附着有花粉块的铅笔(图2,A)插到同一朵花或另一朵花的蜜腺距里去,那么牢牢附着的花粉块,将只会被推向或被推进它原来的位置,这就是说被推向或被推进到药室里面去了,我们看看图1,A就会明白这点。那么,这朵花怎能受精呢?受精作用之能够实现,就靠一种美妙的装置:虽然这黏质表面仍然固着不动,但是这个黏着于花粉团柄的、似乎不重要的、而且微小的、蕊喙外膜的盘,却具有一种颇堪注意的收缩力量(以后将更精细地描写它)。这种力量使花粉块以近于90°角,始终朝着一个方向,亦即向着昆虫吻的尽头或铅笔顶端扫过去,这平均用30秒钟。图2,B表示花粉块在这个动作后的位置。在昆虫从这一植株飞到另一植株所需的一段时间以内,这一动作就已完成[①]。再回到图1,A,我们就会看到:假如把这时的铅笔再插入到蜜腺距里去,花粉块粗厚的一端现在正好击中柱头面。

这里又出现了另一个美妙的适应。R.布朗[②]在很久以前就已注意到这

[①] H.米勒(H. Müller)博士(*Die Befruchtung der Blumen durch Insekten*,1878年,84页)曾经计算过熊蜂(humble-bee)在早生红门兰花序上工作的时间,并证明这个记载是正确的。

[②] *Transactions of the Linnean Society*,16卷,731页。

个适应了。柱头虽是很黏的,但还不至于黏到能把昆虫头部或铅笔头上的全部花粉块都拉下来,然而,柱头黏力足以拉断连接花粉粒束的弹丝(图1,F)而使有些花粉粒遗留在柱头上。所以,附着于昆虫或铅笔上的一个花粉块,能够用于许多柱头,并使之全都受粉。我曾屡次见到黏着在一只蛾吻上的金字塔穗红门兰的花粉块,其全部花粉粒束都已黏着于昆虫所相继寻访的那些花的柱头上了,而在蛾的吻上,仅仅留下了木桩状的花粉团柄。

必须注意另外一两个小的要点。在囊状蕊喙中的两个黏质球为流质所包围,这点非常重要,因为前面已经说过,当黏性物质在空气中短暂暴露后,就会凝固。我曾把两个黏质球由囊状蕊喙里拖出来,发现它们在几分钟后完全失去黏力。此外,小盘的运动导致花粉块亦运动,因此,小盘对于兰花受精是绝对不可少的,它位于蕊喙的上背面,并被蕊喙紧密地包围住。这样,它就

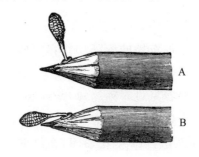

图 2

A. 初接触物体时的早生红门兰的花粉团;

B. 在俯降动作后早生红门兰的花粉团。

能够在药室基部里面保持湿润;因为小盘只要暴露于外 30 秒钟,花粉块就会发生俯降运动,所以,保持它的湿润乃是十分必要的。总之,只要小盘保持湿润,花粉块就可以随时准备让昆虫来把它们运走。

最后,正如我所指出的,囊状蕊喙经下压后,会重新弹回原来的位置。这也是一件重要的事情,因为,假如没有这个动作,则昆虫在蕊喙前唇被压下之后,若不能把这两个黏质球运走,或者它仅仅运走一个黏质球,那么在第一种情况下,两个球将会暴露在空气中,而在第二种情况下,也有一个球将会暴露在空气中。这样一来,一个或两个黏质球会很快完全失掉黏力,从而使花粉块完全失去效用。在许多种兰科植物中,昆虫一次常常只能运走两个花粉块中的一个,这是没有疑问的;更可能是,昆虫通常一次就只能搬走一个花粉块,因为,在花序下部较老的花朵里,几乎总是两个花粉块都被运走了,而在那些昆虫不常过问的、靠近花蕾下部的、比较幼嫩的花朵里,却常常只运走一个花粉块。在早生红门兰的穗状花序上,我发现主要在花序上部,有 10 朵花只有一个花粉块被昆虫运走,而另一个花粉块则仍然留在它们原来的位置上,而且,蕊喙前唇依然完好地关闭着,因此,所有蕊喙的机制仍然完美无伤,以备别的昆虫继续运走花粉块。

当本书第一版问世时,我还未曾见到有什么昆虫寻访过这种早生红门兰的花朵;但是,我的一位朋友曾经注意过某些早生红门兰植株,并见到它们被几个熊蜂,似乎是狐色熊蜂(*Bombus muscorum*)寻访过。H. 米

勒博士①又曾见到熊蜂属（Bombus）中其他 4 种蜂在搬运花粉块。他捉到了 97 个熊蜂属的标本，其中有 32 个头上附有花粉块。

上面对早生红门兰各器官作用所作的描述，也适用于绿纹红门兰（O. morio）、棕花红门兰（O. fusca）*、斑花红门兰（O. maculata）和阔叶红门兰（O. latifolia）**。在红门兰属的这些物种中，关于花粉团柄的长度、蜜腺的方位、柱头的形状和位置都存在着细微的、看来是各器官之间彼此协调了的差异，然而不值得详细描述。总之，花粉块从药室中运走后，经过一种奇妙的俯降动作，这种动作是非常必要的，为的是使花粉块在昆虫头部，得到一个便于击中另一朵兰花柱头面的适合位置。H. 米勒和我自己都看见过 6 种熊蜂、蜜蜂和两种别的蜂来寻访绿纹红门兰的花朵。在一些蜜蜂的头部粘有 10～16 个花粉团，在长须蜂（Eucera longicornis）的头部粘上了 11 个花粉团，在红壁切叶蜂（Osmia rufa）的头上有几个花粉团，而在靠近狐色熊蜂上颚的上方裸露表面上，也粘有几个花粉团。H. 米勒还看到 12 种不同的蜂来寻访阔叶红门兰的花朵，而这种阔叶红门兰的花朵除了蜂类寻访外，还有双翅目（Diptera）的昆虫来寻访。我的儿子乔治（George）对斑花红门兰也观察了一个时期，他看到许多把吻伸入到蜜腺距里去的一种叫做舞虻（Empis livadi）的个体。后来，我也看到这种情况。我的儿子还把 6 个舞虻属（Empis）的标本带回家来，在这些标本的球形复眼上粘有花粉块，这些花粉块落在昆虫复眼上的位置是和昆虫触角（antennae）的基部恰好在同一水平上。这些花粉块经俯降后，其位置稍稍高于昆虫的吻，并与吻并行，因此，昆虫头部的花粉块处于极其适合于击中柱头的位置。6 个花粉块就以这种方式附着在一个昆虫的标本上，还有 3 个附着在另一个昆虫的标本上。我的儿子还看到另一种较小的羽舞虻（Empis pennipes），它把吻插进蜜腺距里，但是，它们在使花受精上不及其他昆虫行动得那么好或那么有规律。在羽舞虻的第一个标本上粘有 5 个花粉块，而在第二个标本上则只有 3 个花粉块，附着在它凸出的胸节（thorax）背面。H. 米勒看见过双翅目另外两个属的昆虫，正在绿纹红门兰上采蜜，在这些昆虫身体的前部附着有花粉块。有一次，他还看见一只

---

① *Die Befruchtung*, &c. ,84 页。

* 为 *Orchis purpuresa* 的异名。——译者

** 近代学者认为应移至 *Dactylorhiza*（掌裂兰属）之中。——译者

熊蜂也来寻访这种兰花的花朵[①]。

现在我们来讨论金字塔穗红门兰（*Amacamptis* 亚属）。这是我所观察过的一种结构很高级的兰花。有好几位植物学家曾把这一个物种晋级为一个不同的属。这种兰花的各部分相关位置和早生红门兰及其近缘种大不相同（参看图 3）。它具有两个十分明显的圆形柱头面（图 3，A. *s. s.*），位于囊状蕊喙的两侧。囊状蕊喙并非位于蜜腺距稍上一些的地方，而是下落到蜜腺距里（参看侧面图 B），正好空悬在距口那里，并部分地把距口关闭起来了。蜜腺距前腔就是由唇瓣边缘连生于蕊柱所形成的。这个前腔在早生红门兰及其近缘物种中是宽大的，而在金字塔穗红门兰中则是狭小的。囊状蕊喙在它下面中部是中空的，里面充满流质。该黏盘是单一的，呈马鞍状（图 3C 和 E），在其几乎平坦的顶部或座上载有花粉块的两个花粉团柄。这两个花粉团柄的末端牢固地黏着在马鞍状黏盘的上表面。在蕊喙膜破裂以前，能够清楚地看到这个马鞍状黏盘和蕊喙表面的其余部分是连续的；而且，这个马鞍状黏盘是被两个药室的褶叠基部部分地掩藏起来，借以保持湿润（这一点非常重要）。黏盘是由数层微小细胞组成，因而其质地相当厚；黏盘下面还衬有一层极黏的物质，这种物质是在蕊喙内形成的。这个马鞍状黏盘完全相当于早生红门兰及其近缘物种中两个花粉团柄分别附着的、两个微小的、广椭圆形的、彼此分开的黏盘。

当花开放时，在蕊喙由于经受触动而对称地破裂或自己自然而然地对称地破裂（是彼是此，我不了解）时，只要施以最轻微的压力，就能够使蕊喙前唇下降，蕊喙前唇也就是在蕊喙外膜的下面二裂的部分，它伸出到蜜腺距的距口内。当蕊喙前唇被压下时，留在原来位置上的黏盘露出它下面的黏性表面，几乎可以无误地黏着于接触它的物体上。即使把一根头发推进蜜腺距里去，其坚硬度亦足以使蕊喙前唇即蕊喙囊下降，而马鞍状黏盘的黏性表面就粘在这根头发上。然而，假如蕊喙前唇只被轻轻地推动一下，则会弹回来而把马鞍状黏盘的下表面掩藏起来。

花内各部分的完善适应性，明显地表现在：只要切去蜜腺距的末端，而由切口插入一根鬃毛，其所插入的方向必然与蛾类的吻所插入蜜腺距的方向正相反；我们将会发现，蕊喙很容易被鬃毛撕破或被它穿刺而过，但是马鞍状黏盘却很少，或绝不会把鬃毛抱住。当黏盘连同花粉块附着

---

① M. M. 吉拉德（M. M. Girard）提到了一个天牛（*Strangalia atra*），在这只天牛的口器前面附着有一团绿纹红门兰的花粉团，参看 *Annales de la Soc. Entomolog. de France*，9 卷，31 页，1869 年。

在鬃毛上被运走时，蕊喙下唇就立刻向里卷，使蜜腺距口较以前更为敞开，但是，这种情况对常来寻花采蜜的蛾是否大有好处，从而对植物又是否大有好处，我不愿妄下断语。

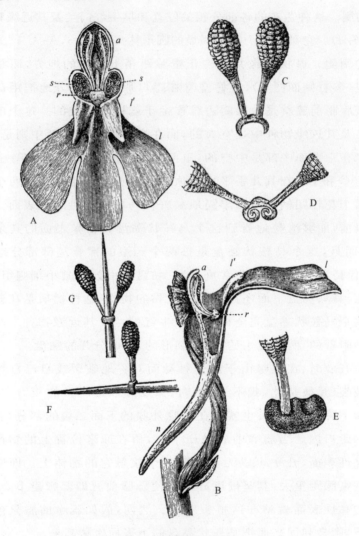

图 3　金字塔穗红门兰

a. 花药；*s. s*. 柱头；*r*. 蕊喙；*l*. 唇瓣；*l'*. 唇瓣之引导脊；*n*. 蜜腺距

A. 花的正面图，除唇瓣外，全部萼片和花瓣已被切除；B. 花的侧面图，全部萼片和花瓣已被切去，唇瓣从中线纵向切去一半，蜜腺距上部近侧已被切除；C. 附着于马鞍状黏盘的两个花粉块；D. 在第一次收缩动作之后的黏盘，并没有抓住什么东西；E. 黏盘的上面观，它被外力所压平，两个花粉块的一个被拿走了，图示黏盘表面的洼穴，由于这个洼穴，花粉块的第二次动作得以实现；F. 用针插入蜜腺距所取出来的花粉块，图示马鞍状黏盘由于第一次收缩动作而把针抱住了之后；G. 同一对花粉块在第二次运动及其紧接着的俯降之后的情形。

最后,唇瓣还有两条显著的脊(图 3A,B,l'),倾斜地到达唇瓣的中部,并向外伸展,很像媒鸟的嘴。这两条脊对引导像纤细的鬃毛或头发那样柔韧的物体通到蜜腺距的小圆口里去是有好处的。这圆口本来就很小,而且还被蕊喙部分地阻塞住。这两条引导脊的结构之灵巧,可以和人们有时用来引线入(针)孔的小工具相比拟。

现在,让我们来看一下这些部分是如何动作的。且让一个蛾把它的吻〔我们很快将看到,这些花朵经常为鳞翅目(Lepidoptera)昆虫所寻访〕插在唇瓣的两条引导脊之间,或者我们把一根细细的鬃毛插在那里,这根鬃毛就能够准确地被引导到蜜腺距的小圆口里,而且,几乎万无一失地压低蕊喙前唇。当蕊喙的降低动作完成后,这根鬃毛就接触到现在正裸露着的、发黏的、悬空的马鞍状黏盘的下表面。当这根鬃毛被拿走时,附有花粉块的马鞍状黏盘也一同被拿走。当马鞍状黏盘一经露在空气中,收缩动作几乎立刻发生,即黏盘的两臂齐向里卷而把鬃毛抱住。人们如果用镊子夹住花粉团柄,而把花粉块拉出来时,此时马鞍状黏盘就无物可抱了,我曾见到,它的两臂齐向里卷,9 秒钟内它们就互相接触(参看图 3D);9 秒钟后,它们更向里卷而使马鞍状黏盘似乎成为实心的小球了。我还观察过附有金字塔穗红门兰花粉块的许多蛾的吻,吻极细,以致黏盘两臂的末端正好在吻下合抱起来。有一位博物学家送给我在吻上附有几个马鞍状黏盘的一只蛾,由于他不了解这个动作的过程,因此,自然会得出一个离奇的结论,他说:蛾很灵巧地把它的吻从某些兰科植物的所谓黏腺*的正中心穿过。

当然,这种迅速的合抱动作,有助于把马鞍状黏盘端正地固着在昆虫的吻上,这点相当重要;但是,黏性物质的迅速凝固或许也会达到这个端正固着的目的,而黏盘的合抱和卷拢动作,其真正目的乃是在于使两个花粉块分开。附着在马鞍状黏盘的平顶上或座位上的花粉块,原来是直立并几乎互相平行的,但当马鞍状黏盘的平顶合抱住昆虫的圆柱状细吻或鬃毛时,这两花粉块就必然叉开。当马鞍状黏盘抱住了鬃毛,而且花粉块已经叉开时,立即开始第二种动作。第二种动作正如第一种动作一样,只能是由于马鞍状黏盘的收缩作用,这种收缩动作在第九章将更详细地加以描述。正和在早生红门兰及其近缘种中一样,第二种动作是使原来与针或鬃毛成直角(参看图 3F)竖立的、彼此叉开的两个花粉块以近于 90° 的俯角向针尖倒去(参看图 3G),这样便使花粉块俯降,最后与针平行而横卧

---

* 即指本译文中的黏盘。——译者

着。有 3 个标本，此第二种动作是在花粉块从药室运走后，30～34 秒钟内完成的，所以也就是，在马鞍状黏盘抱住鬃毛之后约 15 秒钟才完成的。

如果把附有互相叉开并且俯降了的花粉块的鬃毛，沿着唇瓣的两片引导脊之间，推进到同一朵花或另一朵花的蜜腺距里去（试比较图 3A 与图 3B），则这一双重动作的作用至此便变得明显了。因为那时人们会发现这两个花粉团的末端已经取得这样的位置，它足以使其中一个花粉团的末端击中位于侧面的一个柱头；而另一个花粉团的末端，则同时击中对面的另一个柱头。柱头上的分泌物质是很黏的，所以当花粉块在击中柱头之后，再度被拖走时，那些把花粉束连在一起的弹丝会被拉断，这时，即使用肉眼，也能见到一些暗绿色的花粉粒被留在两个白色的柱头表面上。我曾把这个小小的试验，当场表演给我的几位朋友看，他们都很热情地赞美这种完美无缺的装置，凭借这样结构金字塔穗红门兰得以受精。

因为没有别的植物，诚然，也几乎没有任何动物比金字塔穗红门兰更完善地表现出一个部分和另一部分之间的适应性，以及整个有机体对于在自然界中极其疏远的其他有机体之间的适应性。因此，也许值得把这些适应性简要地总结一下。因为，这种兰花是昼间和夜间飞行的鳞翅目昆虫来寻访的目标，所以，认为花的鲜明紫色（自然是为此而特别发育的）诱惑着日间飞行的昆虫，而其强烈的狐臭却吸引了夜间飞行的昆虫，这种想法并不是凭空虚构的。一片上萼片和两片上花瓣组成一个遮檐以保护花药和柱头面免受风雨的侵袭。若说唇瓣发育出一个长长的蜜腺距是为了引诱鳞翅目昆虫，那么，我们就有理由揣度，其中花蜜是为了使昆虫慢慢地吸吮它，而被故意匿藏在距的深处（与所见到的大多数别种植物很不相同），这是为了求得足够时间，使马鞍状黏盘下面的黏性物质凝固和干燥。如果有人把一根又细又韧的鬃毛，插入介于唇瓣的两条斜脊之间的花的扩大口部，他将会相信，这两条脊是替鬃毛或昆虫的吻充当向导的，并且有效地防止了鬃毛或昆虫的吻偏斜地插入蜜腺距里。后一情况有其明显的重要性，因为，如果昆虫的吻不端正地插入蜜腺距里面去，那么马鞍状黏盘附于昆虫吻上的方向会偏斜了了，这样，花粉块经过第一种和第二种动作后便不会击中两个侧生的柱头表面。

其次，我们看到蕊喙只是部分地封闭了蜜腺距口，就好像专为猎取禽兽所设置的陷阱活盖一样；这个陷阱活盖是如此复杂，如此完善，它有几条相对称的分裂线，在上面形成马鞍状黏盘，在下面形成蕊喙囊前唇；最后，蕊喙前唇又是非常易于被压低，而令蛾的吻几乎必然使黏盘露出，并把它粘在吻上。但是，万一黏盘没有被飞蛾黏着带走时，那么，具有弹性的蕊喙前唇就跃回原位，而仍然把黏盘表面掩盖起来，使黏盘得以保持湿润。蕊喙里面的黏性物质，只附着于马鞍状黏盘，而黏性物质又被流质所围绕，所以，黏性物质在被运走以前不至于凝固。附有花粉团柄的马鞍状黏盘的上表面，在黏盘被运走以前，亦为药室基部所庇护，以维持其湿润。一旦黏盘被运走后，奇妙的合抱动作立刻开始，它使两个花粉块叉开，接着便发生花粉块的俯降动作。这两个动作结合起来，恰好使这两个花粉团末端准确地击中两个柱头面。这两个柱头面，并没有黏到足以把蛾吻上整个花粉块全部拉下来，而只能拉断系住花粉束的一些弹丝，使少数花粉束粘在柱头面上，还有很多花粉束被蛾带走，留给其他花朵①用。

　　但是，可以看到：尽管蛾或许能用颇长时间来吸取一朵花的花蜜，而花粉块的俯降动作是一定要在花粉块完全从花中脱离后才开始（由实验所知）。这个俯降动作要经过大约半分钟才能完成，也就是说花粉块要经过大约半分钟才能处于击中柱头表面的适当位置上，而这半分钟会给蛾以充分的时间从这一植株的花朵飞到另一植株的花朵上。这样，蛾就能够完成两个不同植株间的结合。

　　焦黄红门兰（*Orchis ustulata*）②在某些重要方面和金字塔穗红门兰相似，在另一些方面却又和它不同。它的唇瓣不具金字塔德红门兰的两条引导脊，代之而有两道深沟，这两道深沟通到短短的蜜腺距的三角形小口。蕊喙就悬在这三角形小口上角的地方。蕊喙囊稍稍指向下方。为了与蕊喙这个靠近蜜腺距口的位置相适应，柱头是两个，并且侧生。这个物种很有趣地表现出像金字塔穗红门兰那样，两个分开的柱头可以多么容易地变为一个单柱头，其过程就是首先变为像早生红门兰那样稍稍二裂的柱头，然后再形成像本种这样的柱头结构。在本种，因为直接在蕊喙下面有由真正的柱头组织所组成的一条狭窄的横边。这条横边把两个侧生的柱头连在一起，因此，假如这条横边变得宽一些，这两个柱头就会变成单一个横置的柱头了；反之，一个单柱头也很容易变为两个侧生柱头。两个花粉块经受通常的俯降动作时是稍稍叉开的，以便随时可以击中这两个侧生的柱头。

---

　　①　已故的特雷维拉奴斯（Treviranus）教授已证实了我所有的观察（*Botanische Zeitung*，1863 年，241页），而且，指出了我所发表的图中两个不重要的错误。
　　②　我很感谢勃罗姆公园（Broome Park）的 G. C. 奥克生登（G. Chichester Oxenden）先生，他给了我这种兰花的一些新鲜标本，并承他一贯热情地供给我一些活的植株和关于在英国较为罕见的许多兰科植物的资料。

蜥蜴红门兰［*Orchis*（*Himantoglossum* 亚属）*hircina*］*——奥克生登先生寄给我这种极稀少的英国兰花的一个完好标本。这种兰花具有奇异的、狭长的唇瓣，它的两个花粉块竖立在单一个几乎四方形的黏盘上。当这两个花粉块从药室中被运走时，它们并不叉开，只是俯降，在大约 30 秒钟的时间里弯成 90°。这时，两个花粉块就已处在适当的位置，以便击中在蕊喙下面唯一的、宽大的柱头面。关于金字塔穗红门兰，我们已经得知，两个花粉块的俯降动作的实现是由于在它们各自前面的黏盘收缩所致，在收缩的地方形成两道沟或两道谷。然而，就这个物种来说，由于黏盘前方全面收缩或下陷而使黏盘前部和后部截然分开。

人唇兰［*Aceras*[①]（*Orchis*）*anthropophora*］——这种兰花花粉块的花粉团柄非常短，它的蜜腺距是由唇瓣上的两个圆形小洼穴所组成，它的柱头向横的方向伸长；最后，在蕊喙里的两个黏盘彼此靠得很近，致使它们的外形互相受到影响。两个黏盘靠得很近这一事实值得注意，因为这可以作为走向两个黏盘变成完全愈合为一的一个步骤，就像下面一种人唇兰及金字塔穗红门兰和蜥蜴红门兰一样。但是，在人唇兰有时只有一个花粉块被昆虫运走，虽然与其他红门兰属的物种中所见到的相比，这种情况是比较少见的。

长苞人唇兰［*Aceras*（*Orchis*）*longibracteata*］——莫格里奇（Moggridge）先生曾对法国南部的这种植物作了一个饶有趣味的描述，并绘有图[②]。它的两个花粉块是附着在单个黏盘上。当它们被运走时，它们不像金字塔穗红门兰的两个花粉块那样向外叉开，而是向内凑合，然后经受俯降动作。这种兰花最奇特之点，在于昆虫是从蜂窠状唇瓣表面上那些微小而裸露的细胞中采蜜。各种各样膜翅目（Hymenoptera）和双翅目（Diptera）的昆虫都来寻访这些花朵，作者曾见到一只叫紫木蜂（*Xylocopa violacea*）的大蜂额上粘有一些它的花粉块。

新蒂兰［*Neotinea*（*Orchis*）*intacta*］——莫格里奇先生由意大利北部寄给我几株这种兰花的活标本，它们在英国是极其罕见的。据他说，这种兰花很稀奇，它没有昆虫的帮助仍能结籽。我很谨慎地隔绝昆虫的采访，然而，几

---

* 近代学者认为此种应置于 *Himantoglossum*（带舌兰属）中。——译者

① 人唇兰这个属从红门兰属中被区分出来显然是人为的。它是真正的红门兰，可是它具有一个十分短的蜜腺距。韦特尔（Weddell）博士记述过（参见 *Annales des Sc. Nat.*, 3 ser. *Bot.* 18 卷，6 页），很多杂种的出现是在自然情况下由这种兰花（*Aceras*）与盔红门兰（*Orchis galeala*）杂交后所产生的。

② *Jour. Linn. Soc. Bot.* 8 卷，256 页，1855 年。他还作了一幅蜥蜴红门兰的图。

乎所有的花都结了蒴果。这种兰花不借昆虫而授粉是由于花粉绝无黏性，因而会自然而然地落到自己的柱头上。尽管如此，它仍有一个短短的蜜腺距，花粉块还是各有一个小黏盘，并且所有花的各部分都是那样安排的，以致昆虫如果去寻访那些花朵，花粉团几乎肯定会被昆虫从这些花朵运到另一些花朵，不过，不像其他大多数兰科植物那么有效罢了。

长药兰（*Serapias cordigera*）——在法国南部生长的一种兰花，莫格里奇先生在前面提到的文章中曾经描述过它。这种兰花的两个花粉块是附着在单个黏盘上的，当这些花粉块刚刚被拉出来时，它们是向后弯的，但是不久，它们就像平常一样向前向下移动。由于柱头穴是狭窄的，花粉块就由两片引导片来引导到柱头穴里去。

狭叶黑紫兰（*Nigritella angustifolia*）——一种生长在高山上的兰科植物。据 H. 米勒博士说[①]，它和所有习见的兰科植物的区别就在于它的子房不扭转，所以，它的唇瓣位于花的上方，昆虫降落在唇瓣对面的萼片和花瓣上。因为这个缘故，当一只蝴蝶把吻插到蜜腺距狭窄的入口时，黏盘就附着于蝴蝶吻的下面，接着花粉块不像所有其他兰科植物一样向下运动而是向上运动，这样，当蝴蝶寻访第二朵花时，花粉块就处在适合于击中柱头的位置上。米勒博士还说，在这种兰花的花上常常聚有非常多的蝴蝶。

现在，我已描述了红门兰属及其近缘各属的花结构，其中，多数为英国产的物种，少数为外国种。所有这些物种，除属于新蒂兰属（*Neotinea*）的外，都需要昆虫的帮助才能受精。下列事实就很明白，花粉块那么严密地埋在药室里，黏性物质球又那么严密地藏在囊状蕊喙里，所以，花粉块和黏性物质球不可能因受暴力一震而出。我们又得知，花粉块一定要等到经过一些时间以后才能得到击中柱头表面的适合位置。这说明花粉块不适于进行自花授粉，而只适合于对异株的花进行授粉。为了证明昆虫对于兰花受精的必要性，在花粉还没有被运走之前，我把一株绿纹红门兰罩在钟形玻璃罩里，留下邻近的植株任其暴露于外。以后，我每天早晨去观察这些不被覆盖的植株，发现天天都有些花粉块被运走，直至所有的花粉块都已经被运走了。只剩下位于一个穗很低下的一朵花的花粉块和三个穗顶部的一两朵花的花粉块从来没有被昆虫运走。但是可以观察到，当穗顶部仅仅留着极少数花朵时，这些花朵虽仍开着，却已不再显眼，因

---

① *Nature*，1874 年，12 月，31 日，169 页。

此，就很少有昆虫去寻访它们。我再去观察被罩在玻璃罩里十分健全的那株植物，当然，它的所有花粉块还郁留在药室里。我曾经用早生红门兰作了一个类似的试验，得到了与绿纹红门兰相同的结果。值得注意的是，那些罩在玻璃罩里的穗状花序，当把罩子取走而让它露于外时，这些兰花的花粉块不为昆虫所运走，当然，也就不会产生种子了，而那些没有被罩在玻璃罩里的邻株却产生了丰富的种子。从这个事实来看，可以推断，各种红门兰都有供昆虫寻访的一个适当季节，而这个适当季节一经逝去，昆虫就终止了对兰花的寻访。

由上面所提到的许多种兰花，以及若干欧洲产的种类来看，当它们受到保护而使昆虫无法接近时，所造成的花的不孕性是由于花粉团没有与柱头接触的缘故。这正是 H. 米勒博士所证实了的情况。他告诉我，他用金字塔穗红门兰（44）、棕花红门兰（*Orchis fusca*）（6）、四裂红门兰（*O. militaris*）（14）、条纹红门兰（*O. variegata*）*（3）、古力红门兰（*O. coriophora*）（6）、绿纹红门兰（4）、斑花红门兰（18），早生红门兰（6）、阔叶红门兰（8）、肉色红门兰（*O. incarnata*）（3）、蝇眉兰（*Ophrys muscifera*）**（8）、手参（*Gymnadenia conopsea*）（14）、白花手参（*G. albida*）（8）、角盘兰（*Herminium monorchis*）（6）、虎舌兰（*Epipogon aphyllus*）***（2）、火烧兰（*Epipactis latifolia*）****（14）、新疆火烧兰（*E. palustris*）（4）、卵叶对叶兰（*Listera ovata*）*****（5）和杓兰（*Cypripedium calceolus*）（2）的花粉团各涂在它们自花的柱头上，它们都结了丰满的蒴果，这些蒴果都含有外观良好的种子。在每一物种名后面括号里的数字是记录的每一种兰花所用来做试验的花数。这些事实是很令人惊奇的，因为斯科特（Scott）先生和 F. 米勒先生[①]已经证实了，各种各样原产外国的物种，不论它们生长在英国或生长在其本土上，当用它们自花的花粉授精时，它们一定不会产生含有种子的蒴果。

根据上述观察和以后要指出的关于手参属（*Gymnadenia*）、玉凤花属

----

　　* 为 *Orchis tridentata* 的异名。——译者
　　** 有些学者把此种归并入 *Ophrys insectifera*。——译者
　　*** 此种学名的正确拼法应为 *Epipogium aphyllum*。——译者
　　**** 为 *Epipactis helleborine* 的异名。——译者
　　***** 为 *Neottia ovata* 的异名。——译者
　　① 他们的观察摘要曾在我写的 *Variation of Animals and Plants under Domestication*，第 2 版，第 2 卷，17 章，114 页中提到。

（*Habenaria*）以及别的一些种的观察，确可归纳为[1]：凡具有短的、不很窄的蜜腺距的物种，它们的花朵是靠蜜蜂[2]和蝇来使之受精；而那些具有很长蜜腺距或具有很窄蜜腺距口的物种，它们的花是靠蝴蝶和蛾来使之受精，这些蝴蝶和蛾都有细长的吻。这样，我们便看到，兰科植物花的构造和习常寻访它们的那些昆虫的构造有某种重要意义的互相关联——这一事实已经为 H. 米勒博士充分地证实不只适用于许多兰科植物，也适用于许多其他种类的植物。

关于金字塔穗红门兰，照我们所知，它有一个狭长的蜜腺距，邦德（Bond）先生很热情地寄给我许多鳞翅目昆虫。从这些鳞翅目昆虫中，我选出了 23 个物种，并把它们列举于下，在这些昆虫的吻上，附有易于辨认的金字塔穗红门兰的花粉块。

Polyommatus alexis	*Agrotijs cataleuca*
Lycaena phlaeas	*Eubolia mensuraria*（两个标本）
Arge gaIathea	*Hndena dentina*
Hesperia sylvanus	*Heliothis marginata*（两个标本）
Hesperia linea	*Xylophasia sublustris*（两个标本）
Syrichthus alveolus	*Euclidia glyphica*
Anthrocera filipendulae	*Toxocampa pastinum*
Anthrocero trifolii[1]	*Melanippe rivaria*
Lithosia complana	*Spilodes palealis*
Leucania lithargyria（两个标本）	*Spolodes cinctalis*
Caradrina blanda	*Acontia luctuosa*
Caradrina alsines	

这些蛾或蝴蝶的大多数都附有两三对花粉块，并且，一定附着在它们

---

①　根据这个结论所得出的某些论点已发表在 Notes on the Fertilization of Orchids 一文中，见 *Annals and Mag. of Nat. Hist.* 1869 年 9 月，2 页。

②　M. 梅尼埃（M. Ménière）（在 *Bull. Bot. Scc. de France*，1 卷，370 页，1854 年）说，他在盖平（Guépin）博士所收集的昆虫标本中找到采自邵茂（Saumur）的一些蜜蜂，在这些蜜蜂的头上附着各种兰科植物的花粉块。他并说，在靠近法古塔学院植物园（Jardin de la Faculte）[设在图卢兹？（Toulouse）]，有一位养蜂者抱怨他的蜜蜂从该植物园飞回来时，在它们的头上粘着一些黄色的物体，蜜蜂自己不能把黄色物体去掉。这很好地证明了花粉块是非常坚固地附着在昆虫身上。但是，他并没有指出，在这些实例中，这些花粉块究竟属于红门兰属，还是科中其他某个属的植物。

的吻上。惊人的是丽夜蛾(*Acontia*)①附有 7 对花粉块(参看图 4),而 *Caradrina* 则不少于 11 对花粉块!后者的吻由于所附着的花粉块之多而呈现出树枝状的奇异外观。具有一对花粉块的每个马鞍状黏盘十分对称地一个挨一个粘在蛾的吻上;这种情形是由于在金字塔穗红门兰的唇瓣上有两片引导脊,靠这两片引导脊就使蛾每次总是以同样方式把它的吻插到蜜腺距里去。这个不幸的 *Caradrina*,在它的吻上拖累着那么多花粉块,几乎使它的吻不能再伸到蜜腺距的末端去,这样,它会因采不到花蜜很快饥饿致死。这两种蛾一定飞进了比 7 朵和 11 朵更多的花里去采过蜜。从那些花里它们荷来这些战利品,由于那些较先附着在蛾吻上的花粉块已经丢失不少花粉,这就表明,这些花粉块曾经接触过许多黏的柱头。

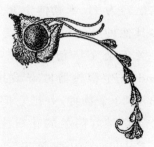

图 4 丽夜蛾(*Acontia luctuosa*)的头部和吻(在它吻上附有 7 对金字塔穗红门兰的花粉块)

	有两个或一个花粉块被运走的花数。不包括后来开的花	只有一个花粉块被运走的花数。它们也包括在左栏的花数里	一个花粉块也没有被运走的花数
1. 绿纹红门兰。有 3 棵小植株。产于北肯特(N. Kent)。	22	2	6
2. 绿纹红门兰。有 38 棵植株。产北肯特。对这些植株的观察,是在 1860 年,正当非常寒冷而潮湿的气流侵袭该地区为期约 4 星期之后进行的,所以,它们是处在最不利的情况下。	110	23	193
3. 金字塔穗红门兰。有 2 棵植株。产于北肯特和德文郡(Devonshire)。	39	——	8
4. 金字塔穗红门兰。有 6 棵植株。生长在有荫庇的山谷中。产于德文郡。	102	——	66

① 我感谢帕菲特(Parfitt)先生对这种蛾的研究,他在 1857 年 10 月 3 日出版的 *Entomologist's Weekly Intelligencer*,2 卷 182 页和 3 卷 3 页里曾提到这种蛾。不过,在这篇文章中他把金字塔穗红门兰的花粉块错误地认为属于蜜蜂眉兰(*Ophrys apifera*)的花粉块了。这些花粉块的花粉由天然绿色变为黄色,但是,若把这些花粉洗净干燥后,它们又由黄色恢复为绿色。

	有两个或一个花粉块被运走的花数。不包括后来开的花	只有一个花粉块被运走的花数。它们也包括在左栏的花数里	一个花粉块也没有被运走的花数
5. 金字塔穗红门兰。有6棵植株。生长在很敞露的堤岸上。产于德文郡。	57	—	166
6. 斑花红门兰。只有1棵植株。产于斯塔福德郡(Staffordshire)。其中有12朵花的花粉块没有被运走,大多数是在花蕾期的幼嫩花。	32	6	12
7. 斑花红门兰。只有1棵植株。产于萨里郡(Surrey)。	21	5	7
8. 斑花红门兰。只有2棵植株。产于南北肯特。	28	17	50
9. 阔叶红门兰。有9棵植株。产于南肯特。是B. S. 马尔登牧师(Rev. B. S. Malden)寄给我的。所有花朵全都成熟了。	50	27	119
10. 棕花红门兰。只有2棵植株。产于南肯特。各花已十分成熟,甚至萎谢了。	8	5	54
11. 人唇兰。有4棵植株。产于南肯特。	63	6	34

注:表中序号为译者所加。——译者

上表证明有许多不同种的鳞翅目昆虫去寻访同一种红门兰植物。*Hadena dentina* 也常去寻访玉凤花属。很有可能,所有具狭长蜜腺距的兰花,同样为许多种蛾所寻访。是否任何一种英国产兰花,都只许那些局限在某些地区的特种昆虫来传粉是很有疑问的,但是,我们在下面会见到,阔叶火烧兰似乎只依靠黄蜂来传粉。我曾有两次观察了手参的一些植株,它们是被移植到离原产地许多英里远的一个花园里来的,我发现所有手参的花粉块几乎全都被运走了。一位住在伊利(Ely)的马歇尔(Marshall)先生①也曾就移植到花园里来的一些斑花红门兰植株观察到同样的

① *Gardeners' Chronicle*,1861年,73页。马歇尔先生的通信是在回答我早先在 *Gardeners' Chronicle*(1960年,528页)上所发表的关于这个问题的一些意见。

情况。另一方面，有十五株被移植来的蝇眉兰，没有一个花粉团被运走。北沼兰（*Malaxis paludosa*）*是被移植在离其自然生长地约有二英里远的泥炭地上，发现它的多数花粉块立刻被运走了。

上表足以表明，就大多数情形而论，昆虫均有效地进行传粉工作。但是，这个表一点也没有明确说明昆虫如何有效地完成传粉的工作，这是因为我往往发现几乎所有的花粉块全都被运走了，而只在例外的情况下，持有一份精密的记录，这可以在附加说明中见到。况且，就多数情形来说，没有被运走的花粉块是在花序上部、花蕾下面的一些花中，其中有许多花粉块以后是可能会被运走的。我常常发现在兰花柱头上有许许多多花粉，而这些花本身的花粉块却未曾被运走，这就表明昆虫已经来寻访过这些花了。在许多别的兰花，它们的花粉块已被运走，而在它们的柱头上并未留有花粉。

我们在上表的绿纹红门兰第二组中看到，1860年是非常寒冷、非常潮湿的一年，它对于昆虫的寻访给予有害的影响，因而它对这种兰花的受精同样也给予有害的影响，以致产生了很少具种子的蒴果。

我曾检查了金字塔穗红门兰的穗状花序，穗上每朵开了的花的花粉块全都被运走了。莱伊尔爵士（Sir Charles Lyell）从福克斯通（Folkestone）采给我一个穗状花序，在穗下部的49朵花中实际上产生了48个有种子的好蒴果；另有3个穗状花序，在穗下部的69朵花中，只有7朵花没有产生蒴果。这些事实表明，蛾和蝴蝶是何等出色地执行了主婚牧师的任务[2]。

在上表中，第三组的金字塔穗红门兰是生长在托基（Torquay）附近的一个伸到海中的陡峭而有草被的堤岸上，那里没有给鳞翅目昆虫提供栖息的矮树丛或其他荫蔽所。使我感到惊奇的是，虽然穗状花序都已老了，在穗下部的很多花都已经谢了，但被昆虫运走的花粉块却是何等之少。为了供作比较起见，我从距离那个旷露的堤岸两侧半英里远的两个有矮树丛又有庇荫的山谷中，采来另外6个穗状花序。这些花序确是幼嫩些，想来还可能会有更多几个花粉块被运走。在这个环境中生长的这种兰

---

* 为 *Hammarbya paludosa* 的异名。——译者
② 1875年夏季是个非常潮湿的季节，我搜集了6个异常好的金字塔穗红门兰的穗状花序。它们生长有302朵花（在盛开而可能受精的14朵还没有计算在内），在这个时候，只有119朵花产生了蒴果，尚有183朵花没有产生蒴果。我又采了6个斑花红门兰的穗状花序，共有187朵花，其中有82朵花产生了蒴果，105朵花没有产生蒴果。

花,比起那些生长在很旷露的堤岸上的,蛾对花序的寻访要频繁得多,因而,受精的机会也就多得多了。在英国许多地方,蜜蜂眉兰(bee ophrys)和金字塔穗红门兰是混生在一起的,这里亦如此,但是,蜜蜂眉兰在别的地方通常是比较少见的物种,而在这里它比金字塔穗红门兰则茂盛得多了。没有人会轻易地怀疑,这个差异的一个主要原因,可能在于旷露的场所是不利于鳞翅目昆虫生活的,因此,也不利于金字塔穗红门兰的结籽。然而,蜜蜂眉兰却不然,我们以后将会得知它是不靠昆虫来传粉的。

许多阔叶红门兰的穗状花序经我观察过,这是因为在我熟悉它的近缘物种斑花红门兰的一般情况后,我惊愕地发现在 9 个几乎谢了的阔叶红门兰的穗状花序上(参看上表)只有很少的花粉块被运走了。可是,像斑花红门兰的传粉情况,则是一个甚至更坏的例子,即具有 315 朵花的 7 个穗状花序仅仅产生 49 个有种子的蒴果,这就是说,平均每个穗仅仅产生 7 个蒴果。在这种结果奇少的情形下,斑花红门兰却成片地长成为我从未见过的、那么大的自然界的花坛,我推想,是因为花朵的数目太多了,而使昆虫不能够一朵一朵地都去寻访,都去授粉。然而,在生长于相距不远地方的某些别的斑花红门兰的植株上,每个穗状花序,却产生了 30 个以上的蒴果。

棕花红门兰呈现出更加奇特的、不完全受精的例子。我观察了奥克生登和马尔登(Malden)两位先生从南肯特的两个地区寄给我 10 个完好的穗状花序。在这 10 个花序上,大多数花朵都有几分萎谢了,甚至在穗最顶上的一些花的花粉也已经发霉了,我们可以这样推想:不会再有更多的花粉块被昆虫运走的。我仅仅检查了两个穗状花序上所有的花,这是因为花的萎谢所引起的困难,检查的结果,在上表中可以见到,那就是,两个花粉块仍在原来地方没有被运走的有 54 朵花,而一个或两个花粉块被运走了的只有 8 朵花。无论棕花红门兰的花,或者阔叶红门兰的花,它们被昆虫寻访都是很不够的,因为,在这些花中,被运走一个花粉块的花要比被运走两个花粉块的花为多。我又随便观察了棕花红门兰别的穗状花序上的很多花,它们花粉块被运走的比例显然不大于上表中的两个花序所具的比例,即在总共生有 358 朵花的 10 个穗状花序上,由于只有少数花粉块被运走,就只产生 11 个蒴果;在这 10 个穗状花序中.就有 5 个没有产生蒴果,有两个穗状花序各只产生一个蒴果,而有一个穗状花序却产生 4 个之多的蒴果。由于要确证我以前说的关于在柱头上发现有花粉的那些花,还保留着自己的花粉块没有被运走,让我在这里再加上一句,即在产生蒴果的这 11 朵花中，就有 5 朵在它们当时已经枯萎了的药室中，两个花粉块仍原封未动。

就这些事实来看，自然会令人猜疑到，棕花红门兰是由于不能充分地吸引昆虫，乃至于没有产生充足的种子。无怪乎在英国它是一个非常稀少的物种。C. K. 施彭格尔①曾注意到，生长在德国的四裂红门兰（经本瑟姆*判定，它与棕花红门兰为同种），同样也不是全都受精，但比起我们的棕花红门兰来，它的受精要完全些。因为他发现，有 5 个老的穗状花序，在 138 朵花中有 31 朵花结了蒴果；他又把这些花的情况和手参的花作了比较，后者几乎每一朵花产生一个蒴果。

还必须讨论一下一个近似的而又奇异的问题，即一个十分发达的距状蜜腺的存在，似乎旨在分泌花蜜。但是，C. K. 施彭格尔是一位最仔细的观察者，他曾彻底地检查了阔叶红门兰和绿纹红门兰的许多花朵，没有发现一滴花蜜。克吕尼茨（Krünitz）②在绿纹红门兰、棕花红门兰、盔红门兰、斑花红门兰和阔叶红门兰之类的许多花的蜜腺距里或唇瓣上也未能找到花蜜。我曾注意过，我们英国的红门兰属所有习见的物种，也找不到点滴花蜜。例如，我观察了斑花红门兰的 11 朵花，这些花是从生长于不同地区而又从不同植株上采来的，并且是从每一个穗状花序的最好的位置上采下来的，我在显微镜下却找不到一颗最小的花蜜小珠。C. K. 施彭格尔称这些花朵为"具假蜜腺花"（scheinsaftblumen）或假蜜生产者（sham-nectar-producers）；——他相信，这些植物是靠着一种欺诈性的器官系统而生存的，正因为他非常了解昆虫的寻访，对于兰科植物的受精是不可缺少的，但是，当我们仔细想想，数不尽的兰科植物曾经生存在漫长的年代里，它们每一代都需要昆虫把花粉团从这朵花运到另一朵花；而且，当我们从附着在昆虫吻上的花粉团的数目，进一步了解到同是那些昆虫要寻访许许多多花的时候，我们就几乎不能相信，这些花竟有那样大的欺诈性。信仰施彭格尔学说的人，必定把许多种昆虫，甚至蜜蜂的感觉或本能经验列在极低的地位。为了测验蛾和蝴蝶的智力，我试做了以下的小实验，这个实验应当是大规模地进行的。我摘掉了金字塔穗红门兰的一个穗状花序上几朵已经开放了的花，然后，我把没有开的、彼此很靠近的 6 朵花的蜜腺距

---

① *Das entdeckte Geheimniss*，404 页。

* 本瑟姆（Bentham）是英国的一位植物学家。——译者

② 这是 J. G. 库耳（Kurr）援引的，见他的 *Untersuchungen über die Bedeutung der Nektarien*，1833 年，28 页，并参看 *Das entdeckte Geheimniss*，403 页。

切掉一半长。当所有的花朵将近萎谢时，我发现生在穗状花序上部的具有完全蜜腺距的 15 朵花中有 13 朵花的花粉块已经被运走了，仅剩了 2 朵花的花粉块还在药室中没有运走；而被我切掉蜜腺距的 6 朵花中，有 3 朵花的花粉块被运走了，另 3 朵花的花粉块还在原处。这就指出蛾子进行工作并不是出于毫无感觉的[①]。

或许可以说，大自然已经同样实验过，但是做得不够好。因为，按照本瑟姆先生指出的[②]，金字塔穗红门兰常常产生畸形的花朵，它们没有蜜腺距，或只有一个短短的不完全的蜜腺距。C.莱伊尔爵士从福克斯通寄给我几个穗状花序，在这些花序上有许多花就是这种情形，我发现 6 朵花没有一点点蜜腺距，它们的花粉块都未运走。大约在 12 朵别的花中，不是蜜腺距短，就是唇瓣不完全，这些唇瓣的引导脊不是不存在就是过于发育而呈叶状，只有一朵花的花粉块已经运走了，另一朵花的子房正在增大着。我还发现，在这 18 朵金字塔穗红门兰的花中，马鞍状黏盘是完整的；同时，我发现，若把针插到花里适当地方去，黏盘很快就把针抱住。蛾已经把花粉块运走了，而且，使长在同一穗状花序上的这些完善的花全都受了精；因此，昆虫未必理睬这些畸形花朵，或者，即使寻访了它们，但因这些花的各部分复杂结构的排列被打乱了，既阻碍了花粉块的搬运，也妨碍了花受精。

尽管有上述这几件事实，我还是猜想英国普通兰科植物必定分泌花蜜，我就决定对绿纹红门兰作精确的检查。当许多花一开放，我就开始做 23 天连续不断的观察：在炎炎日照之后去观察它们，也在雨后去观察它们，并且，不拘什么时刻去观察它们；我把这些穗状花序浸在水中，午夜去观察它们，并在第二天大清早去观察它们；我用一根鬃毛去刺激蜜腺距；又让它们暴露在有刺激性的气体中；我采了一些花，它们的花粉块是在最近被昆虫运走的。关于这个事实，有我独特的证明，即：有一次在蜜腺距里我发现有一些外来的花粉粒；我又采了另一些花，就它们在花序上的位置来判断，这些花的花粉块不久会被昆虫运走的；然而，这些花的蜜腺距

[①] 库耳在 *Bedeutung der Nektarien*（1833 年，123 页）中把手参属的 15 朵花的蜜腺距切掉，这些花连一个蒴果都没有产生，他用同样的方法施之于细距舌唇兰（*Platanthera* 或 *Habenaria bifolia*）的 15 朵花，只结 5 个蒴果，但是，应当注意，这两种兰花的蜜腺距含有裸露的花蜜。库耳又切除了 40 朵绿纹红门兰的花冠，只留下蜜腺距，这些花没有结果；这就表明，花冠是诱导昆虫来寻访花朵的。16 朵舌唇兰的花用同样的方法加以处理，只产生一个蒴果。他又同样地对手参属做了一些实验，这些实验似乎解开了我的一些疑问。

[②] 见 *Handbook of the British Flora*，1838 年，501 页。

始终是很干的。当本书第一版问世以后，有一天，我见到各种各样的蜜蜂一次又一次地来寻访上面所说的同一种兰科植物的花朵，因此，在这个时期去检查它们的蜜腺距显然是适当的，但是，我在显微镜下没有能发现甚至极其细微的一滴花蜜。当我屡次看到舞虻属的虻，把它们的吻插入斑花红门兰的蜜腺距中相当长时间时，也未能发现有花蜜。我同样用心地去检查金字塔穗红门兰，所得结果是一样的，因为蜜腺距里发光的细点是完全干的。所以，我们可以肯定地得出这样的结论，即上面所说红门兰属植物的蜜腺距，不论在英国或在德国的土地上都未曾有过花蜜。

当我检查绿纹红门兰和斑花红门兰的蜜腺距，特别是金字塔穗红门兰和蜥蜴红门兰的蜜腺距时，我对形成唇瓣管或唇瓣距的内膜和外膜彼此分离的程度而感到诧异；又对内膜能够很容易被穿透的柔弱性质感到诧异；最后，对内膜和外膜之间的流质含量亦感到诧异。这种流质是那么丰富，当我把金字塔穗红门兰蜜腺距的末端切除以后，把它们放在玻璃片上，在显微镜下轻轻地挤它们，竟有相当大滴的流质，从这些蜜腺距切开的末端流出来，因此我断定，我终于找到含有花蜜的蜜腺距了；但当我把同一植株上别的花朵的蜜腺距，沿着距的上表面不加一点压力、很细心地切开一条缝以观察它们，发现它们的内表面是非常干的。

我又观察了手参（有些植物学家把这种植物列入真正红门兰属）和细距舌唇兰的蜜腺距；这两种兰花经常满贮花蜜，多达距长的三分之一或三分之二，其蜜腺距内膜呈现同样的结构，并与以前所述的几个物种同样被覆着乳头状突起。但是明显不同的是，这两种兰花蜜腺距的内外膜是紧密联合着的，而不是多少有些彼此分离的，也不是在内外膜之间充满流质的。因此，我得出结论，昆虫是把上述几种兰科植物蜜腺距的松的内膜穿透，而从这两层膜之间吸取丰富的流质。这是一个大胆的假设，因为那时还不知道有这样的例子，即昆虫会用它们柔弱的吻，穿透即使是极松的蜜腺距内膜。现在，我已从特里门（Trimen）先生处听到，在好望角地区，蛾和蝴蝶由于刺穿桃李的完整果皮而造成严重的损害。澳大利亚昆士兰（Queensland）的一种印度夜蛾（*Ophideres fullonica*），用它生有可怕的牙齿的怪吻①，穿透厚厚的橘子果皮。这就使人毫不怀疑，鳞翅目昆虫用它们纤细的吻，而蜜蜂用它们强壮的吻，都能够容易地穿透以上所说的兰科

---

① 我的儿子弗朗西斯（Francis）在 *Q. Journal of Microscopical Science*（1875 年，15 卷，385 页）上已对这个器官加以描述，并附有插图。

植物蜜腺距的柔软内膜。H.米勒博士也确信[1]，昆虫能刺穿毒豆属（*Laburnum*）[2]植物花的旗瓣变厚了的基部，也许，还可能刺穿一些别的豆科植物的花瓣，以吸取其中所包含的流质。

我见过寻访绿纹红门兰花朵的各种蜜蜂，它们把吻插入干的蜜腺距中一段时间，并且，我清楚地看到这个蜜腺距不断地在晃动着。我也见到过舞虻寻访斑花红门兰的同样例子。后来，我剖开了几个蜜腺距，偶然发现一些细微的棕色斑点，我相信这些棕色斑点，是由于前些时候被这类虻刺穿的。H.米勒博士常常注视蜜蜂在几种红门兰的花朵上工作，这些花的蜜腺距并不含有任何裸露的花蜜，他就完全接受了我的观点[3]。反之，德尔皮诺依然认为施彭格尔的主张是正确的，依然认为昆虫还是不断受到蜜腺距存在的欺骗，尽管蜜腺距不含有花蜜[4]。他的信念主要是根据施彭格尔的一个记载。这个记载说，昆虫很快发现寻访这些兰花的蜜腺距对它们是毫无益处的，这表现在昆虫传粉只限于在花序下部的和最初开放的那些花。但是，这个记载与我以上所提到的观察全然相反。按照我的观察，当然花序上部的许多花是受精的，例如在具有五六十朵花的金字塔穗红门兰的穗状花序上，不少于48朵花的花粉块已经被运走了。但是，我一听到德尔皮诺还在坚持着施彭格尔的见解时，我就在1875年天气不好的季节里，选择了6个斑花红门兰的穗状花序，把每个花序分成两半，以便观察下半花序是否比上半花序产生更多的蒴果。情况确然未必是那样，因为在有些花序的上半部和下半部所结蒴果的多少看不出有什么区别；而在别的一些花序上，不是下半部结蒴果多一些，就是上半部结蒴果多一些。我同样观察了金字塔穗红门兰的一个穗状花序，在穗的下半部所产生的蒴果为上半部的两倍。把记得的这些事实和以前所述的其他事实归纳在一起，使我似乎难以相信，同一个昆虫会逐朵地继续寻访这些红

---

[1]　*Die Befruchtung*，235 页。

[2]　特雷维拉奴斯证实（*Bot. Zeitung*，1863 年，10 页）索尔兹伯里（Salissbury）所作的一个记载，在另一种豆科植物即槐属（*Edwardsia*）* 的花中，当它的花丝脱落时，或小心地把这些花丝分开时，就有大量甜的流质从断开的地方流出来。由于在花丝没有分开以前未见任何一点点这样的流质，所以，这种流质一定是如特雷维拉奴斯所说的包含在细胞组织中。我还可以补充一种似乎相像的，但又实在不同的例子，即几种单子叶植物（像勃朗聂特 Ad. Brongniart 在 *Bull. Soc. Bot. de France*，1854 年，175 卷，中所描述的）花蜜包含在形成子房隔壁的两层壁膜（feuillets）之间。但是，这种情形下的花蜜是由一个蜜槽输到外面来的，这分泌表面是与外表面同源的。

* 为 *Sophora* 的异名。——译者

[3]　*Die Befruchtung*，84 页。

[4]　*Ult. Osservazioni sulla Dicogamia*，1875 年，121 页。

门兰植物的花，纵使连一滴花蜜也没有采到。昆虫——至少蜜蜂——绝不会没有这种灵性。它们从远方就认得同一种兰科植物的花朵，并且，在它们飞到这些花朵以后，就尽可能长久地留在那里。熊蜂为了更容易吸取花蜜，常常把花冠咬了一些孔，蜜蜂一经觉察被熊蜂完成的这项工作，就马上利用那些现成的穿孔，在具有不止一个蜜腺距的花被许多蜜蜂所寻访，致使大多数蜜腺距里的花蜜都被它们吸尽了的时候，后来寻访这些花的蜜蜂就只把它们的吻插到其中一个蜜腺距里，如果它们发现这个蜜腺距的花蜜已被吸尽了，它们就立刻飞到另一朵花上去。试想一想，表现出那么多智慧的蜜蜂会很耐心地逐朵地寻访上述那些红门兰的花，又会很耐心地在那些花的蜜腺距里不停地移动它们的吻，而所寄予的希望是取得在那些蜜腺距里肯定不存在的花蜜，这难道能令人相信吗？像我已经说过的那样，这似乎是完全不可置信的。

已被指明，兰科植物传粉的各种装置是何等多样而又何等美妙。我们知道，极其重要的是，当花粉块附在昆虫的头上或吻上时，必须匀称地固定在那里，而使其落下时不会偏向侧面，也不会偏向后面。我们知道，在上面已经描述过的红门兰属植物的种中，黏盘的黏性物质暴露在空气中只要几分钟就会凝固，这样，对于植物会有很大好处，如果昆虫为着吸取花蜜而耽搁些时间的话，那么时间足以允许黏盘牢固地附着在昆虫的头上或吻上。显然，昆虫为了把蜜腺距内膜咬穿几个地方，而又要从细胞间隙里吸取花蜜，就必然会耽搁些时间。这样，我们便能理解，为什么上述红门兰属的物种的蜜腺距不含裸露的花蜜，而是在两层膜之间内部分泌花蜜。

下面一个叙述显然支持我的这个观点。我仅仅在 5 种英国产的眉兰族植物的蜜腺距中，发现有裸露的花蜜，这 5 种植物是：手参、白花手参、细距舌唇兰、二叶舌唇兰（*Habenaria chlorantha*）*和凹舌掌裂兰［*Peristylus* 或（*Habenaria*）*viridis*］**。前 4 种的花粉块黏盘的黏性表面是裸露的，而不是包藏在囊里，并且，这种黏性物质暴露在空气中并不迅速凝固；万一这种黏性物质如以前一样，暴露在空气中迅速凝固，它们就会立刻变为无用。这个事实表明，这种黏性物质在化学性质上一定和前述红门兰属各物种的黏性物质不一样。但是，为了把这个事实弄明白，我从药室中

---

* 为 *Platanthera chlorantha* 的异名。——译者
** 为 *Dactylorhiza viride* 的异名。——译者

把花粉块取出来，于是黏盘的上表面和下表面就完全暴露于空气中；在手参中黏盘能保持其黏性达 2 小时之久，而在二叶舌唇兰则保持其黏性竟达 24 小时以上。关于二叶舌唇兰，它的黏盘为一个囊状薄膜所掩盖，但是，黏盘非常微小，以致被植物学家们忽略了。在我检查这个物种时，对于要正确地探知黏盘的黏性物质要多久时间凝固这一重要性，我是不明确的。我现在只是把当时笔记中的一句话抄录出来："当黏盘从薄膜小囊中被拿出之后，能暂时保持着它的黏性而不凝固。"

这些事实的意义现在是再清楚不过了，因为上述这 5 种兰科植物的黏盘的黏性物质是如此之黏，它无需凝固就足以牢固地附着在来寻访花朵的昆虫身上。于是昆虫为采蜜而必须在蜜腺距的内膜上穿透好几处，从而耽搁些时间这一点对于传粉就毫无意义了；而且，在这 5 种兰科植物中，也只有它们，在其敞开的蜜腺距里，我们发现有丰富的花蜜预先贮藏在那里，以备昆虫迅速的吸取。反之，如果昆虫在采蜜时耽搁些时间，则黏性物质暴露在空气中很短时间就凝固这一点，显然对植物是有利的；而在所有属于这一类的物种中，花蜜都贮藏在细胞间隙里，因此，昆虫只有把蜜腺距内膜穿透好几处才能获得花蜜，这就需要时间了。如果这种双重关系是偶然的，那么，对于这些植物说来乃是一种侥幸。可是，我不能相信这种双重关系真是这样偶然的，而据我看来，这似乎是从来没有记载过的、最奇妙的适应例子之一。

▲眉兰

第二章　眉兰族(续前)

· Chapter Ⅱ　Ophreae ·

蝇眉兰和蜘蛛眉兰——蜜蜂眉兰明显是适应于永久自花受精,但又具有自相矛盾的异花交配的装置——角盘兰的花粉块附着在昆虫的前腿上——凹唇掌裂兰的传粉是借唇瓣的三个部分所分泌的花蜜间接完成的——手参和其他物种——二叶舌唇兰和细距舌唇兰,它们的花粉块附着于鳞翅目昆虫的复眼上——玉凤花属其他物种——波纳兰属(Bonatea)——双距兰属(Disa)——关于花粉块运动能力的总结

眉兰属和红门兰属的主要区别在于眉兰属有分开的囊状蕊喙①，而不是两者愈合起来。

蝇眉兰（*Ophrys muscifera* 或 fly ophrys），最主要的特点是它的花粉团柄呈双重的弯曲（图 5，B）。近于圆形的膜片*很大，并构成蕊喙顶部，黏质球就粘在这膜片的下面。因此，膜片直接暴露在空气中而不像红门兰属植物那样几乎藏在药室基部，并借此以保持湿润。然而，当花粉块运走后，花粉团柄约在 6 分钟的时间内向下弯，所以，它的动作非常缓慢；花粉团柄的上端仍然是弯曲的。我以前认为，这个花粉团柄不可能有任何动作，但是，T. H. 法勒（Farrer）先生使我认识到自己的错误。黏质球系浸泡在由蕊喙下半部所形成的囊之内的流质中，这是必要的，因为当黏性物质暴露在空气中时就会迅速凝固。这种囊没有弹性，它在花粉块被运走以后不能弹回。因为每一个黏盘各有一个单独的囊，所以这种弹性便没有什么用处；而在红门兰属植物中，一个花粉块被运走之后，另一个花粉块则必须掩藏起来以待运走。由此可见，自然界是非常经济的，即使不必要的弹力也要节省。

正如我所经常阐明过的，蝇眉兰的花粉块也不能从药室中摇撼而出。我们即将知道，某类昆虫寻访——虽然不是频繁地寻访——眉兰的花朵，并把花粉块运走，这一事实是确实的。我有两次发现这些花朵的柱头上有大量花粉，但它们的两个花粉块仍然留在自己的药室中；毋需怀疑，这一事实可能会经常地被观察到。狭长的唇瓣为昆虫提供一个良好的落足点；在唇瓣基部，就在柱头的下面有一个稍深的凹陷，它相当于红门兰属植物的蜜腺距。但是，在这凹陷里我从未见过丝毫花蜜；当我经常注意它们时，也始终未见过有什么昆虫飞近这些不显眼的，没有香味的花朵。然

◀蝇眉兰。

---

① 两个蕊喙的说法是不正确的，但是，这种不正确的说法由于其便于说明故也可谅纳。严格地说，蕊喙是个单一的器官，它是由雌蕊的背向那个柱头变成的**；因此，在眉兰属中，两个囊、两个黏盘以及它们间的间隙合在一起构成了真正的蕊喙。此外，在红门兰属中，我曾把这种囊器官说成蕊喙，但严格地说这个蕊喙包括那个突出于两个药室基部之间的鸡冠状小褶或膜质褶片（参见图 1，B）。这个褶叠处的鸡冠状突起（有时变为一个实心的脊）相当于眉兰属两个囊之间的平滑表面，而在红门兰属中，其突起和褶片是由于两个囊合拢在一起并愈合为一体的结果。这个变化在以后一章中将更充分地予以说明。

　＊　膜片即黏盘或称小盘，以下同。——译者

　＊＊　此处原文"and pistil"为笔误，应改为"of pistil"。——译者

而，唇瓣基部的每一边有一个小小发亮的突起，这个突起有金属般的光彩，看来很像一滴流质或一滴花蜜。由于昆虫只是偶然地寻访这些花朵，故施彭格尔的假蜜腺距存在的看法，在这一事例中比起任何我所知道的其他事例就显得实在得多了。有好几次，我曾在这些突起上面发现一些微孔，但我不能决定这些微孔是否为昆虫刺穿的，抑或为突起表面细胞自身的破裂所致。类似的发亮的突起还存在于眉兰属所有其他物种的唇瓣上。蝇眉兰的两个蕊喙相距不远，向前突出而悬于柱头上方；假如有任何物体轻轻地触碰一下这两个蕊喙中的一个，囊就会被压下来，而黏质球就带着花粉块粘在这个物体上，它也就不难被运走了。

自 1877 年本书第二版问世以来，H. 米勒曾有趣地观察[1]到蝇眉兰的唇瓣上偶然分泌出几滴流质，并且，有一次他真的看到一种麻蝇（Sarcophaga sp.）伏在唇瓣上舔这几滴流质。当这种麻蝇飞走时，它并没有把花粉块运走；但是，如果它不被打扰的话，很可能会继续前进，品尝着施彭格尔所说的假蜜腺。在此情况下，它可能会与花粉块的黏盘接触，这样就有可能完成它将寻访的第二朵花的传粉工作。

	花的数目	
	两个或一个花粉块被昆虫运走	两个花粉块均留在它们的药室中未运走
1858 年观察的 17 株蝇眉兰，共具 57 朵花，这些植株彼此的生长地点是靠近的。	30	27
1858 年观察的生长在另一地点的 25 株蝇眉兰上的 65 朵花。	15	50
1860 年观察的 17 株蝇眉兰上的 61 朵花。	28	33
1861 年观察的生长在南肯特的 4 株蝇眉兰上的 24 朵花（所有上述的植株都生长在北肯特）。	15	9
总　　数	88	119

下述事实表明，昆虫是寻访蝇眉兰的花朵的，并且把花粉块运走，虽然并非有效和充分地完成它。在 1858 年以前若干年，我偶然观察了一些花，并发现在 102 朵花中只有 13 朵有一个或两个花粉块被运走。虽然，当时在我的笔记中记着多数花朵是有几分萎谢了，但我现在想，那时我一定把许多幼嫩花朵也包括在内了，而这些幼嫩花朵以后或许会有昆虫去寻

---

[1]　*Nature*，1878 年，1 月，27 日，221 页。

访的,因此,我宁愿相信下面的叙述。

从表中我们得知,在我所观察的 207 朵花中不到一半的花,曾为昆虫寻访过。在昆虫寻访过的 88 朵花中,有 31 朵只运走了一个花粉块。由于对这种兰花的受精来说,昆虫的寻访是不可缺少的,这就使我感到诧异(正像棕花红门兰使我诧异一样),即这种花朵对昆虫不具有较大的吸引力。所结的含有种籽的蒴果数目甚至比被昆虫寻访的花数还要少。1861 年肯特的天气十分调顺,对这种蝇眉兰特别有利,我从未见过数目那样多的花开放,因此,我在 11 株蝇眉兰上做了记号,在这 11 株上面共有 49 朵花,但是,它们只产生 7 个蒴果。在这些植株中,有两株蝇眉兰各有两个蒴果,还有另外 3 株各有一个蒴果,这样就正好有 6 株连一个蒴果都没有结! 我们从这些事实中得出什么结论呢? 难道是生活条件不利于这种兰花吗? 可是在刚才所提到的这个年份里,蝇眉兰在一些地方是大量

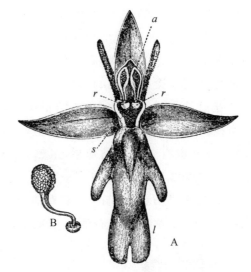

图 5　蝇眉兰(*Ophrys muscifera* 或 fly ophrys)

a. 花药;*s*. 柱头;*r*. 蕊喙;*l*. 唇瓣

A. 花的正面图,两个上方花瓣几成圆柱状并具毛;两个蕊喙略位于药室基部之前,但这点没有被用远近法缩小的图所表示出来;

B. 由药室中取出的两个花粉块之一的侧面图。

存在的,堪称是到处可见的。这种植物能不能为更多的种子提供营养呢?产生更多的种子对于这种植物会有利吗? 如果它产生这一点种子已经够了,那么为什么这种植物会绽放那么多的花呢? 似乎这种植物在它的机制或生活条件方面有些失常。我们即将看到蜜蜂眉兰表现出一种奇妙的对照,它们每一朵花都结一个蒴果。

蜘蛛眉兰(*Ophrys aranifera*)* **(或 spider ophrys)**——我很感激奥克生登先生,他给了我这个稀有物种的一些穗状花序。当花粉块还包藏在它们的药室中时,花粉团柄的下部从黏盘向上伸出成一直线,因此,这种花粉团柄下部的形状和蝇眉兰花粉团柄的相应部分的形状很不相同;但

---

*　为 *Ophrys sphegodes* 的异名。——译者

花粉团柄的上部（见图 6，A）稍稍向前弯，亦即朝唇瓣方向弯曲。花粉团柄在黏盘上的附着点是藏在药室基部里面，借以保持湿润；因此，一旦花粉块暴露于空气中，通常的俯降运动立即发生，花粉块便以约 90°的角度下弯。由于这个运动而使花粉块附着在昆虫头部的位置，呈现出恰恰适合于击中柱头面的位置，蜘蛛眉兰花中柱头面的位置稍微比在蝇眉兰的向下一些，柱头面位置是和囊状蕊喙的位置相关联的。

我观察了 14 朵蜘蛛眉兰的花，其中有几朵有些萎谢了。没有一朵花的两个花粉块全被运走的，只有 3 朵花各有一个花粉块被运走。因此，这种兰花就像蝇眉兰一样，在英国很少为昆虫寻访。在意大利各地，甚至更少有昆虫寻访，因为，德尔皮诺[1]说这个种在利古里亚（Liguria）的 3000 朵花中，几乎没有一朵花结蒴果，虽然，在佛罗伦萨（Florence）附近产生稍多的蒴果。蜘蛛眉兰的唇瓣不分泌一点点花蜜。但是，这种兰花必定会偶然为昆虫所寻访和授粉的。因为德尔皮诺发现[2]在有些花的柱头上粘有花粉团，但是，这些花本身的两个花粉块还原封未动。

图 6　蜘蛛眉兰（*Ophrys aranifera*）
A. 俯降动作以前的花粉块；
B. 俯降动作以后的花粉块。

药室显著地张开着，所以，在寄给我的一个箱内，几个植株的花的两对花粉块都落了出来，它们的黏盘粘在花瓣上。在这里，我们面前第一次出现了这样的例子，即一个细微的结构，虽然对于具有这种结构的植物毫无用处，可是此种结构稍加发育，便对与其有密切亲缘关系的物种非常有用，因为药室的敞开状态虽对蜘蛛眉兰毫无用处，而对于我们下面就要见到的蜜蜂眉兰却非常重要。对于蜘蛛眉兰和蝇眉兰来说，在昆虫把花粉块运到另一朵花时，花粉团柄上端的弯曲是有助于花粉团击中柱头的；但是，随着蜜蜂眉兰花粉团柄的柔软程度的增加，这种弯曲度也增加，这就使花粉块变得适应于自花受精这个迥然不同的目的。

晚花蜘蛛眉兰（*Ophrys arachnites*）＊——奥克生登先生寄给我几个活标本，有些植物学家认为这个类型不过是蜜蜂眉兰的一个变种，而另一些

---

① *Ult. Osserv. s. Dicogamia &c.* 1 卷，1868～1869 年，177 页。
② *Fecondazione nelle Piante Antocarpe*，1867 年，20 页。
＊ 为 *Ophrys fucifera* 的异名。——译者

植物学家则认为它是一个明显的物种。它的药室位于柱头之上，不像蜜蜂眉兰那样高，而且，也不那样突出地悬于柱头之上。花粉团比蜜蜂眉兰更加长些。花粉团柄的长度只有蜜蜂眉兰的三分之二，甚至只有二分之一，而且比蜜蜂眉兰直得多；花粉团柄的上部很自然地向前弯曲；当花粉块由药室中运走后，花粉团柄的下部就经受通常那样的俯降动作。这种兰花的花粉团从不自然地落出于药室之外。因此，这种兰花在各个重要方面均与蝇眉兰不同，似乎与蜘蛛眉兰有更密切得多的亲缘关系。

图 7　晚花蜘蛛眉兰（*Ophrys arachnites*）的花粉块

卡万涅尔斯(Cavanilles)命名的鹬眉兰(*Ophrys scolopax*)——这种类型的眉兰生长在意大利北部和法国南部。莫格里奇先生说[①]，在芒通(Mentone)这种兰花从未表现过有任何自花受精的倾向；而在戛纳(Cannes)，花粉团就很自然地从药室中脱落而出并击中柱头。他补充说："两者之间的这种重要差别是由于自花受精的花的药室有着一个极其轻微的弯曲，这种药室延长而成为一个有种种长度变化的喙。"

蜜蜂眉兰(*Ophrys apifera*)——蜜蜂眉兰和大多数兰科植物明显的不同在于它有巧妙的构造以适应自花受精。两个囊状蕊喙、黏盘以及柱头的位置与眉兰属的其他物种几乎相同，但是，两个囊之间的距离和花粉团的形状都有些变异[②]。花粉团柄非常长、细而柔软，不像我所见过的所有其他眉兰族植物那样，花粉团柄坚硬得足以直立起来。花粉团柄由于药室形状关系，必然在其上端向前弯曲，梨形花粉团埋藏在高高地拱盖在柱头上面的药室中。药室在花盛开后不久就自然张开，花粉团粗的一端就从药室中脱落而出，而黏盘则仍然留在蕊喙囊中。花粉团的重量虽轻，然而，花粉团柄却是那么细，并很快变得那么柔软，以致经过数小时，花粉团便向下方沉落，直到它们自由地悬在空中（参看图 8，A，下面的一个花粉团），恰好对着柱头表面，并处在它的前面。花粉块落到这个位置，一阵微风吹动展开的花瓣，使柔软而有弹性的花粉团柄震动起来，几乎一下子就击中黏的柱头，并且黏在柱头上面，完成传粉作用。但是，为了确证这种兰花的受精不需要别的帮助——虽然，这种试验也许是多余的，我把一

---

① *Journ. Linn.* Soc. 1865 年，8 卷，258 页。

② 有一次，我在一个穗状花序的顶端发现一朵花的两个蕊喙像在红门兰属中一样，完全而对称地汇合为一个，它的两个黏盘也像在金字塔红门兰或蜥蜴红门兰中一样汇合为一个。

个植株罩在网下，这样，风可以通过，但是昆虫不能进入，没有几天，花粉块就附着在柱头上了。但是，在一个很安静的房间里，把一个穗状花序保存在水中，在这花序上的花粉块仍然悬空，即悬在柱头前面，直到花谢为止。

R. 布朗第一个观察到蜜蜂眉兰花的构造适合于自花受精[①]。当我们考虑到这种兰花的花粉团柄不仅具有异常而又完全适合的长度，而且还有惊人的可曲性时，当我们又看到药室自然地敞开，花粉团由于本身重量而慢慢下落，恰好落到与柱头面相同的水平上，就在那种位置上，被一阵最轻微的风所吹动，直到击中柱头为止的这种情况时，我们便不可能对此有所怀疑，即这种为其他英国产兰科植物所没有的几个构造上和机能上的特点，是特别适应于自花受精的。

结果是可以预料到的。我常常注意到，蜜蜂眉兰的穗状花序所产生的有籽蒴果明显地和花一样多。在开花季节以后一个时期，在托基 (Torquay) 附近地方，我细心观察了许多植株。在所有这些植株上，我都找到了 1～4 个偶尔为 5 个完美的蒴果，即开过多少花就有多少蒴果。除少数畸形花之外，极少能够找到——通常在穗状花序顶端——一个没有结蒴果的花。让我们看看蜜蜂眉兰与蝇眉兰表现得多么不同，蝇眉兰的受精需要昆虫作媒介，而且在 49 朵花中只产生 7 个蒴果！

根据我当时已经看到的其他兰科植物的情况，我对蜜蜂眉兰的自花受精很为惊奇，因而许多年来，不止我自己，并请别人观察了从英国各地采来的这种兰花的几百朵花的花粉块的情形。其详情不值得细述，但我可以举出一个例子，就是法勒（Farrer）先生在萨里发现在 106 朵花中没

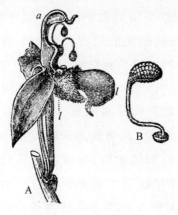

图 8　蜜蜂眉兰(*Ophrys apifera*)

（或 bee ophrys）

a. 花药；*l.* 唇瓣

A. 一个上萼片和两个上花瓣已被切去的花的侧面图。黏盘还在囊中的一个花粉块表现出正由药室中沉落下来；另一花粉块则已沉落到几乎最大限度，面对着匿藏的柱头表面。

B. 花粉块，示埋藏在药室中时的形状。

① *Transact. Linn. Soc.* 16 卷，740 页。布朗误认这个特点为全属共有的。而就英国产的该属的 4 个种来说，这一特性只适合于蜜蜂眉兰。

有一朵花失掉一对花粉块，其中只有 3 朵花各失落一个花粉块。莫尔（More）先生也在怀特岛（Isle of Wight）观察了 136 朵这种兰花，其中非常难得的数目，即十朵花失落了一对花粉块，14 朵花失落了一个花粉块；但是，后来他发现，有 11 个例子表明花粉团柄似乎被蜗牛咬断了，而黏盘却仍然留在它们的蕊喙囊中，因此，这些花粉块没有被昆虫运走。有几次，我发现花粉块被运走了，而在那些花瓣上留有蜗牛的黏液痕迹。我们也不应该忘记，动物路过时的冲击和风暴的侵袭可能会偶然使花丢掉一个或一对花粉块。

在许多年中，我们观察过几百朵这种兰花的花粉团，除了极少数的例外，花粉团均粘在柱头上，它们的黏盘仍然藏在蕊喙囊中。但在 1868 年，由于性质不明的某种原因，在肯特境内两处地方采到的 116 朵花，其中 75 朵花各有两个花粉块留在它们的药室中，10 朵花各有一个花粉块留在它们的药室中，只有 31 朵花各有两个花粉块粘在柱头上。虽然，长期以来，我经常注意观察蜜蜂眉兰的许多植株，却从未见到有什么昆虫去寻访过一朵花①。R. 布朗想象过，花朵形状似蜜蜂是为了阻止蜜蜂的寻访，但看来这足极小可能的。具有粉红色萼片的花朵，并不像任何英国的蜜蜂，正如我曾听说过，事实可能是这样的，即这种植物之所以称为蜜蜂眉兰，仅仅是由于它所具有的具毛唇瓣有些像熊蜂的腹部。我们知道，许多兰花的名称是何等的新奇，一种兰花叫蜥蜴红门兰，而另一种却叫青蛙红门兰。蝇眉兰之像苍蝇在程度上比起蜜蜂眉兰之像蜜蜂更加接近得多；但是，蝇眉兰的受粉绝对要依靠昆虫才能完成。

以前所有的观察都是同英国有关，但是莫格里奇先生在意大利北部和法国南部也对蜜蜂眉兰进行过类似的观察，正如特雷维拉奴斯②在德国与胡克博士在摩洛哥所作的一样。因此，我们可以从花粉块自然地落在柱头上，从为此种目的而形成的各部分构造的相互关系上，以及从几乎所有花朵都结蒴果等方面得出结论，即这种兰花是特别适应于自花受精的。但是，还有另一方面的情形。

当一个物体推挤着两个蕊喙囊之一时，蕊喙前唇跟着压下，巨大的黏

---

① G. E. 史密斯（Gerard E. Smith）先生在他的 *Catalogue of Plants of S. Kent*（1829）25 页上说："普赖斯（Price）先生曾常常目睹蜜蜂眉兰被一种蜜蜂所袭击，这很像那些讨厌的狐色蜜蜂（*Apis muscorum*）。"这句话意指什么我未能揣测出。

② *Bot. Zeitung*，1863 年，241 页。这位植物学家起初怀疑我对蜜蜂眉兰和蜘蛛眉兰的观察，但后来，他已完全确信了。

盘就牢固地粘在这个物体上。当把这个物体拿走时,花粉块亦被带走,但是,或许没有像眉兰属中的其他物种那样,非常容易被带走。甚至在花粉团已经自然地由药室中自动落到柱头上之后,花粉块的运走工作有时也能那样完成。黏盘一经从它的蕊喙囊中被拖出来,花粉块的俯降动作立即开始,如果花粉块附着在昆虫头部前面,经过这个动作,将使花粉块处于适当的位置以击中柱头。当花粉团被粘在柱头上,后来又被拉走时,把花粉粒束联系在一起的弹丝被拉断,而把几个花粉粒束留在黏的柱头面上。在所有别的兰科植物中,这几种装置——即蕊喙被轻轻地推挤之后,蕊喙前唇向下移动;黏盘的黏(着)性;黏盘一经暴露于空气中,花粉团柄立即发生俯降动作;花粉粒束的弹丝被拉断;以及花朵的艳丽等——的意义是再清楚不过的了。我们能否相信,在蜜蜂眉兰中这些异花受精的适应性是绝对无目的吗?因为,如果它们过去始终是,而且将来也永远是自花受精的话,情况就确实会是这样。然而,非常可能,在像1868年那样的季节里,当花粉块并没有全部由药室中脱出,并到达柱头时,昆虫可能偶然把花粉块从一个植株运到另一个植株,虽然,人们从未曾见到过昆虫去寻访这种兰花的花朵。整个情形是无比复杂的,因为在同一朵花中我们见到了其目的针锋相对的两种精细的装置。

异花受精对于大多数兰科植物是有利的,这点我们可以从这些植物所具有的、适合于异花受精这个目的的无数构造来推论;并且,我在别处就许多其他植物群[①]来说,已经指出,由异花受精所得到的利益有很大的重要性。另一方面,就保证种子的充分供给来说,自花受精显然是有好处的:我们曾经见到其他不能自花受精的英国产的眉兰属的物种,它们的花朵所产生的蒴果的比例是何等之小。因此,从蜜蜂眉兰花的构造来判断,几乎可以确定,从前某个时期,它们是适于异花受精的,但是,由于不能产生足够的种子,它们的构造才稍稍改变,以行自花受精。总之,这种见解是很明显的,因为这种兰花的各部分,没有一个论及的部分表现出败育的倾向,在几个远隔的国家中所生长的这种兰花,它们的花朵依然是显眼的,它们的黏盘依然是黏的,当黏盘暴露在空中,它们的花粉团柄依然保持着运动的能力。在唇瓣基部,那些金光闪闪的斑点,虽然较其他物种的小些。如果,这些斑点用来引诱昆虫的话,那么这个差别就相当重要。几乎无可怀疑,蜜蜂眉兰形成这种构造,最初是用来行正常的异花受精,那

---

① *The Effects of Cross and Self-fertilization in the Vegetable Kingdom*,1876.

么我们或许要问,在蜜蜂眉兰改变为自花受精后,还会恢复以前的状态吗?如果它不能恢复以前状态,它会变得绝种吗?除了说那些植物现在唯有用芽和匍匐茎等等来繁殖,而且,它们所产生的花很少结籽,或者从未结过种籽以外,关于这些问题无法作出更多的回答。而且,我们有理由相信,无性繁殖和长期连续的自花受精作用是十分类似的。

最后,莫格里奇先生指出,在意大利北部,蜜蜂眉兰、蜘蛛眉兰、晚花蜘蛛眉兰和鹬眉兰(*Ophrys scolopax*)统统被那么多而又那么相近的中间类型联系起来了①,以致它们看起来都属于单一个物种,这与林奈的意见是一致的,他把所有这些种兰花都归并在一起,称为昆虫眉兰(*Ophrys insectifera*)。莫格里奇先生进一步指出,在意大利,蜘蛛眉兰是最先开花的,蜜蜂眉兰则最后开花,那些中间型则在两者之间的期间陆续开花。根据奥克生登先生的观察,在一定程度上,同样的事实也适用于肯特。生长在英国的上述3种兰花似乎不像在意大利的那样互相混杂,而且由于奥克生登先生曾在这些植物的原产地密切地注意过它们,从而使我确信,蜘蛛眉兰和蜜蜂眉兰始终是生长在不同地点的。这是一桩很有意义的事,因为在这里,我们遇到几种兰花类型,它们可以列为,而且通常已被列为真正的物种,但是在意大利北部,这些类型还没有完全被区分开来。更有意义的事是这些中间类型几乎不可能是由于蜘蛛眉兰和蜜蜂眉兰杂交的结果,蜜蜂眉兰是完全自花受精的,并且看来从没有昆虫去寻访过它们。无论我们把眉兰属的这几个类型列为近缘物种,或者把它们仅仅列为同一物种中的几个变种,显然,它们在生理方面的重要特征上是会有区别的,例如:它们某些类型的花朵全然适应于自花受精,而另一些类型的花朵则严格地适应于异花受精,这些异花受精的类型如果没有昆虫去寻访则完全不育。

角盘兰(*Herminium monorchis*)——角盘兰是一种罕见的英国兰科植物,通常说它有两个裸露的腺体或黏盘,但这种说法不十分正确。黏盘异常大,几乎和花粉团相等;它近于三角形,一边隆起,形状有些像扭过了的钢盔;它是由基部中空的坚硬组织组成,而且是黏的;黏盘基部靠在膜的狭片上,并为膜的狭片所覆盖,这种狭片容易被推开,这和红门兰属植物的蕊喙囊是一致的。盔状黏盘的整个上部和红门兰花粉块所附着的、微

---

① 这些类型在 *Flora of Mentone*,同版 43~45 页中画有美丽的彩色图,并在 *Verhandlungun der Kaiserl. Leop. Car. Akad.* (*Nov. Act.*)35 卷,1869 年的论文中也有这个彩色图。

小广椭圆形的小膜片*也是一致的,而在眉兰中它则较大而凸出。当角盘兰的盔状黏盘的下部被任何尖的物体触动时,这个物体的尖端就很容易滑入中空的基部,就在此处,黏性物质把尖物体牢牢地抱住,因此,整个盔状黏盘似乎适应于黏着在昆虫躯体的某一凸出的部分。花粉团柄短而极有弹性,并不附着于盔状黏盘的顶端,而是附着于它的后端,因为如果附着于盔状黏盘的顶端,那么这个连接点就会完全暴露在空气中,而不能保持湿润,这样,当花粉块自药室中运走后,就不会迅速俯降。

这个俯降动作是十分明显的,其目的是为了使花粉团末端处于击中柱头的恰当位置。两个黏盘彼此远远地分开。具有两个横生的柱头面,两者尖的一端在中央相遇;但每个柱头宽阔的那一部分正好位于每个黏盘的下面。唇瓣的形状与位在上面的两片花瓣没有多少区别,并且,由于子房或多或少扭转,使得唇瓣与花序轴的相关位置并非始终不变,这些都是很突出的。唇瓣的这种状态是易于理解的,因为我们将会看到,它并非作为昆虫的降落地。唇瓣向上翘,这和其他两片花瓣合在一起便使整朵花或多或少呈现管状,在唇瓣的基部有一个很深的洼穴,几乎应该称它为蜜腺距,但是,我没有看到什么花蜜,我相信这种花蜜还是包藏在细胞间隙中。角盘兰的花朵很小而不显眼,但它发出一种强烈的和蜜一样的香味。它们看来对昆虫很有吸引力:在一个最近开放的、只有 7 朵花的穗状花序上,有 4 朵花各有一对花粉块被运走了,有一朵花有一个花粉块被运走了。

当本书第一版问世的时候,我还不了解角盘兰的花是如何传粉的,但我的儿子乔治却发现了整个过程。这个过程非常奇妙,与我所知道的任何一种其他兰科植物的传粉过程不同。他看见各种不同的微小昆虫爬进角盘兰的花中,他还把不下于 27 个附有花粉块(一般只有一个,但有时有两个)的昆虫标本带回家来。这些昆虫标本包括有小的膜翅目昆虫(其中 *Tetrastichus diaphantus* 是最常见的种类),也包括双翅目和鞘翅目(Coleoptera)昆虫,鞘翅目昆虫是 *Malthodes brevicollis*。必要的一点似乎是,昆虫的身体一定很小,最大身长只有 0.05 英寸。花粉块经常附于昆虫身上的同一地方,亦即附着于一只前腿的股节(femur)外面,而且,一般附于由股节和基节(coxa)接合处所形成的突起上。这种特别的附着方式的理由十分明显:唇瓣中部和花药及柱头靠得很近,以致昆虫一直只能从唇瓣

* 即黏盘。——译者

的边缘和一片上方花瓣之间的一个角落处进入花中；这些昆虫通常在它们爬入花中时，把背部正对着或斜对着唇瓣。我的儿子见到几个昆虫开始从不同的方位爬入花中；但当它们从花中爬出来时，就改变了它们的方位。它们站在花的随便那个角落，把它们的背转向唇瓣，把它们的头和前腿插入短短的蜜腺中，这个蜜腺位于两个远远分开的黏盘之间。由于我发现有一直粘在黏盘上的三个死昆虫，我确定它们在花中的位置就是这样。当昆虫用两三分钟时间吸取花蜜时，它们的股节的凸出关节就位在大的盔状黏盘的任何一侧下面。当昆虫退出时，这黏盘正好粘在这凸出的关节上，也就是股节表面。花粉团柄的俯降动作就在这时发生，使花粉团正好伸出于昆虫胫节之外，所以，当昆虫进入另一朵花时，几乎一定能使直接位于任何一侧黏盘下面的柱头受粉。

凹唇掌裂兰（*Peristylus viridis*）——这种植物有一个怪名叫"蛙兰"，它曾被许多植物学家放在玉凤花属或舌唇兰属中，但是，由于它们的黏盘并非裸露，因此，这个分法是否正确，确实可疑。这种兰花的两个蕊喙小而彼此远远分开。黏盘下面的黏性物质形成一个广椭圆形的球，这个球被包在一个小囊中。花粉团柄所黏着的黏盘上膜按照整个黏盘的比例来

图 9　凹唇掌裂兰（*Peristylus viridis*）
（或称蛙兰）花的正面图
a. 花药；*s.* 柱头；*n.* 中央蜜腺的口；
n',*n'.* 两侧蜜腺；*l.* 唇瓣

说是相当大，而且，完全暴露在空气中。因此，花粉块从它们药室中被运走后可能并不马上俯降。根据法勒的观察，直至经过 20～30 分钟后，花粉块才发生俯降。正因为间隔这样长的时间，我从前曾以为花粉块并不经受什么俯降动作。假定一个花粉块附着于一个昆虫头上，而且已经俯降了，它将是处在击中柱头的一个适当的角度，亦即垂直的角度。但是，由于药室位于侧面，尽管它们向上端稍为会合，人们开始并不容易看到花粉块被昆虫运走以后怎样被粘在柱头上；这是因为柱头小，并且位于花之中央的两个远远分开的蕊喙之间。

我认为应作如下的解释：狭长的唇瓣基部形成一个相当深的凹穴，它位于柱头的前面，在这个凹穴中，只在柱头稍前一点的地方，有一个小的裂缝似的口（*n*）通到一个短的二浅裂的蜜腺去。因此，一只昆虫为了吸取

蜜腺中所充满的花蜜，它就必须在柱头的前面把头部向下弯。唇瓣上有一条中脊，它或许是诱导昆虫最初降落在中脊的任何一侧；但是，看来要弄清楚这一点，就得知道除了真正蜜腺以外，在为凸出的边缘所框围起来的唇瓣基部的两边还有两个地方（$n'n'$）分泌蜜滴，这两个地方正好位于两个黏盘囊之下。现在让我们设想一下，一个昆虫降落在唇瓣的一侧，首先要吸尽在唇瓣这一侧暴露的蜜滴；由于黏盘囊的位置正在蜜滴之上，这就几乎一定会使在这一侧的花粉块附着于昆虫的头上。假如，昆虫现在就到真正的蜜腺口去，由于粘在头部的花粉块还没有俯降，所以就不会和柱头接触，因此，不会自花受精。在那个时候，昆虫可能去吸吮在唇瓣另一侧暴露的蜜滴，或许另一个花粉块也会附着于它的头部，因此，昆虫会大大地耽搁它在花中的时间以遍访这三个蜜腺。然后，它去寻访同一植株上别的一些花，再后去寻访不同植株上的一些花。就在这个时候（而非在这以前），花粉块一定已经经过俯降动作，而处于适当的位置以完成异花传粉。因此，似乎唇瓣分成3处分泌花蜜，两个蕊喙远远地分开，以及花粉团柄缓慢地向下运动而没有发生任何向侧面运动，所有这些都是为了异花受精的同一目的而相互关联的。

我不了解这种兰花被昆虫寻访频繁到什么程度，以及被哪类昆虫所寻访，但是，在马尔登（B. S. Malden）牧师寄给我这种植物的两个穗状花序上面，有几朵花的一个花粉块和一朵花的两个花粉块已被昆虫运走了。

我们现在来谈谈兰科植物的另外两个属，即手参属和玉凤花属（或舌唇兰属），这里包括4种英国产的物种，它们都有裸露的黏盘。一如以前所说过的，它们的黏性物质在性质上是和红门兰属、眉兰属及其他一些属有些不同，并不迅速凝固。它们的蜜腺距贮藏着裸露的花蜜。关于黏盘的裸露状态，上一种凹唇掌裂兰几乎介于裸露和不裸露之间。以下4种兰科植物形成一个极不连续的系列：手参的黏盘狭窄而且非常长，两个靠在一起；白花手参的黏盘较短，但两个还是靠近的；细距舌唇兰的黏盘广椭圆形，两个是远远地互相分开的；最后，二叶舌唇兰的两个黏盘圆形且分开得很远。

手参（*Gymnadenia conopsea*）——这种植物在一般的外观上和真正红门兰极相似。这种兰花的花粉块和红门兰的花粉块的不同在于它具有裸露的、狭窄的、舌片状的黏盘，它和花粉团柄一样长（见图10）。当花粉块暴露在空气中时，花粉团柄在13～60秒钟内俯降。由于花粉团柄的后面微凹，它就紧紧地靠贴于黏盘的膜质上表面。这个动作的机制将在最后一章（第九章）中描述。把花粉束连接在一起的弹丝非常柔弱，正如下面要讲的玉凤花属中的两个物种的情形一样；柔弱的弹丝在酒精泡制的标本中看得很清楚。弹丝的这种柔弱性，似乎与黏盘的黏性物质有关，这种黏性物质不像红门兰属那样凝固与变干。这样，在吻上附有花粉块的飞蛾，便能够寻访几朵花，而整个花粉块不会被最早击中的柱头拉掉。这两个皮带状黏盘彼此紧紧靠在一起形成通向蜜腺距入口处的穹顶。它们不像红门兰那样有蕊喙下唇或蕊喙囊保护，因此，蕊喙的构造比较简单。当我们讨论到蕊喙同源性时，我们将知道这种区别是由于蕊喙下面和外面的细胞变成黏性物质这一小小的变化所引起的；反之，在红门兰属植物中，蕊喙的外表面一直保持其早期的细胞状态或膜质状态。

　　由于这两个黏盘形成蜜腺距入口的穹顶，因此，它们是向下靠近唇瓣的，而两个柱头不像红门兰属的多数物种那样汇合为一体，并位于蕊喙下面；而是位于两侧，并且互相分离。这两个柱头是隆起而近角状的，并位于蜜腺距口的两侧。因为发现有大量花粉管深深地穿入这两个角状突起里去，所以，我确定它们是真正的柱头表面。像金字塔穗红门兰情形一样，我们做了一个很有趣的试验，即把一根细鬃毛直接推入蜜腺距的狭口

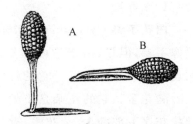

图 10　手参（*Gymnadenia conopsea*）

A. 俯降前的花粉块；B. 俯降后的
花粉块，但它还未紧紧靠贴在黏盘上

里面，并观察这两个狭长的并形成穹顶的黏盘怎样能准确地粘在鬃毛上。当鬃毛被取出时，附着于鬃毛上方的花粉块亦随之被拉出。由于这两个黏盘形成了蜜腺距入口穹顶的斜侧框边，因此，当它们附着在鬃毛上时也稍稍向侧偏斜。接着，花粉块便迅速俯降，因而，它们与鬃毛处在同一水平上，这两个花粉块中的一个稍稍偏在这一侧，另一个就稍偏在那一侧。如果把这根鬃毛以相应的同样位置插入另一朵花的蜜腺距里面，则这两个花粉块的末端就准确地击中位于蜜腺距口两侧的两个突出的柱头面上。

　　手参的花朵有香甜的气味，蜜腺距里总是含有丰富的花蜜，看来对于鳞翅目昆虫具有高度的引诱力，因为花粉块是迅速而有效地被昆虫运走的。例如，在一个开了 45 朵花的穗状花序上，就有 41 朵花的花粉块已被运走，或者在它们的柱头上曾留有花粉。在另一个有 54 朵花的穗状花序上，有 37 朵花各有一对花粉块已被运走了，15 朵花各有一个花粉块被运

走了,因此,在整个花序上只剩下两朵花的花粉块一个也没被运走。

一天晚上我的儿子乔治跑到繁生此种兰花的河岸上,很快捉到在吻上附有 6 个花粉块的金色夜蛾(*Plusia chrysitis*),附有 3 个花粉块的加蚂夜蛾(*Plusia gamma*),附有 5 个花粉块的 *Anaitis plagiata* 和附有 7 个花粉块的 *Triphaena pronuba*。顺便提一句,他在我的花园里还捉到过一个金色夜蛾,在这个蛾的吻上附有手参的花粉块,但是,花粉块上所有花粉粒全都丢掉了,虽然,我的花园与生长这种植物的任何地点都相距有 0.25 英里之远。在检查上述采回来的许多蛾中,有很多只附有一个花粉块,且稍偏在吻的一侧。这样的事常常会发生,除非蛾站在蜜腺的正前面,而且恰好在两个黏盘之间插入它的吻时才能避免。但是,由于唇瓣颇为宽阔而且平坦,没有像金字塔穗红门兰那样在唇瓣上有两条引导脊,因此,没有办法促使蛾不偏斜地把它们的吻插入蜜腺距中,而且,它们那样做并不会有什么好处。

白花手参 Gymnadenia albida)——这种植物的花的构造在许多方面很像手参,但是,由于它的唇瓣朝上翘,花几乎成管状。两个狭长裸露的黏盘微小而彼此靠近。它的柱头表面稍稍侧生和叉开。它的蜜腺距短而且贮满花蜜。它的花朵是小的,但对于昆虫似乎有高度的引诱力:在一个穗状花序下部的 18 朵花中,有 10 朵各有一对花粉块被运走了,有 7 朵各有一个花粉块被运走了。在某些较老的花序上,除最顶上的两三朵花外,所有花中的花粉块都被运走了。

异香手参(*Gymnadenia odoratissima*)——生长于阿尔卑斯山(the Alps),据 H. 米勒博士说[1],上述的各个特征与手参相似。由于蝴蝶不寻访它那苍白色而有高度香味的花朵,所以,他相信这些花朵的受精只依靠蛾。A. 格雷(Asa Gray)教授[2]描述过北美产的三齿唇手参(*Gymnadenia tridentata*)*。与前述几种大不相同:它的花药在蕾中开裂,那些在英国产的物种中被十分柔弱的弹丝连接在一起的花粉粒,在这个物种是很不黏合的,有些花粉粒必定会落在本身的两个柱头上以及落在蕊喙的裸露细胞

---

① *Nature*,1874 年,12 月 31 日,169 页。
② *American Journal of Science*,1862 年,35 卷,426 页,和 260 页上的脚注,以及 1863 年,36 卷,293 页。在后一篇文章中,他加上一些关于黄花手参(*Gymnadenia flava*)**和雪手参(*Gymnadenia nivea*)***的记述。
　*　可能为 *Peristylus clavellatus* 的异名。——译者
　**　可能为 *Platanthera souliei* 的异名。——译者
　***　可能为 *Peristylus niveus* 的异名。——译者

组织顶部；说起来真奇怪，这个蕊喙的细胞组织顶部竟被花粉管穿透了。这些异香手参的花朵就这样进行自花受精。然而，据格雷教授补充说："凡关于花粉块被昆虫运走的所有安排，包括花粉块俯降动作在内，都是非常完备的，就像依靠虫媒受精的那些物种一样。"因此，没有多大疑问，这个物种是偶尔行异花受精的。

二叶舌唇兰（*Habenaria* 或 *Platanthera chlorantha*）——这种又称大型蝴蝶兰的花粉块和直到现在为止所谈过的任何一种兰花的花粉块颇为不同。它的两个药室为一个宽阔的膜质药膈所分开，一对花粉块包藏在药室里面而成向后倾斜的位置（图 11）。它的两个黏盘彼此相对，并位于柱头面的前方。由于黏盘位于前方，花粉团柄和花粉团就十分伸长。黏盘圆形，在早期花蕾中它由一团细胞组成，这一团细胞的外层（和红门兰的唇或囊是一致的）本身分解而成黏性物质。这种黏性物质在花粉块由药室中运出以后，至少还能保持 24 小时之久的黏性。黏盘外面覆盖着一层厚厚的黏性物质（参看图 C，黏盘立着，所以黏性物质位于下面），在其对

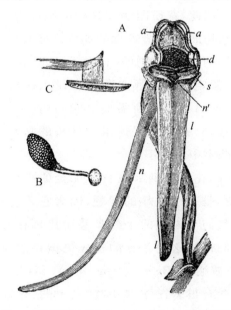

图 11　二叶舌唇兰（*Habenaria chlorantha*）或叫蝴蝶兰

a. a. 药室；*d.* 花粉块的黏盘；*s.* 柱头；*n.* 蜜腺距；*n′.* 蜜腺距口；*l.* 唇瓣

A. 花的正面图，除具蜜腺距的唇瓣外，所有萼片和花瓣均已除去，蜜腺距被挪在一边；

B. 一个花粉块（这是几乎未完全伸展的外貌）。鼓状柄藏在黏盘后面；

C. 通过黏盘、鼓状柄和花粉团柄附着的一端所作出的切面图解。黏盘是由一层上膜和下面一层黏性物质组成。

面被埋藏的一边,生有一个短的鼓状柄。这个柄是黏盘膜质部分的延续,由同样的组织形成。花粉团柄横向附着于鼓状柄埋藏着的末端,花粉团柄的末端延长而成一个发育不全的弯尾,刚刚突出于鼓状柄之外。因此,花粉团柄附着在黏盘上的方式和别的英国产兰科植物很不相同,它们在平面上呈直角形。这短的鼓状柄我们认为是长的蕊喙柄的雏体,长的蕊喙柄在许多万代兰族(Vandeae)植物中是极显著的,它把黏盘和真正的花粉团柄连接起来。

这鼓状柄是极其重要的,不仅由于它使黏盘更加凸出,因而当昆虫把它的吻插到柱头下面的蜜腺距里的时候,有更大可能粘在昆虫的面部,而且,也由于它具有收缩力。花粉块在药室中向后倾斜(参看图 A),它位于柱头表面的上方和稍稍偏向柱头表面的两侧;如果花粉块就以这种位置附着于昆虫的头部,那么这个昆虫无论寻访多少花朵,也不会把花粉留在柱头上。且看一下其所发生的动作:鼓状柄的内面末端从其埋藏的位置取出来,在空气中暴露几秒钟,鼓状柄的一边就收缩起来,这一收缩把花粉块粗的一端向里拉,因此,花粉团柄和黏盘的黏性表面不再像起初那样互相并行,也不再像在切面图 C 所表现的那样。同时,鼓状柄旋转近圆周的四分之一,使花粉团柄像钟上的针一样向下移动,使花粉块粗的一端或花粉粒的团块下降。假定右方的黏盘附着在昆虫面部的右边,而且就在昆虫寻访另一植株上的另一朵花所需要的时间内,花粉块的具有花粉的一端,将会向下向内移动,并将无误地击中柱头的黏性表面,这个柱头位于花的中央,在两个药室中间的下方。

突出于鼓状柄外的花粉团柄那发育不完全的小尾部,对那些相信物种有变化的人们来说,是一个有趣的问题,因为它告诉我们,黏盘已稍向里面移动,它还告诉我们早先这两个黏盘甚至比现在的位置还要更靠柱头的前方。因此,我们得知这种兰花的祖先类型在这点上其构造与产在好望角的稀奇的兰花波纳兰(Bonatea speciosa)*相接近。

蜜腺距特别长,含有很多裸露的花蜜,白色的、显眼的花朵和夜间从花中溢出的强烈香味,所有这些全都表明这种兰科植物的传粉是依靠较大的、夜出的鳞翅目昆虫。我常常发现一些穗状花序上几乎所有的花粉块都被运走了。由于两个黏盘的侧生位置和彼此距离很远,所以,同一个蛾通常一次只能运走一个花粉块;在一个尚未被昆虫多次寻访的穗状花

---

* 有些近代植物学家认为此种应归入 *Habenaria*(玉凤花属)。——译者

序上,有 3 朵花各有两个花粉块被运走,有 8 朵花各只有一个花粉块被运走。由于黏盘的侧生位置,我们或许会预料到黏盘可能黏着在蛾的头部或面部两侧。F. 邦德先生寄给我一个 *Hadena dentina* 的标本,这个标本的一只眼睛被一个黏盘蒙盖住了,另一只金翅夜蛾(*Plusia v. aureum*)的标本,在其眼睛边缘附有一个黏盘。马歇尔[①]先生在德温特河(Derwentwater)的一个岛上采集了 20 只冬夜蛾(*Cucullia umbratica*)的标本,这个岛距二叶舌唇兰生长的任何地点都有半英里的水程;可是,在这些蛾中,有 7 只的眼睛上附有这种兰花的花粉块。虽然黏盘黏到这种程度,像在我手里拿着的,并因此受到震荡的一束兰花,几乎全部花粉块都因黏盘粘在花瓣或萼片上而脱出来,但是,确有一些蛾类,可能是较小的种类,常常寻访这些花朵而未能将花粉块运走;因为在检查很多还留在药室中的花粉块的黏盘时,我发现竟有微小的鳞翅目昆虫的一些鳞片粘在黏盘上。

许多种类的兰科植物的花朵具有这种构造,使得它的花粉块总是固着于鳞翅目昆虫的眼睛或吻上,其原因无疑在于黏盘不能黏着于昆虫身体有鳞片或被毛茸的表面上,鳞片本身是很容易从昆虫体上脱落的。一种兰科植物在花的构造上的各种变异,除非能使黏盘在接触到昆虫身体的某一部分时就牢固地附着在那里,否则,任何变化对于植物都将没有好处,反而有害处。因此,这样的变异将不会得到保存,更不会变得完善。

细距舌唇兰(*Habenaria bifolia*)[**]或称小蝴蝶兰**——我知道本类型和前一类型被本瑟姆先生和某些其他植物学家们认为彼此间只是变种级的差异,因为,据说在黏盘的位置方面存在着居间的各种阶梯。但是,我们将立刻看到,这两种兰科植物在许多其他特征上也有区别,且不谈它们的一般外观和生长场所,这些我们不打算在这里加以考虑。如果这两个类型今后会被证明相互间是逐渐变异的,而这种变异又与杂交无关,那么,这将是变异上的惊人事例。我是对于这一事实感到惊奇而又喜慰的人之一,因为,这两个类型彼此间的差别确比同属中大多数物种之间的差别更大。

细距舌唇兰(小蝴蝶兰)的黏盘广椭圆形,彼此是面对面的。它们远比前一种兰科植物(二叶舌唇兰)的两个黏盘靠近得多,甚至,在蕾中当它们的表面为细胞组织时,它们就几乎碰在一起。它们的位置和蜜腺距口相比并不算很低。它们的黏性物质具有稍稍不同的化学性质,表现在它

---

① *Nature*,1872 年 9 月 12 日,393 页。

** 为 *Platanthera bifolia* 的异名。——译者

的黏力大得多,即使黏盘经长时间的干燥之后,再把它弄湿或保藏在稀酒精中也是这样。几乎不能说有鼓状柄,但是,代替鼓状柄的是一个纵脊,纵脊在花粉团柄附着的一端为截形,而且,几乎没有发育不全的尾巴痕迹。图 12 表示这两种兰科植物的黏盘,按它们正确比例的大小,从上方垂直观察。花粉块从药室运走后,发生几乎与前一个种同样的动作。在这两个类型兰花中,用镊子夹住花粉块粗的一端,把花粉块取出,并把它放在显微镜下,此时,我们会看到黏盘平面至少经过 45°的移动,这样,可以很好地表现出花粉块的运动。二叶玉凤兰(小蝴蝶兰)的花粉团柄较别的物种短得多;花粉束亦短些,色泽白些,在盛开的花中彼此分离也更容易得多。最后,柱头表面的形状不同,更显明地三深裂,有两个侧生突起,位于黏盘之下。这两个突起使蜜腺距口变窄了,并使它成为近四方形。因此,我不怀疑,大蝴蝶兰(二叶舌唇兰)和小蝴蝶兰(细距舌唇兰)虽然为外貌近似所蒙混,但实际上是不同的两个物种①。

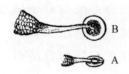

图 12

B. 二叶舌唇兰的黏盘和花粉团柄的上面观,它带有用透视法绘出的鼓状柄;

A. 细距舌唇兰的黏盘和花粉团柄的上面观。

当我检查细距舌唇兰(小蝴蝶兰)时,其黏盘位置立即使我确信,它的传粉方式应该与大蝴蝶兰(二叶舌唇兰)不同。现在,承邦德先生惠赠标本,我观察了两种蛾,即黄地老虎(*Agrotis segetum*)和 *Anaitis plagiata*,一种蛾附着有 3 个花粉块,另一种蛾附有 5 个花粉块,这种花粉块并不像前一种那样附着于昆虫的眼上和面部边上,而是附着于吻的基部。我敢说,这两种舌唇兰的花粉块就它们附着于蛾身体上的位置论,一眼就能把它们区别出来。

A. 格雷教授曾描述过②不下 10 种美国产的舌唇兰属植物花的构造。它们中间大多数物种在传粉方式上很像两个英国产的种,但是,其中某些物种的两个黏盘并不远远分开,它们有各种奇妙的装置,诸如具有沟槽的唇瓣、侧生的框边等等,这些装置迫使蛾不得不直接从前面插入它们的

---

① 按 H. 米勒的意见,英国学者们心目中的细距舌唇兰就是伯宁豪森(Boenninghausen)的夏至舌唇兰(*Platanthera solstitialis*)*;米勒完全赞同我的说法,认为二叶舌唇兰必须列为一个不同物种而和细距舌唇兰分开。米勒说,后者通过一系列的阶梯而与另一种在德国被称为二叶舌唇兰的类型相联系。他又作出一个非常全面而且有意义的报告,说明这三种类型舌唇兰的变异性以及与它们传粉方式有关的构造。见 *Verhandl. d. Verein. f. Pr. Rh. u. Westfal.*,25 年刊,3 辑,5 卷,36～38 页。

＊ 许多英国学者认为是 *Platanthera bifolia* 的异名。——译者

② *American Journal of Science*,1862 年,34 卷,143、259 和 424 页以及 1863 年,36 卷,242 页。

吻。另一方面，胡克舌唇兰（*Platanthera hookeri*）不同的地方是非常有趣的：它的两个黏盘彼此远远分开，因此，一只蛾除非是大型的，否则就能够吸取丰富的花蜜而不致接触到任何一个黏盘，但根据下面的情况能避免这种只采蜜不传粉的危险——它的柱头中线突起，唇瓣不像大多数其他物种一样向下倾斜，而是向上弯曲，因此，花的前部稍呈管状，并被分成两半。这样一来，蛾就不得不从花的这边或那边进入蜜腺距里，它的面部几乎一定要接触两个黏盘的任何一个。当花粉块被运走时，其鼓状柄一如我在二叶舌唇兰（*Platanthera chlorantha*）*中已经描述过的那样收缩起来。格雷教授曾看到过从加拿大采回来的一种蝴蝶（*Nisoniades*），并发现这种蝴蝶的每一只眼睛都附有胡克舌唇兰的花粉块。在黄花舌唇兰（*Platanthera flava*）中，蛾被迫以迥然不同的方式从一边进入蜜腺距。这种兰花，从唇瓣基部生着一个狭而坚固的隆起，向上后方突出，几乎和蕊柱相接触，因此，蛾就不得不从一边进入蜜腺距，而且，一定会把两个黏盘中的一个带出来。有些植物学家把北极舌唇兰（*Platanthera hyperborea*）和膨花舌唇兰（*P. dilatata*）认为是黄花舌唇兰的两个变种。A.格雷教授说，他以前亦想作同样的结论，但一经精密观察后，他发现除了别的特征外，它们在生理上显著不同，即膨花舌唇兰像它同属的物种一样，需要昆虫帮助来受精而不能行自花受精；但是，北极舌唇兰当花朵还很幼小时，甚至还在花蕾时期，花粉团就会从药室中落了出来，柱头就这样自花受精了。虽然如此，北极舌唇兰适应于异花受精的各种构造依然存在①。

波纳兰属（*Bonatea*）与玉凤兰属有密切的亲缘关系，它包括一些具有特殊构造的物种。波纳兰（*Bonatea speciosa*）产于好望角，特里门先生②对它进行过仔细描述，但是，没有图不可能说明其花的构造。这种兰花很奇特，不独它的两个柱头面，而且两个黏盘远远地突出于花前面，其唇瓣之复杂性也很惊人，即由7个或者可能是9个不同的部分组成，这些部分全都融合在一起。像黄花舌唇兰一样，它在唇瓣基部有一个突起，促使蛾只从一边进入花中。根据特里门和J. M. 威尔两位先生的观察，蜜腺距不含有裸露的花蜜，但威尔先生却相信组成蜜腺距的组织尝起来是有甜味的，

＊　作者在上文曾用 *Habenaria chlorantha*，即此种。——译者

①　J. M. 威尔（J. Mansel Weale）先生曾经描述过（*Journ. Linn. Sor. Bot.*，1871年，13卷，47页）两种南非洲玉凤花的传粉方式。其中一种非常特别，因为它的花粉块由药室中运走后，没有发生任何动作或位置的变化。

②　*Journ. Linn. Soc. Bot.* 1865年，9卷，156页。

因此，蛾可能穿透蜜腺距的组织，吸取细胞间隙里的液汁。它的花粉块具有惊人的长度，当花粉块从药室中运走时，仅仅由于花粉团的重量而下垂，如果它附着于昆虫的头部，它就会落在一个适当的位置，以便黏着于柱头上。威尔先生也曾描述过某些其他南非洲波纳兰属的物种①。这些物种之不同于波纳兰者，在于其蜜腺距含有丰富的花蜜。他发现一种小蝶即弄蝶（*Pyrgus elmo*）"完全为附着于其胸部（sternum）的这种波纳兰的许多花粉块所困"。但是，这位先生并没有特别指出小蝶胸部究属裸露的抑或为有鳞片覆盖的。

南非洲产的双距兰属（*Disa*）和双袋兰属（*Disperis*）统统被林德利氏放在眉兰族的两个亚族里。大花双距兰（*Disa grandiflora*）的极华丽的花朵曾被特里门先生②描述过，并绘了图。这种花朵的大蜜腺距是由萼片而不是唇瓣发育成的。昆虫为了可以得到贮藏丰富的花蜜，它们必须把吻从蕊柱的一边插入蜜腺距里，为了适合这个实际情况，黏盘特别向外转。花粉块是弯曲的，当它们被运走时，由于它们自身重量便向下弯，因此，不需要那种把花粉块安置在一个适当位置的动作。考虑到它们有丰富的花蜜以及花朵非常显眼，但昆虫很少寻访它们，这是出乎意料的。特里门先生于 1864 年曾写信给我说，他近来观察了 78 朵大花双距兰的花，在这些花中只有 12 朵各被昆虫运走了一个或两个花粉块，只有 5 朵花的柱头上粘有花粉。他不知是哪一类昆虫偶然给这些兰花传粉，但巴伯（Barber）太太曾经不止一次地看到过一种类似蜂虻腻（*Bombylius*）的大蝇，它的吻的基部附着有蓼状双距兰（*Disa polygnoides*）的花粉块。威尔先生报道③，硕花双距兰（*Disa macrantha*）不同于大花双距兰和双距兰（*Disa cornuta*）之处就在于它产生很丰富的种子，并以其常常自花受精而著称。这种自花受精是随着"在花完全展开时，一个极轻微的震撼，足以使花粉块从敞开的药室里脱出而与柱头接触。我一次又一次地发现许多花就是这样受精的，这种情况在自然界中是很少有的。"然而，他毫不怀疑这种花朵也由夜出昆虫行异花受精。他又说，大花双距兰很少由昆虫授粉，显得与蝇眉兰很相似；而硕花双距兰却常常是自花受精的，故它和蜜蜂眉兰的情况十分相似，但后一物种即蜜蜂眉兰似乎是始终如一行自花

① *Journ. Linn. Soc. Bot.* 10 卷，470 页。
② *Journ. Linn. Soc. Bot.* 1863 年，7 卷，144 页。
③ *Journ. Linn. Soc. Bot.* 1871 年，13 卷，45 页。

受精的。

最后，威尔先生尽力描述了①双袋兰属（*Disperis*）的一个种借助于昆虫来受精的方式。应该注意，这种植物的唇瓣和它的两片侧萼片都分泌花蜜。

我们现在已经把眉兰族叙述完了，但在进行讨论以下各族前，我愿意把关于花粉块各种动作的一些主要事实扼要地重述一遍。所有这些花粉块的动作，全都应归于那个小的薄膜部分（在玉凤花属植物中连柄一起）具有调节得很好的收缩作用，这个小的薄膜部分位于黏性物质层或黏性物质球和花粉块的末端之间。但就少数情形而论，如双距兰属和波纳兰属的一些物种中，当花粉块从药室中被运走以后，花粉团柄不发生任何动作，而花粉团的重量就足够使它们自己俯降到适当的位置。在红门兰属大多数物种中，柱头正好位于药室下面，花粉块只是以和水平面成直角地向下移动。金字塔穗红门兰有两个侧生的、位于下面的柱头，花粉块向下并向外移动，叉开成一个适当的角度，以便击中两个侧生的柱头。在手参属中，花粉块仅仅向下移动，但为适应于击中两个侧生的柱头，它们附着于鳞翅目昆虫吻的上方的侧面。在黑紫兰属（*Nigritella*）中，花粉块向上移动，这仅仅由于它们总是附着于昆虫吻的下面。在玉凤花属中，柱头表面位于两个远远分开的药室中间的下方，两个花粉块凑合在一起，而不像金字塔穗红门兰的花粉块那样是叉开的，而且同样向下移动。诗人或许会想象，当花粉块附着于昆虫身体上从这朵花空运到另一朵花时，花粉块主动而热切地把自己安置在那精确的位置上，只有这样，它们才能期待达到其愿望，而使它们的族裔永存于世。

---

① *Journ. Linn. Soc. Bot.* 1871 年，13 卷，42 页。

▲蜘蛛眉兰

第三章　旭兰族

Chapter Ⅲ　Arethuseae

大花头蕊兰（*Cephalanthera grandiflora*）*；蕊喙发育不全；花粉管早期穿入；不完全自花受精的例子；异花受精是昆虫啮咬唇瓣的结果——头蕊兰（*Cephalathera ensifolia*）**——朱兰属（*Pogonia*）；翅柱兰属（*Pterostylis*）和其他具触觉唇瓣的澳洲产兰科植物——香英兰属（*Vanilla*）——折叶兰属（*sobralia*）

大花头蕊兰（*Cephalanthera grandiflora*）——这种兰花很特别，因为它没有蕊喙，而蕊喙却是本科植物极显著的特征。它的柱头大，花药位于柱头上方。花粉非常容易破碎，也容易黏着于任何物体上。花粉粒为少数细弱的弹丝连接在一起；但并没有胶合在一起，因此，与几乎所有的其他兰科植物形成复花粉粒的情况不同[①]。我们认为花粉不形成花粉块和十分败育的蕊喙，是退化的证据；而据我看头蕊兰属像是个退化的火烧兰属（*Epipactis*），火烧兰属是鸟巢兰族的一个成员，将在下一章中描述它。

花药在蕾期就已开裂，而且脱出部分花粉，花粉处于两个几乎悬空的、直立的花粉柱上，每个花粉柱几乎纵裂成两半。这些几乎裂成两半的花粉柱是靠在柱头正方形的上部边缘或悬在那里，而这柱头正方形的上部边缘升起至花粉柱全长的约三分之一处（参看图 13 的正面图和侧面图 C）。当花还在蕾期，靠在柱头上部尖锐边缘的花粉粒（并不是在花粉团上部或下部的那些花粉粒）发出许许多多的花粉管，这些花粉管深深穿入柱头组织中。此后，柱头稍稍向前弯，结果，两个容易破碎的花粉柱被稍稍向前拉，几乎完全脱离了药室，它们就系在柱头的边上，并被穿入柱头里的花粉管所支持着。没有这种支持，花粉柱马上就会落下来。

大花头蕊兰的花直立，唇瓣的下唇[*]向上立起而与蕊柱平行（参看图 13A）。侧生花瓣的顶端从不分开[②]，从而保护花粉柱免受风吹，并由于花的直立，花粉柱不致因本身重量而下坠。这些特点对于该植物来说是很重要的，因为不这样花粉会被风吹掉或落下来而被白白糟蹋了。唇瓣由上唇和下唇两部分组成，当花成熟时，小三角形的上唇下弯而与下唇成直角；这样，就在三角形入口的前方给昆虫一个小小的降落台，这三角形入

◀美洲朱兰。

---

① 鲍尔（Bauer）观察到这些花粉粒的分离情形，他还绘成图印在林德利发表的巨著 *Illustrations of Orchidaceous Plants* 的图版中。

* 凡因唇瓣中部缢缩而成前后两个明显不同的部分时，近轴的部分称下唇，远轴的部分称上唇。——译者

② 鲍尔所绘的花较这里所画的张开的程度要大得多了，对此我只能说，我没有见过张开得这样大的花。

口位于近管状花的中部。不久后,花朵一经受精,小的上唇就向上升,把三角形入口关上,并把各结实器官完全封闭起来。

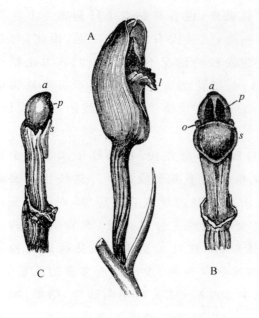

图 13　大花头蕊兰(*Cephalanthera grandiflora*)

　　a. 花药;在正面图 B 中,可见两个药室及其所含花粉;*o*. 两个侧生败育花药或称耳之一;

　　p. 花粉团;*s*. 柱头;*l*. 唇瓣的上唇

　　A. 当花完全开放时的整个花的斜面图;

　　B. 除去所有花瓣和萼片的蕊柱正面图;

　　C. 除去所有花瓣和萼片的蕊柱侧面图,刚能看到花药和柱头间的狭窄花粉柱(*p*)。

虽然,我曾经常在唇瓣的杯*中寻觅花蜜,可是,连一点花蜜的痕迹也没有找到。上唇上结有一些橙黄色的球状乳突,而在杯内则有几条深橙黄色而具横皱纹的纵脊。这些纵脊常被某种动物所啮咬,我曾在杯底发现过咬下的微小残片。1862 年夏天,昆虫对这些花的寻访不像往常那样频繁,这表现在花粉团未呈破裂状态。虽然如此,有一天我观察了 17 朵花,其中有 5 朵花的纵脊已被咬掉了,第二天,另外 9 朵花中的 7 朵亦有这种情况。因为没有黏液的迹象存在,我不相信这些花曾被蛞蝓咬过,但是,我不知道这些花会不会被具翅的昆虫咬过,只有这些昆虫才会有效地进行异花授粉。这些纵脊具有像万代兰族某些种类的唇瓣纵脊的味道,在万代兰族中(以后我们会看到)花的这一部分往往被昆虫咬掉。就我所观察过的,头蕊兰属是以固体食物供给昆虫借以吸引它们。

　　许多花粉管很早就穿入柱头,深入到柱头组织中去,看来是给我们一个像蜜蜂眉兰那样世世代代自花受精的另一个事例。我对这件事很惊奇,并反躬自问:为什么上唇要有短时间张开呢?既然只有一层花粉粒的花粉管穿入柱头上缘,那么在这层花粉粒**上面和下面的

　　　＊　指杯形的下唇。——译者
　　　＊＊　靠着柱头上缘的那部分花粉粒。——译者

大量花粉有什么作用呢？这个柱头有一个大而平的黏性表面；若干年来，我几乎总是见到花粉团粘在柱头表面上，而且，看到那易碎的花粉柱借助于某种方法而被拉断了。据我想，虽然花朵直立，花粉柱防护得很好而不受风吹，但是，花粉团毕竟还会因本身重量而下降，因而落到柱头上，终于完成自花受精的动作。因此，我用一个网把具有 4 个花蕾的一个植株罩了起来，等到这些花已经凋谢，我立即去检查它们；在 3 朵花中宽阔的柱头完全没有花粉，但在第 4 朵花中，柱头的一角有一点花粉。除去在第 4 朵花中一个花粉柱的顶端遭到破坏外，所有其他花粉柱仍然是直立而完整的。我观察了周围一些植株上的花朵，到处都像我过去所常常看到的一样，柱头上发现有破坏的花粉柱和花粉团。

就花粉柱平时的状态以及唇瓣上纵脊被咬掉的情况来看，可以正确地推断：某类昆虫寻访这种兰花，搅乱了这些花粉，并在柱头上留下大量花粉。因此，我们得知，供给昆虫一个临时降落地和一个敞开门户的向下弯的上唇，以及向上翘起的唇瓣使花成管状，从而促使昆虫沿柱头表面的近旁爬行；还有易于附着在任何物体上并存在于易碎的、被防护着不受风吹的花粉柱上的花粉；最后，就是唯一把花粉管穿入柱头上缘的那层花粉的上下面所存在的大团花粉。所有这些，都是互相关联的构造，绝非无用。但是，假如这些花始终是自花受精的，那么，它们便是完全无用的。

为了确定那些靠在柱头上缘的花粉粒，其花粉管早期穿入柱头上缘对于受精有效到怎样程度起见，我用一张薄网正好在开花以前把一个植株罩起来，直至花已经开始枯萎才把这张薄网拿掉。根据长期的经验，我确信这种暂时性的覆盖，不会损害这些花的受精能力。这 4 朵被覆盖起来的花，所结的有种子的蒴果，在外观上与它们周围任何植株上的那些蒴果一样完美。一旦蒴果成熟，我把它们都采了下来，而且也采了生长在类似条件下的几株周围植株上的蒴果，并且在化学天平上称量了种子。没有覆盖的植株上的 4 个蒴果的种子重 1.5 格令*，而被覆盖的植株上同样数目的蒴果的种子不到 1 格令重；但这并未很好表明它们受精的相对差别，因为，我看到被覆盖的植株的许多种子都由微细而皱缩的种皮组成。因此，我把这两类种子分别充分掺混起来，从一堆种子里取出 4 小份来，从另

---

　　* 格令（grain，gr），是英国重量单位，1 格令等于 0.065 克。——译者

一堆种子中也取出 4 小份来,并把它们浸在水中,放在显微镜下加以比较:在没有覆盖的植株的 40 粒种子中仅有 4 粒是坏的;而被覆盖的植株的 40 粒种子中,至少有 27 粒是坏的。因此,被覆盖植株的坏种子数目比起那些没有被覆盖而任昆虫自由接触的植株的坏种子数目,几乎多 7 倍之多。

所以,我们可以得出结论说,这种兰科植物永远是自花传粉的,虽则它处于很不完备的方式;但是,万一昆虫不去寻访它们的话,这种方式对于这种植物来说会有很大好处的。无论如何,花粉管穿入柱头上缘对于使花粉柱保持在适当的位置,看来甚至有更大的作用,这样可以使昆虫在爬入花中时,身上可能被撒上花粉。自花受精或许也可以借昆虫的帮助把同一朵花的花粉带到自己的柱头上,但是,像这样抹上了花粉的昆虫,几乎一定能够使别的植株上的花朵杂交。从花中各部分相关位置来看,一个昆虫从一朵花中爬出来时比爬进去时通常更容易蒙上花粉,这点看来是确实可能的(但我忘记用早期去雄,以观察花粉是否由别的花中被昆虫带到这个柱头上来证明这件事);这当然会促进不同植株之间的杂交。因此,对于兰科植物的花朵一般是由另一植株上的花粉来受精这一法则来说,头蕊兰属不过是一个部分例外而已。

剑叶头蕊兰(*Cephalanthera ensifolia*)——根据德尔皮诺的报道[1],昆虫是去寻访剑叶头蕊兰的花朵的,那是从它们的花粉团已被昆虫运走而得知的。他相信,这些昆虫之所以能够搬运花粉团是由于它们的身体靠柱头的分泌液先弄黏了的缘故。这种兰花是否也能自花受精还不清楚。每一个花粉团被分成两小块,而非仅仅一部分被分开,因而,一朵花有了 4 个明显的花粉团。

美洲朱兰(*Pogonia ophioglossoides*)——这是一种美国土著植物,按斯卡德(Scudder)[2]的描述,它的花和那些头蕊兰属花的相似之点在于它没有蕊喙,花粉团没有花粉团柄。花粉是由粉状花粉粒组成,并不为弹丝所连接。自花受精似乎被有效地防止了,不同植株上的花必然互相杂交,因为每一植株一般只生一朵花。

翅柱兰(*Pterostylis trullifolia*)和长叶翅柱兰(*P. longifolia*)——我可以在此扼要地叙述一下生长在澳大利亚和新西兰的一些兰科植物,这些植物统统被林德利归入与含有头蕊兰属和朱兰属的旭兰族之中。它们

---

[1] *Ult. Osservaz. sulla Dicogamia*,第二部,1875 年,149 页。

[2] *Proceedings of Boston Society of Natural History*,1863 年,9 卷,182 页。

的唇瓣极敏感或极易受刺激,这点是颇为特别的。它的两片侧花瓣和一片后萼片靠在一起形成包围着蕊柱的一个兜,这可以在图 14A 中看到。

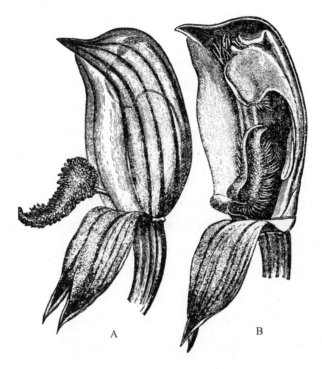

图 14　长叶翅柱兰(*Pterostylis longifolia*)

(根据 R. D. Fitzgerald 先生的 *Australian Orchids* 的图复制)

A. 自然状态的花;花内隐约可见蕊柱之轮廓;B. 近的一边花瓣已经切除掉的花,显示具有两盾片的蕊柱及唇瓣被触碰后所处的位置。

　　本种兰花的上唇几乎和头蕊兰属一样也给昆虫提供一个降落台,但是,当这个器官一被触动,它就迅速地弹起来,把接触着唇瓣的昆虫也一起带了上来,于是昆虫暂时被禁锢在其他各方几乎完全密闭的花中。唇瓣关闭持续自半小时到一个半小时才再度开放,其时对于触动仍然敏感。从蕊柱上部两侧有两个膜质盾片突出于外,它们的边缘在前方相接,如图 B 中所见。在这幅图中,近侧的一片花瓣已被切掉,唇瓣处于被触动后弹了起来的位置。一旦唇瓣这样升起来,一只被禁锢的昆虫就不能脱逃,除非经由两个突出的盾片所形成的狭窄通道爬出。昆虫照这样逃脱,几乎一定能把花粉块带走,这是因为它在与花粉块接触前,它的身体上已涂有蕊喙的黏性物质。当它被另一朵花禁锢起来而经由同样通道逃跑时,几乎一定把 4 个花粉块中至少一个留在这有黏性的柱头上,从而使花受精。

这里,我所叙述过的一切都是取自奇斯曼(Cheeseman)①先生所作的关于翅柱兰的完美记载中;但我由斐茨杰拉德(Fitzgerald)先生所作的关于澳洲的兰科植物的巨著中抄录了长叶翅柱兰的插图,因为这个图清楚地显示出所有各部分的关系。

奇斯曼先生把一些昆虫放在几朵翅柱兰的花中,并观察到这些昆虫后来爬出来时,它们背上一般都附有花粉块。他又证明了这种敏感的唇瓣之重要性,他把 12 朵花的唇瓣趁它们幼嫩时去掉,这样,昆虫们进入花中就不会被迫经由那个通道爬出来,因此,这些花没有一朵产生蒴果。似乎独有双翅目昆虫时常出入这些花中,但是,因为这些花不分泌花蜜,所以,它们表现出什么样的吸引力还不得而知。奇斯曼先生相信,几乎不到四分之一的花产生了蒴果;虽然有一次他检查了 110 朵处于枯萎状态的花,其中有 71 朵花的柱头上涂有花粉,只有 28 朵花其全部 4 个花粉块仍然留在它们的药室中。该属所有新西兰物种都只生有一朵花,因此,不同植株上的花一定能互相杂交。我可以附带说一说,斐茨杰拉德也曾把一只小甲虫放在长叶翅柱兰的唇瓣上,这只小甲虫立刻被唇瓣带到花里,并把它禁锢在那里;后来,他看到这只小甲虫爬出来时,它的背上带有两个花粉块。虽然如此,他怀疑是否唇瓣的敏感性对植物的不利大于对植物的有利,他所依据的种种理由在我看来并不十分充分。

斐茨杰拉德先生描述了属于同一亚族的另一种兰科植物二型裂缘兰(*Caladenia dimorpha*),这种植物也有敏感的唇瓣。他把一个植株放在自己房中,他说:"一只家蝇落在唇瓣上时,被唇瓣向蕊柱一弹而带走,并被粘于柱头的胶质中,在这只家蝇挣脱逃跑时,它把花药中的花粉搬了出来,并且抹在柱头上。"他还说:"没有这样一种帮助的话,这一属的物种永远不能产生种子。"但就别的兰科植物的类似性状来看,我可以确信,昆虫的行动通常和他所看到的被粘在柱头上的苍蝇的那种行动很不一样,毫无疑问,昆虫是把花粉块从这一植株上运到那一植株上的。胡克博士说②,旭兰族的另一澳大利亚产的卡拉兰属(*Calaena*)的唇瓣也是敏感的,所以,当唇瓣被昆虫触动时,它就突然朝着蕊柱关闭起来,并暂时把捕到的昆虫禁锢在花里,犹如把它放在一个匣子里一样。它的唇瓣上被覆着一些形状稀奇的乳头状突起,据斐茨杰拉德先生所见,昆虫并不咬啮这些乳头状突起。

---

① *Transact. New Zealand Institute*,1873 年,5 卷,352 页和 7 卷,351 页。
② *Flora of Tasmania*,2 卷,17 页。

斐茨杰拉德先生既描述而又图绘了几个别属的植物，关于拱形针花兰（*Acianthus fornicatus*）和针花兰（*A. exsertus*）两种兰花，他说，如果把它们保护起来，不让昆虫接触，两个物种都不会产生种子，但是，如果把花粉放在它们的柱头上就很容易受精。奇斯曼先生[①]曾目击新西兰的辛氏针花兰（*Acianthus sinclirii*）的传粉情形，这种兰花的花不断地有双翅目昆虫去寻访，没有它们的帮助，花粉块是绝对运不走的。生在 14 个植株上的 87 朵花中，至少有 71 个成熟的蒴果。根据奇斯曼的观察，这一植物呈现着一种不平常的特性，即它的花粉团附着于蕊喙上是由于有伸出的花粉管，这种花粉管是充当花粉团柄之用。当昆虫们去寻访这些花朵时，花粉块和有黏性的蕊喙一起被它们运走。和这属植物相类似的蚊兰属（*Cyrtostylis*）的花也常有昆虫去寻访，可是，它们的花粉块并不像针花兰属（*Acianthus*）那样有规则地被运走；关于铠兰属（*Corysanthes*）[**]，200 朵花中仅有 5 朵结蒴果。

依照林德利的观点，香荚兰亚族（Vanillidae）属于旭兰族的一个亚族。香荚兰（*Vanilla aromatica*）的大的管状花显然是适应于昆虫传粉的。众所周知，当这一植物在国外栽培时，例如在波旁（Bourbon）、塔希提岛（Tahiti）和东印度群岛，就不产生芳香的荚果，除非进行人工授粉。这一事实说明美洲原产地的某种昆虫专门适应于该种的传粉工作；而上面列举的那些在香荚兰生长旺盛的热带地区的昆虫，或者不知道去寻访这些花，虽然，这些花分泌着丰富的花蜜，或者昆虫没有用恰当的方法去寻访这些花[①]。我愿意只讲讲花的构造的两个特性：它的花粉团前部为半蜡质的，后部是有些易碎的；花粉粒不胶着在一起形成复花粉粒，这些单个的花粉粒不是由弹丝而是由黏性物质使它们联合起来，这种黏性物质有助于使花粉附着在昆虫身上，但我想这种帮助是多余的，因为它的黏性蕊喙很发达。另一个特性是它的唇瓣位于柱头的前方且稍在下方，在唇瓣上具有一个坚硬而能转动的刷子，这个刷子是由指向下面的、一个叠着一个的许

　　[①]　*Transact. New Zealand Institute*，1875 年，7 卷，349 页。

　　[**]　为 Corybas 的异名。——译者

　　[①]　关于在波旁栽培的香荚兰，参看 *Bull. Soc. Bot. de France*，1854 年，1 卷，209 页。关于在塔希提岛栽培的香荚兰，参看 H. A. 蒂利（Tilley）的 *Japan，the Amour & c*，1861 年，375 页。关于在东印度群岛栽培的香荚兰，参看莫伦（Morren）在 *Annals and Mag. of Natural History*，1839 年，3 卷，6 页的文章。我可以提出由斐茨杰拉德先生处得来类似的、但更明显的例子；他说："小花狭唇兰（*Sarcohilus parviflorus*）（万代兰族的一属）生长在新南威尔士（New South Wales）的蓝山（Blue Mountains）常常产生蒴果；若把该物种的一些植株移植到悉尼（Sydney），如果听其自然的话，它们虽能很好地开花，但不结籽，虽然当花粉团被移置于柱头上时，它们是必定会受精的。"可是，蓝山离悉尼却不到 100 英里远。

多梳状物组成。这一构造会使昆虫容易爬进花里去,但当昆虫从花里退出来时,会迫使它向蕊柱靠近。这样,它就把花粉团运走,把它们留在被寻访的下一朵花的柱头上。

　　折叶兰属(*Sobralia*)与香荚兰属有亲缘关系。C. 布朗(Cavendish Browne)先生告诉我说,在他的温室里,他见到一只大熊蜂进入大花折叶兰(*S. macrantha*)的一朵花中,在它从花里爬出来时,有两个大的花粉团牢牢地附着在它的背上,背上的位置更靠近尾部而非头部。然后这只蜂四面张望,因为没有见到别的花,它就再度进入同一朵花中,可是很快就退出来,这时,把花粉团留在柱头上,只有黏盘仍附在它的背上。这一种危地马拉(Guatemala)产的兰科植物的花蜜对于我们英国蜜蜂来说,似乎功效太强了,因为,蜜蜂吸花蜜后伸着腿暂时躺在唇瓣上好像死在那里一样,后来才恢复过来。

第四章　鸟巢兰族

· Chapter IV Neotteae ·

新疆火烧兰（*Epipactis palustris*）；唇瓣的奇妙形状和它对于花的结实的重要性——其他火烧兰属的物种——虎舌兰属（*Epipogium*）——斑叶兰（*Goodyera repens*）——秋花绶草（*Spiranthes autumnalis*）；使较幼的花朵的花粉运送到另一植株上较老的花朵的柱头上的完美适应性——卵叶对叶兰（*Listea avata*）*；蕊喙的敏感性；黏性物质的爆裂；昆虫所起的作用；几个器官的完美适应性——心叶对叶兰（*Listera cordata*）**——鸟巢兰（*Neottia nidusavis*）；按照对叶兰属的方式完成受精——始花兰属（*Thelymitra*）；自花受精

---

* 为 *Neottia ovata* 的异名。——译者

** 为 *Neottia cordata* 的异名。——译者

　　我们现在已经讨论到第三个族,即林德利命名的鸟巢兰族,它包含几个产于英国的属。这些属在它们花的构造和受精方式上表现出许多有趣的特点。

　　鸟巢兰族植物具有一个位于柱头后方的离生花药。它们的花粉粒是由纤细的弹丝连接在一起,这些弹丝部分黏合,并突出于花粉团的上端,就在那里附着于(有若干例外)蕊喙背部。所以,花粉团没有真正而分明的花粉团柄。唯有斑叶兰一属的花粉粒像红门兰属那样集合为束。火烧兰属和斑叶兰属就它们传粉方式来说和眉兰族植物非常相似,只是构造上比较简单些。绶草属是属于同一类的,但在某些方面已经有了种种变化。

　　新疆火烧兰(*Epipactis palustris*)[①]——它的大型柱头下部有两个浅裂,突出于蕊柱前方(参看图 15 的侧面图 C 与正面图 D 中的 *s*)。在它的简单的方形顶部有一个近球形的蕊喙。蕊喙的前面(参看图 C,D 的 *r*)稍稍突出于柱头上部的表面,这个特点很重要。在早期花蕾中,蕊喙是由一团容易破碎的细胞组成,具有粗糙的外表面;这些表面细胞在发育过程中经受很大变化,变成柔软的、平滑的、有高度弹性的一层薄膜或组织,它竟柔软到能被一根头发戳穿的程度。若蕊喙表面经这样穿透或轻轻地擦摩,它就变成富有乳汁的并有些发黏,所以,花粉粒就能黏于其上。虽然,我在火烧兰(*Epipactis latifolia*)中很清楚地看到这点,然而,有时候它的蕊喙表面看来不经过接触也会变成有乳汁和发黏的。这柔软而有弹性的外膜形成蕊喙帽,帽内衬一层非常黏的物质,当这层黏性物质暴露于空气中时,在 5～10 分钟内变干。随便有什么物体轻轻地向上和向后方推动,很容易移走整个帽和其内衬的黏性物质,只剩下微小的方形残余部分即蕊喙的基部,独自留在柱头的顶部。

　　蕾期花药完全离生,位于蕊喙和柱头的后面。当花还未开放时,它就纵向开裂,露出两个广椭圆形的花粉团,这时,它们松弛地躺在药室里。花粉是由一些球形颗粒组成,每 4 个黏在一起,但并不影响各自的形状;这些复花粉粒被纤细的弹丝连接在一起。这些弹丝集合成一些束,沿着每

◀ 新疆火烧兰。

---

　　① 我很感谢怀特岛(Isle of Wight)上贝姆勃赖奇(Bembridge)的 A. G. 莫尔先生屡次寄给我这种美丽兰花的新鲜标本。

一花粉块前面的中线纵向伸展,花粉块就在那里与蕊喙最上部分的背面相接触。就这许多弹丝来看,中线像是棕色的,每一花粉团在这里显示出有纵向分为两半的倾向。就所有这些方面来看,它的花粉块一般很像眉兰族的花粉块。

中线有无数根平行的弹丝,它是一条最强有力的线;花粉团在别处极易碎裂,所以,大部分都可以很容易地断裂开。在蕾期蕊喙稍向后弯,并挤向刚刚开裂的花药;而且,上面所说的稍稍突出的弹丝束变为牢固地附着于蕊喙膜质帽的后沿上。它的附着点位于花粉块顶部靠下的地方,但是,确切的附着点是有些变化的,因为,我曾见过一些标本,它的附着点距离花粉团顶端为花粉团全长的五分之一。由于这一变异性是导向眉兰族花结构的一个步骤,所以,它显得很重要,眉兰族中弹丝或花粉团柄的汇合总是从花粉团的下端开始的。当花粉块通过它们的弹丝牢固地附着于蕊喙背部以后,蕊喙就稍向前弯,这样就把花粉块从药室中拉出一部分来。花药的上端是一个实心的钝尖,不含有花粉;这个钝尖稍稍突出于蕊喙的表面,我们将会看到这一情况是很重要的。

它的花朵几乎是水平地从茎上伸出(参看图 15,A)。它的唇瓣形状稀奇,从那些图中我们就可以见到:唇瓣上半部(上唇)突出于其他花瓣之外,为昆虫们构成一个极好的降落台,它通过一个狭窄的链节与唇瓣下半部(下唇)相连,并且,自然地稍稍向上弯(参看图 15,A),以致上唇的边缘伸到下唇的边缘里。链节是如此的易弯而富弹性,据莫尔先生告诉我,甚至一只苍蝇的体重就可以使唇瓣的上唇下降,图 15,B 表现出这种姿态;但是,当重量移走后,唇瓣的上唇立刻弹回到它先前的位置(参看图 15,A),并且,用它那些奇异的中脊把通入花中的入口局部地关闭起来。下唇形成一个杯状体,它在正常时期充满花蜜。

现在,让我们来了解一下,曾经迫使我详细加以描述的所有部分是如何起作用的。当我第一次观察这些花的时候,非常莫明其妙;我用像在真正红门兰属所做过的同样方法进行试验,把突出的蕊喙稍向下推动,它是容易破裂的,有些黏性物质被带出来,但花粉块仍旧留在药室中。就花的构造来考虑,我想,一只昆虫为了吸取花蜜而进入一朵花中,它会使唇瓣的上唇下降,因此,就不会接触到蕊喙,但是,它一旦进入花中,由于上唇向上弹起来,它几乎就不得不爬得稍高些,并且,从与柱头并行的方向退出。于是,我用一根羽毛或其他类似物体的末端轻轻地向上后方擦刷蕊喙;可以明显地看到蕊喙膜质帽非常易于脱落,由于蕊喙帽的弹力,它完

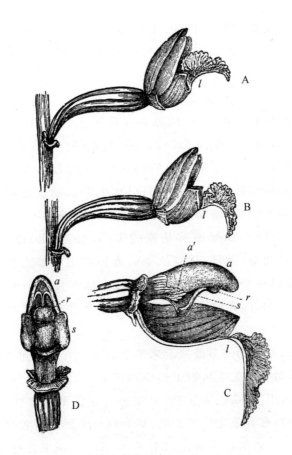

图 15 新疆火烧兰(*Epipactis palustris*)

a. 花药,在正面图 D 中可见两个开裂的药室;*a′*. 败育的花药或称耳,这将在下一章论及;
r. 蕊喙;*s*. 柱头;*l*. 唇瓣

A. 自然状态的花之侧面图,两片下萼片已除去;B. 花的侧面图,唇瓣的上唇犹如载有昆虫
一样被压下了;C. 稍放大的花之侧面图,除了唇瓣外,所有萼片和花瓣均已切除,唇瓣近的
一侧亦被切除,可见体积大的块状花药;D. 稍稍放大的蕊柱,所有萼片与花瓣均已切除,在
绘图的标本中蕊喙稍稍下沉,而不得不把它较高地立起来,因而药室的更大部分被遮蔽了。

全适合于任何物体,而不论物体的形状怎样,同时,还由于蕊喙帽下表面
的黏性物质,使它非常牢固地黏着于这个物体上。通过弹丝而粘在蕊喙
帽上的大的花粉团也在同时被拖出来了。

虽然如此,花粉团的取出远远不如为昆虫自然搬走时那么干净。我
试验了许许多多的花,总是得到同样不圆满的结果。于是我想,一只昆虫
从花中退出时,它身体的某一部分会自然而然地推挤花药那突出而钝的
上端,这个钝的上端是伸出于柱头表面之外的。因此,我就用一把刷子,

当朝着蕊喙往上刷的时候,同时向花药实心的钝尖端推挤(参看图 15,C);这样一来,立刻使各花粉块松弛,并使它们完整地脱出。我终于明白了花的机制。

它的大型花药位于柱头上后方,和柱头形成一个角度(参看图 15,C),所以,当花粉块被昆虫拉出时,就黏着在昆虫头部或身体上,它是处于这样一个位置上,以备一旦昆虫去寻访另一朵花时便击中倾斜的柱头表面。因此,在这个物种或者在鸟巢兰族的任何物种中,没有像眉兰族中花粉块很普遍发生的那种俯降动作。当一只昆虫的背部和头部附着有花粉块而进入另一朵花中的时候,唇瓣的上唇易于下降可能起了重大的作用,因为花粉团非常容易破碎,如果撞着花瓣的尖端,就会损失许多花粉;但实际上有一个敞开的通道,而且,具有位于前方的突出下部之黏性柱头乃是第一个目标,这个目标会很自然地被从昆虫头部或背部向前突出的花粉团所击中。补充一句,即在许多花序上,绝大多数花粉块已经自然而又干净地被运走了。

为了确证唇瓣上为链节连接起来的上唇对于受精的重要性这一信念是否正确起见,我请莫尔先生从若干幼小的花朵中把这一部分去掉,并将这些花做了记号。他用 11 朵花做实验,其中有 3 朵花不结含种子的蒴果,但是这可能是偶然的;有 8 朵花结了蒴果,其中有 2 个蒴果所含种子数目约与同一植株上未切除上唇的花朵所含的相同,但有 6 个蒴果含有非常少的种子。大多数种子外观完好。这些试验所能表明的乃是证实了这个观点,即上唇的重要性在于使昆虫以适合于传粉的最好方式进入花朵和离开花朵。

从本书第一版问世以来,我的儿子威廉(William)曾经在怀特岛为我观察了这种火烧兰。蜜蜂似乎是传粉的主要媒介、因为他看到它们寻访了 20 朵左右的花,其中很多蜜蜂的前额,就在上颚上方附有花粉团。我曾经想象,昆虫总是爬着进入花里去的;但是,蜜蜂的躯体太大,不宜于爬着进入花朵里去,因此,在吸取花蜜时,蜜蜂总是紧抓住唇瓣上部为链节连接起来的一半(上唇),上唇因而被压下去。由于这一部分有弹力,并能向上弹起,因而当蜜蜂离开花朵时,看来是稍稍向上飞,这种飞法照以前所讲的是有利于把花粉团完全从药室中拉出,和昆虫向上爬出的结果完全一样。或许向上的动作在一切场合之下可能不像我所想象的那样必要,因为,就花粉团附着于蜜蜂的方式来判断,蜜蜂头的后部几乎一定能推挤并抬起花药那钝而实心的上端,因而使花粉团分离。除蜜蜂外还有各种各样昆虫去寻访这种兰花。威廉还见过几只大型苍蝇[肉质麻蝇(Sar-

cophaga carnosa）]常常飞到这些花中,但它们进入花中的方式不像蜜蜂那么灵巧而有规律。虽然如此,有两只苍蝇的前额还是附有花粉团。他又看到几只小一些的苍蝇[扁蝇（*Coelopa frigida*）]进出于这些花中,在它们胸部背面相当不规则地附有花粉团。还有三或四种不同种类的膜翅目昆虫[一种小型的是胡蜂（*Crabro brevis*）]同样寻访这种兰科植物的花朵,并且在这些膜翅目昆虫中有 3 只昆虫的背部附有花粉团。还看到其他更加微小的双翅目、鞘翅目昆虫以及蚂蚁吸吮花蜜,但是,这些昆虫对于运输花粉团看来是太小了。值得注意的是,有几种前面说过的昆虫竟会去寻访这种火烧兰的花朵,因为沃克（F. Walker）先生告诉我,肉质麻蝇常常聚集于正在腐败的动物性物质上,而扁蝇则常常出没于长海藻处,偶尔停留在兰花上。我听到 F. 史密斯（F. Smith）先生说,胡蜂（*Crabro*）也捕捉小跳甲类（*Halticae*）贮备在窠里。正因为有这样多种昆虫寻访这种火烧兰,所以,下述事例同样值得注意,即尽管我的儿子有三次观察了数以百计的植株达若干小时之久,花朵周围虽有许多熊蜂飞翔,但是,没有见到一只熊蜂落在花朵上。

火烧兰（*Epipactis latifolia*）——这种火烧兰在很多方面与前一种相似。然而,它的蕊喙显然更加突出于柱头面之外,但是,花药钝的上端比较不那么突出。衬在有弹力的蕊喙帽里面的黏性物质,需要更长一些时间才会变干。上面 2 片侧花瓣和 3 片萼片较在沼地火烧兰中张开得更大;上唇较小,稳固地连着于下唇上（参看图 16）,因此,它不易弯曲而无弹力,似乎仅仅作为昆虫的一个降落台而已。这种兰花的传粉,只有靠昆虫向上后方撞击那高高突出的蕊喙来完成;昆虫的这种动作,往往是在它从杯状唇瓣中吸取了丰盛花蜜之后,从花中退出时进行的。看来并非完全必要,一定要昆虫把花药的钝的上端向上推,至少,我发现只要把蕊喙帽向上方或后方拉开,花粉块就可以容易地从药室中拉出来。

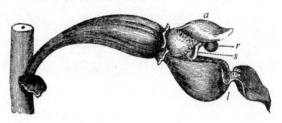

图 16 火烧兰（*Epipactis latifolia*）花的侧面观,除唇瓣外所有萼片和花瓣都切除了

a. 花药；*r*. 蕊喙；*s*. 柱头；*l*. 唇瓣

由于有些植株生长的地方靠近我家，于是我能在几年里到处观察它们的传粉方式。虽然，有许多种蜜蜂和熊蜂不断地在植株上方飞翔，但是，我从未见到一只蜜蜂或任何双翅目昆虫寻访这种兰科植物的花朵。在德国，施彭格尔捕到过一个苍蝇，在它的背上附着有这种兰花的花粉块。另一方面，我曾反复见到胡蜂（*Vespa sylvestris*）从张开的杯状唇瓣中吸取花蜜。因此，我了解到传粉工作的完成是由于花粉团黏着在胡蜂的前额而拉出后，被带到另一些花上去的。奥克生登先生也告诉我，一大片紫花火烧兰（*Epipactis purpurata*）（有些植物学家认为它是一个独立的物种，但是，另一些植物学家则认为是一个变种）常常被成群的胡蜂所寻访。值得注意的是，这种火烧兰的甜蜜竟对于任何种类的蜜蜂都没有吸引力。在任何区域如果胡蜂灭绝的话，那么阔叶火烧兰或许也会灭绝。

为了表明火烧兰的花如何有效地传粉，我可以补充一下。一位住在苏赛克斯（Sussex）的朋友，在 1860 年潮湿而寒冷的季节里，检查了 5 个穗状花序，这些花序生有 85 朵开放的花，其中有 53 朵花的花粉块已被运走，剩下 32 朵的花粉块仍留在原处，但是，后者有许多紧靠在花蕾下方，所以，其中大多数花的花粉块，此后几乎一定会被运走。在德文郡地区，我发现一个开有 9 朵花的穗状花序，除一朵外，所有这些花的花粉块都被运走了，但是，在这一朵花里，有一只苍蝇因躯体太小而不能把花粉块运走，就被粘在蕊喙上，不幸死在那里。

H. 米勒博士曾经发表过[①]一些关于兰花构造上和传粉方法上的差异，以及对于介乎红花火烧兰（*Epipactis rubiginosa*）*、小叶火烧兰（*E. microphylla*）和绿花火烧兰（*E. viridiflora*）之间的一些中间类型进行的有意义的观察。后者，亦即绿花火烧兰是以没有蕊喙和通常自花受精而著称。这种植物的自花受精的出现，是当花粉团下部那没有黏性的花粉粒还处在药室中时，就发出穿透柱头的花粉管，这个情况甚至在花蕾中就发生了。然而，这种兰科植物因为它的唇瓣含有花蜜，可能有昆虫去寻访它，所以，偶然也有异花受精的。在花的构造上，小叶火烧兰是介乎始终需要昆虫帮助而受精的火烧兰和无需昆虫帮助而受精的绿花火烧兰之间的中间类型。我们应当把 H. 米勒博士的这篇论文从头到尾仔细地加以研究。

---

① *Verhandl. d. Nat. Ver. f. Westfal.*，25 年刊，3 辑，5 卷，7—36 页。

* 为 *Epipactis atrorubens* 的异名。——译者

裂唇虎舌兰(*Epipogium gmelini*)*——这种植物在英国只发现过一次，罗尔巴赫博士(Dr. Rohrbach)在一篇专门性论文里②详尽地描述过它。它在花的构造和传粉方式上有许多方面很像火烧兰属，因此，这位学者认为它和后者有亲缘关系，虽然，林德利把它放在旭兰族中。罗尔巴赫见过卵腹熊蜂(*Bombus lucorum*)寻访这种兰科植物的花，但是，似乎只有少数产生蒴果。

斑叶兰(*Goodyera repens*)③——就我们所论及的大多数特征来看，这一属与火烧兰属颇有密切的关系。它的盾状蕊喙近于方形，突出于柱头之外；其两边各为由柱头上缘升起的两个斜边所支持，我们将在绶草属(*Spiranthes*)中见到几乎相同的情况。蕊喙突起的表面粗糙，干燥以后可以看出它是由细胞组成；蕊喙柔弱，经轻轻地刺穿以后，它就流出少量乳状而有黏性的流质；蕊喙衬着一层很黏的物质，这层黏性物质暴露于空气中就会迅速凝固。沿着蕊喙的突起表面慢慢地向上方擦去，就很容易把突起表面去掉，这个蕊喙表面带着一片薄膜，在薄膜后部就是花粉块附着之处。支持蕊喙的两个斜边并不同时擦掉，而仍然像个叉子那样向上方突起，不久即枯萎。花药生在一个宽而长的花丝上；花丝两侧有一层薄膜，把花丝联合于柱头边缘，因而形成一个不完全的杯或药床(clinandrum)。药室在花蕾里就已经开裂，而花粉团恰恰在药室顶端之下，以其前方一面附着于蕊喙的背部。最后，花药大大张开，几乎使花粉块裸出，但一部分为膜质杯或药床所保护。每个花粉块部分地纵裂，花粉粒黏合成一些近三角形的束，这些束含着许多复花粉粒，每个复花粉粒由 4 粒花粉组成；这些束被强有力的弹丝连接在一起，这些弹丝的上端又汇合起来形成一个扁平、棕色弹性带，弹性带的截形末端黏着于蕊喙的背面。

球形柱头表面是非常黏的，这是必要的，因为没有这种黏力就不能使连接各花粉束的非常强有力的弹丝断裂。唇瓣稍稍分为两部分，即顶部和基部。顶部(上唇)反折，基部(下唇)杯状，并充满花蜜。花在幼嫩时，唇瓣和蕊喙之间的通道是缢缩的；当花盛开时，蕊柱更向后移而离开唇瓣，使在吻上粘有花粉块的昆虫，更便于进入花中。在我所得到的许多标本中，花粉块均已运走了，蕊喙的叉形支持边已一部分枯萎了。R. B. 汤姆森(Thomson)

---

* 为 *Epipogium aphyllum* 的异名。——译者

② Ueber den Blüthenbau von Epipogium & c., 1866 年；亦请参阅伊尔米施(Inmisch)的 *Beiträge zur Biologie der Orchideen*, 1853 年, 55 页。

③ 我感谢埃尔金(Elgin)的 G. 戈登牧师(Rev. G. Gordon)寄给我这种稀有的高山兰科植物的若干标本。

先生告诉我,他在苏格兰北部见到许多寻访这种斑叶兰花朵的熊蜂[草原熊蜂(*Bombus pratorum*)],其吻上附有花粉团。这种兰花也产于美国,A. 格雷教授确认,我的关于斑叶兰花的构造和传粉方式的记载①也适用于另一种明显不同的兰科植物,即毛斑叶兰(*Goodyera pubescens*)。

斑叶兰属是几个极其不同类型之间的一个重要的连系环节。我所观察过的鸟巢兰族的其他成员,没有一个有如此近似于真正花粉团柄的构造②。奇妙的是,独有这一属的花粉黏合成一些和眉兰族一样的大束。如果这种原始的花粉团柄附着于花粉块下端,且在下端顶部的下面一点,那么,这种兰花的花粉块几乎就和真正红门兰属的花粉块一样。根据蕊喙被倾斜边缘所支持,而这种倾斜边缘,当黏盘运走时便枯萎了,又根据柱头和花药间存在着膜质杯或药床,以及根据若干其他性状来看,我们认为斑叶兰属与绶草属有明显的亲缘关系。就具有宽阔花丝的花药而论,我们看到它与头蕊兰属的关系。除倾斜边缘外,就蕊喙的构造和唇瓣形状来看,斑叶兰属又和火烧兰属相像。斑叶兰属可能给我们展示出一群兰科植物的各种器官的情况,这群兰科植物的大部分今天已经灭绝了,而斑叶兰属所展示的乃是今天仍然生存的诸多子孙的祖先类型。

秋花绶草(*Spiranthes autumnalis*)——它是享有"妇人卷发"美名的一种兰科植物,它有若干有趣的特性③:其蕊喙为长的、薄而平的突出体,这个突出体以倾斜的双肩连接柱头的顶端。在蕊喙中间可以看到一个狭窄的垂直棕色物体(参看图 17,C),其边缘与表面覆盖一层透明的薄膜。这个棕色物体或称它为"船形黏盘",它形成蕊喙后表面的中间部分,由一片狭窄的变形的外膜组成。把它从附着处取下以后,就可以看到其顶端是尖的(图 17,E)、下端是圆的,并稍稍弯曲,因此完全像一只船或独木舟。它的长度大于 0.04 英寸,其宽度则小于0.01 英寸。它几乎是坚硬的,看来像是纤维状的,但实际上是由狭长

---

① *Amer. Journal of Science*,34 卷,1862 年,427 页。我以前认为关于这种兰科植物和绶草属植物是唇瓣从蕊柱移开以便使昆虫更方便地进入花朵;但是格雷教授则确信是蕊柱从唇瓣移开。

② 贝特曼(Bateman)先生寄给我的一个外国产的种二色斑叶兰(*Goodyera discolor*),它的花粉块在构造上更为接近于眉兰族:因为花粉块伸长而成为长的花粉团柄,在形状上就像红门兰的花粉团柄一样,这种兰花的花粉团柄是由一束弹丝组成,附有极小而细薄的花粉粒束,像覆瓦似地一个叠一个地排列着。这两个花粉团柄在近基部处联合在一起,就在基部附着于衬有黏性物质的膜质黏盘。就这些基部的花粉束体积之小和极薄的质地,以及花粉束附着于弹丝的强度来看,我相信花粉束是处于无机能状态;如果真是这样,那么这些花粉块的延长部分乃是真正的花粉团柄。

③ 我很感谢托基(Torquay)的巴特斯比博士(Dr. Brttersby)和贝姆勃赖奇(Bembridge)的 A. G. 莫尔先生,承他们送给我一些标本。随后,我观察了许多正在生长着的植株。

而厚的、部分愈合的细胞组成。

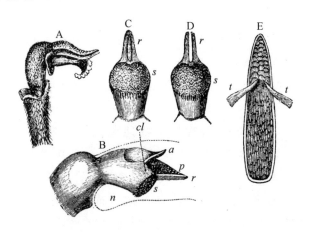

图 17　秋花绶草（*Spiranthes autumnalis*）或"妇人的卷发"

a. 花药；*p*. 花粉团；*t*. 花粉团的弹丝；*cl*. 药床边缘；*r*. 蕊喙；*s*. 柱头；*n*. 花蜜的容器

A. 自然状态花的侧面图，只把下面两片萼片切除了，由具流苏的反折的唇可辨认出唇瓣；

B. 长成的花的放大侧面图，所有的萼片和花瓣都已切除。虚线表示唇瓣和上萼片的位置；

C. 柱头及蕊喙正面图，蕊喙中央镶嵌有船形的黏盘；

D. 柱头及蕊喙除去黏盘以后的正面图；

E. 由蕊喙取出并大大放大了的黏盘的背面图，具附着的花粉团弹丝；花粉粒已由弹丝上除掉。

　　这个以船尾向上竖立着的船形黏盘，充满着浓的、乳状的、非常黏的流质，这种流质一经暴露于空气中，便迅速变成棕色，约在 1 分钟内就变得十分坚硬。一个物体在 4～5 秒钟内会与船完全胶合，当胶合物干时，附着得异常牢固。蕊喙的透明边缘是由薄膜组成，这薄膜在后面附着于船舷后方，在前方折叠起来，形成了蕊喙的前方表面。此折叠的膜几乎像船的甲板一样，覆盖着船中所载的黏质货物。

　　蕊喙前方表面有一条浅沟，纵长地通过船的正中，而且有着异常的敏感性，如果有人用一个针很轻地刺一刺这个沟，或把一根鬃毛沿沟放着，它就立刻沿其全长裂开，并有少许乳状黏性流质流出。这动作并非机械性的，也不是由于单纯的暴力所致。这个裂缝在下方从柱头开始，直贯蕊喙全长，而至蕊喙的顶端，它在顶端叉开，并转到蕊喙背面两侧而围绕船形黏盘的尾部。所以，在这个分裂动作以后，船形黏盘完全分离，但仅仅还嵌在蕊喙叉中。这个分裂的动作看来从未自然地发生过。我用一张网把一株秋花绶草罩起来，等有 5 朵花盛开以后，再罩一个星期，然后我检查了它们的蕊喙，发现没有一个蕊喙是破裂的；而在周围没有覆盖的穗状花序上几乎每一朵花的蕊喙都已破裂，尽管这些花朵才开了 24 小时，然而，它们的确已被昆虫寻访过，而且接触过。把花放在少量氯仿蒸气中熏 2 分钟，也能引起蕊喙破裂。这种情形我们在以后别的一些兰科植物中同样会见到。

当一根刚毛放在蕊喙槽中 2～3 秒钟后，薄膜就开裂，在船形黏盘中的黏性物质（它的位置接近表面，并且确实流出少许）几乎一定使黏盘纵向地胶着于刚毛上，使刚毛与黏盘两者可以一起取下来。当附有花粉块的黏盘被取下以后，曾为某些植物学家描述为两个特殊的叶状突起的蕊喙两边（参看图 17，D）像叉似地屹然突出。这是在花开了一两天而且昆虫曾寻访以后的普通情形。不久，这个叉就枯萎了。

在花蕾期中，船形黏盘背部盖着一层大而圆的细胞，因此，黏盘全然没有成为蕊喙背部的外表面。这些细胞含有微量的黏性物质，它们在靠近黏盘上端处保持不变（在图 17，E 中可以看到），但是，在黏盘上附着花粉块的地方，这些细胞消失了。所以，有一个时期，我断定黏性物质就含在这些细胞里面，当这些细胞破裂时，所含的黏性物质就把花粉块弹丝固着在黏盘上。但是，因为在具有相同附着物的其他各属中，我却没有看到这样细胞的痕迹，因此，这个看法可能是错误的。

柱头位于蕊喙下方，并突出成一个倾斜面（如图 17，B 侧面图所见），柱头下缘是圆的，并缀饰有毛。由柱头边缘至花丝每边伸展有薄膜质物（参看图 17，B，*cl*），这样就形成一个膜质杯或药床，花粉团的下端在药床中被安稳地保护着。

每一个花粉块由 2 个花粉片组成，两个花粉片的上端和下端全然不连，但在其中部、约为花粉块全长的一半处就被弹丝把它们联系在一起了。极其轻微的变化，就会把这两个花粉块变为 4 个独立的团块，正如在原沼兰属（*Malaxis*）以及许多外国产的兰科植物中所看到的那样。每一花粉片由一个两层的、每 4 个合在一起的花粉粒所组成；花粉粒被弹丝所连接；弹丝沿着花粉片的边缘比较多，并在花粉块的顶端集合起来。花粉片很易破碎，如果把它们放到黏性的柱头上就很容易大块大块地碎裂。

早在花朵开放以前，压挤着蕊喙背面的药室已经在上部开裂，因此，包含在药室中的花粉块和船形黏盘背部得以接触。伸出的弹丝，于是牢固地黏着在黏盘背面中部稍稍靠上方的地方。药室随后向下开裂，而其膜质壁收缩，并变为棕色。因此，在花完全开放时，花粉块上部已经完全裸露，它们的基部就安置在由枯萎了的药室所形成的一个小杯中，其侧面为药床所保护着。由于花粉块很松弛，它们是容易被运走的。

这些管状花极巧妙地排列为一个螺旋状的穗状花序,花水平地从花序伸出(参看图 17,A)。唇瓣有伸至中部的槽,并有一个反折的、具流苏的小唇,蜜蜂就降落在这个小唇上;在唇瓣基部的两个内角有两个球形突起,这两个突起分泌着丰富的花蜜。花蜜被集中(参看图 17,B,n)在唇瓣下部的一个小容器中。由于柱头下缘的突起和两个侧生内折的蜜腺突起的存在,使得通到花蜜容器去的入口显得非常狭小。在花初开时,容器中含有花蜜,这时期具有浅沟槽的蕊喙前方很靠近有沟槽的唇瓣;因此,有通道但很狭窄,只能容一根细鬃毛通入。在一两天内,蕊柱从唇瓣稍稍移开,留出一个较宽的通道,便于昆虫把花粉放置在柱头面上。这些花朵的传粉全靠蕊柱这一轻微的移动[①]。

大多数兰科植物的花要连续开一个时期后才有昆虫来寻访,但在绶草属,我通常发现船形黏盘在花开放以后立刻就被运走了。举个例说,在我偶然检查到的最后两个穗状花序,其中一个花序的顶端有很多花蕾,只有最下面的 7 朵花开放,其中 6 朵花的黏盘和花粉块已经被运走了;另一个花序开了 8 朵花,所有花粉块全都被运走了。我们知道,花最初开放时,因为在唇瓣容器中有了花蜜,所以,会吸引昆虫;但是,在这时期,蕊喙非常靠近具沟槽的唇瓣,所以,蜜蜂的吻若不触及蕊喙中间的沟槽就不能通下去。经我用鬃毛反复试验以后,我了解了这个情况。

因此,我们看到每一件东西的设计是何等巧妙,它使昆虫在寻访花朵时一定把花粉块拖出来。花粉块已通过弹丝附着在黏盘上,并且,由于药室早就枯萎,花粉块也就松松地悬着,但还是被保护在药床里。昆虫的吻触动蕊喙,促使蕊喙在前方和后方破裂,并使充满着极黏物质的狭长的船形黏盘和蕊喙分离,于是黏盘一定纵长地黏着于昆虫的吻上。所以,在蜜蜂飞走时,一定会把花粉块运走。因为花粉块是并行地附着于黏盘上,故它们亦并行地黏着于昆虫吻上。在花刚刚开放时,亦即当花粉块最宜于运走时,唇瓣非常靠近蕊喙,以致附在一个昆虫吻上的花粉块不可能强入通道以达柱头,在这种情况下,花粉块要不是翻起来就是断裂了。但是,我们已经知道,蕊柱在两三天后变得更反折而离开唇瓣,于是出现一个较

---

① 承 A. 格雷教授的盛情替我检查生在美国的柔细绶草(*Spiranthes gracilis*)和俯绶草(*Spiranthes cernua*)。他发现与秋绶草在一般构造方面是相同的,同时,他对进入花中的狭小通道感到惊异。此后。他证实了(*Amer. Jour. of Science*,34 页,427 页)我写的关于绶草属各部构造和动作的说明,仅有的例外是,当这些花到成长时,移动的是蕊柱而不是我以前认为的唇瓣。他补充说,对于花的传粉起极重要作用的通道变阔"是那么明显,我们觉得奇怪的是怎么会把它忽略了"。

为宽阔的通道。当我把附着于一根细鬃毛上的花粉块，插入一朵在这种情况下的花的花蜜容器中时（参看图 17，B，n），很有趣地看到花粉卝何等可靠地黏着于有黏性的柱头上。在图 17，B 中我们可以看到，由于柱头的突出，使通到花蜜容器（n）的入口就落在靠近花的下侧；因而，昆虫便会沿着花的下侧插入它们的吻，这样，在花的上部就出现一个宽阔的空间，以便使附着于昆虫吻上的花粉块能进到柱头上，而不致被扫落。柱头明显地突出，所以使花粉块的末端得以击中它。

因此，在绶草属中一朵刚开放的花，最适于花粉块被运走，而不可能自身受粉；正如我们即将看到的，成熟的花将会被另一植株上较幼嫩花的花粉所受精。与这一事实相吻合的是，开了较久的花朵，其柱头面远比较幼花朵的柱头面更黏。虽然如此，早期没有为昆虫寻访过的花朵，在后来花朵更加开放的情况下，花粉不一定会浪费掉；因为在昆虫把吻插入和拔出时，吻向前方或向上方弯曲，这样，往往会撞击蕊喙的沟槽。我用鬃毛仿效过这个动作，常能把花粉块从开久了的花中拖出来。由于最初我选择了开久了的花朵来检查，因此，引起我做这个试验：当我把一根鬃毛或一根纤细草秆，笔直地通入蜜腺容器内时，绝不能取出花粉块，但当刚毛或纤细草秆向前弯时就成功了。花粉块尚未被运走的那些花，比起花粉块已被运走的那些花同样容易受精；并且，我曾看到不少仍然具有本身花粉块的那些花朵的柱头上已经黏有花粉卝了。

在托基，我曾对很多生长在一起的花朵注视约半小时之久，并见到属于两类的 3 只熊蜂寻访这些花朵。我捉到了其中 1 只，并检查了它的吻；发现在吻末端不远处的上方薄片上黏着 2 个完整的花粉块，另外还有 3 个没有花粉的船形黏盘；因此，这只熊蜂已经搬运过 5 朵花的花粉块了，并且可能已经把 3 个花粉块留在其他一些花的柱头上了。第二天，我对同样一些花注视了一刻钟，并捉到了另一只正在工作着的熊蜂；一个完整的花粉块和 4 个船形黏盘一个顶着一个地粘在它的吻上，这就说明蕊喙的同一部分是何等准确地每次被昆虫吻所接触。

蜜蜂总是降落到穗状花序的基部，并且顺着花序螺旋地往上爬，一朵接着一朵，相继吸取花蜜。我相信当熊蜂寻访一个密生花朵的穗状花序时，一般是用这样的方式采蜜的，因为这是最便利的采蜜方法。同一原理，一只啄木鸟在树上寻找昆虫总是往上爬。这似乎是无意义的观察，但是，请看看结果。每当清晨蜜蜂开始巡游时，我们假定它降落在一个花序的顶部，那么它必然会从最上部的、而且是最后开放的一些花取出花粉块,但当它寻访连着的第二朵花时,这朵花的蕊柱多半还没有离开唇瓣(因为这个动作是缓慢的,并且一点一点逐渐进行的),昆虫吻上的花粉团将会被扫落而浪费掉。但自然界不容许那样暴殄天物的。蜜蜂首先飞到最下部的一朵花,它顺着穗状花序螺旋地往上爬,在它到达花序上部的一些花,并把花粉块取出以前,并不影响它所寻访的第一个花序。不久,它飞到另一植株,并降落在最下面的和开得最久的一朵花上,进入到因蕊柱更加反折而形成了宽阔通道的花中,花粉块就能够击中突出的柱头。如果最下的一朵花的柱头已经充分受粉,那么,在干的柱头表面上几乎很少或不会留下花粉,但是在其次紧接着的一朵花上,它的柱头是黏的,大半块花粉将留在柱头上。于是,一俟蜜蜂到达花序的近顶端,就会取出新鲜的花粉块,飞到另一植株的下部各花,使这些花受精。这样,当它进行巡游以增加它的花蜜贮藏时,它继续不断地使那些新鲜的花朵受精,使我们的秋绶草的种族得以永传不绝,同时,秋绶草将生产花蜜以供给蜜蜂未来的子孙后代。

　　绶草(*Spiranthes australis*) *——这个生长在澳大利亚的物种,曾由斐茨杰拉德[①]先生描述过和绘过图。这种兰花的花朵在花序上排列的式样和秋绶草很相像;唇瓣基部具有两个腺体,这一点也和我们的秋绶草极相像。甚至在花蕾中,斐茨杰拉德先生都找不到蕊喙或黏性物质的痕迹,所以,这是一个特殊的事实。他说:花粉块和柱头上缘相接触,并在早期就使花受精。他用玻璃罩保护着一个植株不让昆虫接近,这个植株的能育力并没有表现什么不同;虽然,斐茨杰拉德先生检查了许多花,但他却未看到花粉块有轻微错乱的现象或在柱头面上有一点花粉。因此,我们就有了一个与蜜蜂眉兰同样也是正规地自花受精的物种。无论怎样,还希望确实知道,究竟昆虫有没有去寻访过这些花,想来这些花是分泌花蜜的,因为有蜜腺存在。假如,这些花曾经有昆虫寻访过,那么就应该把所寻访过的昆虫拿来作检查,才能够确定花粉真的没有粘在昆虫身体的一部分上。

　　卵叶对叶兰(*Listera ovata* 或称二叶兰[Tway-blade])——这种兰科植物是整个目**中最奇特的物种之一。它的蕊喙构造和动作曾经是胡克博士[①]在《科学学报》中发表的一篇重要论文的题目,他精细地,当然也正确地描述了它奇妙的构造,然而,胡克博士没有注意到昆虫对于花受精所起

---

　　* 为 *Spiranthes sinensis* 的异名。——译者
　　① *Australian Orchids*,第二部,1876 年
　　** 当时许多学者对 Order(目)的概念相当于现在的科。——译者
　　① *Philosophical Transactions*,1854 年,259 页。

的作用。C.K.施彭格尔十分了解虫媒的重要性,但是,他对于蕊喙的构造和其动作两者都误解了。

　　这种兰花的蕊喙大而薄,换言之即叶状,前方凸而后方凹,尖端两边凹陷,拱盖于柱头面之上(参看图 18,A,*r*,*s*)。蕊喙内部被纵长隔膜分成一系列的小室,这些小室含有黏性物质,并有骤然排出黏性物质的能力。这些小室呈现出原来细胞构造的痕迹。与对叶兰有密切亲缘关系的鸟巢兰也有这种构造,除此之外,在其他属中我未曾见过。花药位于蕊喙后方,为蕊柱顶端的一个宽阔扩展部分所保护,花药在花蕾中就已开裂。当花充分开放时,花粉块已完全分离,后方有药室支持着,前方靠在蕊喙凹陷的背部,其上尖端是安置在蕊喙的冠上。每个花粉块差不多分成两块。花粉粒照寻常的方

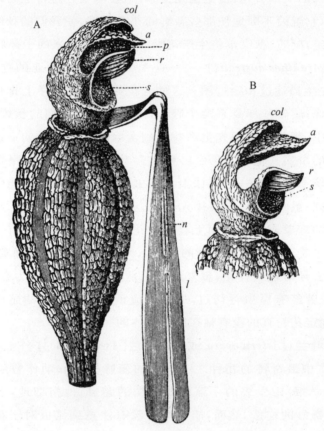

图 18　卵叶对叶兰(*Listera ovata*)或称二叶兰。(部分根据胡克的图复制)

　　col. 蕊柱顶端;*a*. 花药;*p*. 花粉;*r*. 蕊喙;*s*. 柱头;*l*. 唇瓣;*n*. 花蜜分泌槽

　A. 花的侧面观,除唇瓣外所有萼片和花瓣均已切除;B. 同上,花粉块已移走,在黏性物质排
　　出后蕊喙向下弯了。

式由几根弹丝把它们联系在一起，但是，这些弹丝很脆弱，因此，大的花粉团可以容易地碎裂开。花若开得很久了，花粉便变得更易破碎开。如图 18 中所示，唇瓣极其狭长，具狭窄的基部而向下弯；在二裂部分之上的上半部沿着正中有一条沟槽；从这条沟槽的边缘分泌丰盛的花蜜。

花一经开放后，即使很轻微地碰触，蕊喙鸡冠状小褶就会立刻排出一大滴黏液。正如胡克博士曾经指出，这一大滴黏液是由蕊喙鸡冠状小褶中央的两边两个凹陷处排出来的两滴黏液并合而成。保存在稀酒精中的一些标本，给这一事实提供了极好的证明。这些标本中蕊喙鸡冠状小褶看来曾经缓慢地排出黏性物质，它已经形成了两颗变为坚硬物质的、分开的小圆珠，附着在花粉块上。这种黏液起初近于不透明并为乳状，但经暴露在空气中不到 1 秒钟后，表面就有一层膜，两三秒钟内，整滴黏液便凝固并呈紫棕色。蕊喙非常敏感，即使是触以极细的头发也足以使蕊喙鸡冠状小褶爆裂。这种爆裂能在水中发生。把它放在氯仿气体中约 1 分钟，亦能使它爆裂；但是，代之以乙醚气体，尽管一朵花在浓度大的气体中熏了 5 分钟，而另一朵则熏了 20 分钟也不起作用。此后，再触动这两朵花的蕊喙时它们照常爆裂，它们的敏感性，在上述两种情况下并没有失掉。在黏液未凝固以前，把它压在两块玻璃片之间，可以见到它是没有结构的，但是，它有网状的外貌，这大概是由于一种较浓的液体滴入一种较稀的液体中所引起的。由于花粉块的尖端位于蕊喙鸡冠状小褶之上，所以尖端总是为爆裂的液滴黏住。我没有一次见到不是这样的。爆裂是那么快，黏液是那么黏，以致我们用一根针去接触蕊喙，不论动作怎样迅速，要想不带出花粉块那是困难的。因此，如果有人拿了一束花回家，几乎肯定会有一些萼片或花瓣触及蕊喙，而把花粉块拖了出来。这给人一种假象，以为花粉块被投射出很远。

当药室已经开裂，而且裸露的花粉块已经靠在蕊喙的凹陷背部之后，蕊喙向前方稍弯，花药亦可能向后方稍稍移动。这种移动是极其重要的。因为，如果不发生这种移动的话，里面有花粉块的花药末端就会被爆裂的黏质黏住，花粉块会被永久地封闭在花药里面而变为无用。有一次我发现一朵受损伤的花，这朵花曾受到过压力，并在盛开以前就已爆裂，因而包藏有花粉团的花药，永远被胶着于蕊喙鸡冠状小褶上。蕊喙自然地稍为拱盖在柱头上方，在蕊喙鸡冠状小褶爆裂的顷刻就迅速地向前下方弯曲，致使蕊喙和柱头表面成一直角（参看图 18，B）。如果引起蕊喙鸡冠状小褶爆裂的接触物体，没有把花粉块运走的话，花粉块就变为固定在蕊喙上,同时,由于蕊喙向前下方弯曲这种动作使花粉块被稍稍向前牵引。假如用一根针使花粉块下端和药室分离,那时花粉块便弹了起来,但它们并不因此而被安置在柱头上。在若干小时或一天内,蕊喙不但慢慢地恢复它原来稍稍拱形的位置,而且变为十分端正地与柱头面并行。蕊喙的这一向后动作是有作用的,因为在蕊喙鸡冠状小褶爆裂以后,如果永远呈一直角向前突出于柱头之上,昆虫便不容易把花粉放在柱头的黏性表面上。一旦蕊喙被一物体迅速地触动,其速度快得没有把花粉块运走,那么,正如我方才已经说过的一样,花粉块被稍向前方牵引,但是,由于蕊喙接着向后移动,花粉块又被推回到它们原来的位置。

就现在所作的记载来看,我们能够可靠地推论这种兰科植物是怎样进行传粉的:小小的昆虫为了唇瓣上所分泌的花蜜而落到唇瓣上来。当它们舔食花蜜时,它们慢慢地沿着唇瓣狭窄的表面往上爬,直至它们的头正好处在拱形蕊喙鸡冠状小褶的下方。这时,昆虫一抬头,便接触着蕊喙鸡冠状小褶,于是蕊喙鸡冠状小褶就爆裂,花粉块便立刻牢固地胶着于昆虫头上。等到昆虫飞走时,它就把花粉块拖了出来,运到另一朵花上去,并把几块容易破碎的花粉留在黏的柱头上。

为了证实我所确信的事情会发生起见,我有3次仔细观察了一群植物达一小时之久,每次我都见到属于两种小的膜翅目的许多昆虫——一种为 *Haemiteles* 而另一种为姬蜂(*Cryptus*)在这些植物的四周飞行,并舐吮花蜜,大多数花朵已经一再被昆虫寻访过,它们的花粉块已经被运走了;最后,我看到这两种昆虫爬进较幼嫩的花朵里面,并突然退了出来,在它们前额上黏着一对鲜黄色的花粉块。我把它们捉住,发现花粉块的附着点是在昆虫眼睛的内缘上;在一个昆虫标本的另一只眼睛上也发现了一个坚硬的黏性物质球,这表明这个昆虫在此以前已运走了另一对花粉块,大概随后又把它们留在一朵花的柱头上了。因为这些昆虫被我捉住了,因此未能目击其传粉的动作。但是,施彭格尔见过一只膜翅目昆虫,把粘在身上的花粉团留在柱头上了。我的儿子仔细观察了另一片生长在几英里以外的这种兰科植物,并替我捉回来附有花粉块的与上述同种的膜翅目昆虫,此外,他还见到过双翅目昆虫亦寻访这种花。在这些植物上粘了一些蜘蛛网,这使我的儿子很惊讶,好像蜘蛛亦知道对叶兰对于昆虫有何等强烈的吸引力。

为了表明微弱到怎样程度的接触动作就足以使蕊喙鸡冠状小褶爆裂,我可以说一下我的发现——一只极小的膜翅目昆虫,因为它的头被变硬的黏性物质胶着在蕊喙鸡冠状小褶上和花粉块的顶端,它正在为企图逃逸而作徒然的挣扎。这只昆虫不及一个花粉块大，它惹起了蕊喙鸡冠状小褶爆裂之后，没有足够力量把花粉块运走，于是，它因不量力而为受到责罚，乃至不幸丧命。

在绶草属里，幼小花朵的花粉块最适于被运走而花朵不可能受精。它们必须保持处女状态，直到它们稍老一些以及蕊柱已经离开唇瓣的时候为止。这里是以截然不同的方法达到上述同样的目的。凡是开的时间已久的一些花朵，其柱头都比较幼一些花朵的柱头更具黏性。这些幼小花朵的花粉块随时可以让昆虫运走；但紧随着爆裂，蕊喙就向前下方弯曲，这样，就可以暂时保护柱头，但它慢慢地又复变直。此时，成熟的柱头就完全暴露在外面，随时可以受粉了。

我希望知道，如果蕊喙不被接触的话，蕊喙鸡冠状小褶是否会爆裂，不过，我发现对这一点很难确定，因为，这些花朵对于昆虫有高度的吸引力，而且，几乎不可能摒绝一些很微小的昆虫而不让它们到蕊喙上来，而这些微小昆虫的接触，也足可以使蕊喙鸡冠状小褶爆裂。我用一张网把几棵植株覆盖起来，直到周围一些植株都已结了蒴果，才把网撤掉。在大多数被覆盖了的花朵里，虽然，它们的柱头已经枯萎，而且花粉块已经生霉，不堪运走，而蕊喙鸡冠状小褶并没有爆裂。当然，少数几朵老成的花，经猛烈的碰触，还能轻微地爆裂。处在网下的其他花朵已经爆裂，而且它们的花粉块末端固着于蕊喙鸡冠状小褶上，但是，不能确定这些蕊喙究竟有没有被某种微小昆虫接触过，抑或为它们自己天然地爆裂的。应当注意的是，我虽然仔细地观察过，但无论在哪朵花的柱头上都没有发现一粒花粉，并且，它们的子房也没有膨大。第二年，我再用网把几个植株罩起来，发现在 4 天左右蕊喙就失去它爆裂的力量，蕊喙腔中的黏性物质已经变为棕色。那时期天气异常热，这大概促进了这个变化的过程。4 天以后，花粉已经变得毫无黏性，有一些已经落到柱头的两个角落上，甚至整个柱头表面上，这时，柱头表面已经有花粉管穿进了。但是，花粉的散布多半借助于或许全然取决于蓟马（*Thrips*）的存在，这类昆虫非常微小，网也不能阻止它们，而且，它们在花上很常见。所以，如果不让能飞的昆虫接近这种植物的话，那么它们偶然也能自花受精。但是，我有种种理由相信，这种情形在自然状态下是很少发生的。

下列事实可以表明昆虫有效地承担异花传粉的工作：在一个具有许多还未开放的花蕾的幼嫩花序上部，有 7 朵花的花粉块还保留着，但是，下部 10 朵花的花粉块已被运走了；而且，在 6 朵花的柱头上已有了花粉。在两个穗状花序上合起来看，下部有 27 朵花的花粉块都已运走了，并且在它们的柱头上有了花粉；挨着它们的有 5 朵开放的花的花粉块没有运走，且在它们柱头上没有一点花粉；再接着是 18 个花蕾。最后，在一个比较老的、具有 44 朵完全开放的花的花序上，每一朵花的花粉块都已被运走，并且，我检查了所有柱头，在这些柱头上普遍留有大量花粉。

我想扼要地重述一下这种植物对传粉的几个特殊适应性。药室早期开裂，留下分离的花粉团，花粉团为蕊柱顶部所保护，它们以顶端安置在凹的蕊喙鸡冠状小褶上。后来蕊喙慢慢地弯向柱头面之上，这样，爆裂的蕊喙鸡冠状小褶离药室顶端便有一段小的距离。这是十分必要的，否则，药室顶端将会被蕊喙的黏性物质胶住，而使花粉永远封锁在药室中。蕊喙弯向柱头上面，以及弯向唇瓣基部上面，是巧妙地适应于这样一个情况，亦即使得昆虫在顺着唇瓣爬上来，舐完最后一点花蜜，把头抬起来的时候，便于撞着蕊喙鸡冠状小褶。据 C. K. 施彭格尔说，在蕊喙下方唇瓣和蕊柱连接的地方变窄了，所以，不必担忧昆虫会过分偏于一边而不撞着蕊喙。蕊喙鸡冠状小褶非常敏感，一只很微小昆虫的碰触，就能促使它在两处破裂，并立刻排出两滴黏性流质，这两滴流质随即结合为一滴。这种黏性流质以惊人的速度凝固，通常能把正好靠在蕊喙鸡冠状小褶上的花粉块末端，黏着于来碰触的昆虫的前额上。蕊喙一经爆裂，它就迅速地向下方弯曲，这样它就向前突出，而以 90° 的直角位于柱头之上，保护柱头以免早期受粉，正如绶草属植物幼嫩花朵的柱头，靠唇瓣抱住蕊柱来保护它，以免早期受粉一样。但是，因为绶草属植物的蕊柱，不久以后离开唇瓣，使花粉块的进入有一个自由的通道，所以，在这里蕊喙是向后移动，它不但恢复到以前的拱形位置，并且直立，而使此时变为更黏的柱头表面，完全无阻碍地接受落在它上面的花粉。花粉团一经胶着于昆虫的前额，就一直附着在那里，直到与成熟花的柱头相接触为止。后来，由于把花粉粒连接在一起的细弱弹丝的破裂，就把这些累赘扔掉了，与此同时花朵也受精了。

心叶对叶兰（*Listera cordata*）——承阿伯丁（Aberdeen）地方的迪基（Dickie）教授的厚意，寄给我两束稍嫌太老一些的心叶对叶兰的标本。它们的花的构造基本上与前一物种相同。蕊喙腔十分明显。有两三个被毛的小点在蕊喙鸡冠状小褶中部突出来，但是我不知道，这些小突起在机能上究竟有什么重要性。唇瓣基部有两个裂片（在卵叶对叶兰中可以看到这两个裂片的痕迹），裂片在唇瓣每边向上弯；这两个裂片迫使昆虫由正前方接近蕊喙。在这些标本的花中，有两朵花的花粉块牢固地胶着于蕊喙鸡冠状小褶上;但是,在几乎所有其余的花中,花粉块早就被昆虫运走了。

翌年,迪基教授观察了活植物的花。他告诉我,当花粉成熟时,蕊喙鸡冠状小褶指向唇瓣,这样,只要一接触,黏性物质便立即爆出,花粉块就附着于来接触的物体上。蕊喙爆裂之后就向下方弯曲,从而保护着处女般的柱头表面;随后,蕊喙上升,使柱头暴露。因此,这里的一切事情,正如我在卵叶对叶兰曾经描述过的一样依次发生着。这种花常常为小小的双翅目和膜翅目昆虫所寻访。

鸟巢兰(*Neottia nidus-avis*)——关于鸟巢兰我作了许多观察[①],但这些观察不值得叙述,因为各部分的作用和构造与卵叶对叶兰及心叶对叶兰几乎完全相同。在蕊喙鸡冠状小褶上约有 6 个细小粗糙不平的点,好像它们对于接触特别敏感,从而引起黏性物质的排出。若把蕊喙放在乙醚的蒸气中熏 20 分钟,再触动时,并不妨碍这个动作。唇瓣分泌丰富的花蜜,我叙述这点只是作为一种提醒,因为在一个寒冷、潮湿的季节中,我观察几次,但是没有能见到一滴花蜜,唇瓣似乎缺乏对昆虫的任何吸引力,这点使我感到困惑。然而,如果我能更坚持地观察它,或许会发现一些花蜜。

鸟巢兰的花朵一定是任意由昆虫寻访的,因为在一个巨大穗状花序上,所有花朵的花粉块都已被运走了。奥克生登先生由南肯特寄给我另一个非常好的花序,生有 41 朵花,而且,它结了 27 个大的有种子的蒴果,还不包括一些较小的蒴果。利浦斯塔特(Lippstadt)地方的 H. 米勒博士告诉我,他曾看到过双翅目昆虫吸取花蜜并运走花粉块。

鸟巢兰的花粉团与对叶兰属的相似,也是由复花粉粒组成的,这些复花粉粒由少数细弱的弹丝连接起来,所不同者在于鸟巢兰的花粉团很不黏合,几天以后它们膨大并悬于蕊喙的边缘和顶端之上。所以,如果一朵老一些的花的蕊喙被碰触且引起了爆裂,则花粉团不会像对叶兰那样,以其顶端黏着接触物而被干净地带走。因此,好些易碎的花粉常常被遗留在药室里,似乎被浪费掉了。我用一张网把几棵植株保护起来,以免它们和飞翔的昆虫接触,4 天以后,蕊喙几乎已经失去它们的敏感性和爆裂能力。花粉已经变得非常不黏,并且所有花朵的许多花粉已经落在柱头上,柱头已被花粉管穿透了。花粉的散布,看来一部分是因为有蓟马的缘故,很多这种微小的昆虫,在花上爬来爬去,把花粉撒满了花朵。被网覆盖的

---

① 这种不自然而又有病态的植物一般被假定为寄生于树根上,在树荫下生长着;但是根据伊尔米施(Irmishch)(*Beiträge zur Biologie und Morphologie der Orchideen*,1853 年,25 页)的意见,这种情况是不确实的。

花朵产生丰富的蒴果，但是，有许多较它邻近未被网覆盖的那些植株的蒴果要小得多，所含种子也少些。

如果由于唇瓣更往上翘起，昆虫就不得不擦着花药和柱头，那么，只要花粉变为易碎，它们总是会涂满花粉的，因此，就会使花朵有效的受精，而无需借助于蕊喙的爆裂。这个结论引起了我的兴趣，因为我以前检查过头蕊兰属，发现它的蕊喙不发达，它的唇瓣翘起以及它的花粉容易破碎。我曾思索过，从火烧兰属类似结构的花的花粉状态——它们的花粉块附着于十分发达的蕊喙上——到现在头蕊兰属的情况已经起了怎样的转变，而这转变的各个阶梯对植物又是有利的。鸟巢兰给我们表明这样一个转变是怎样实现了的。现在这种兰科植物的受精，主要借蕊喙爆裂的方法，然而这种方法只有在花粉保持块状的时候才会有效地起作用。但是，我们知道，在花朵长得老成时，花粉膨大变为容易破碎，那时，往往落下或被爬行的微小昆虫把它运到柱头上。假如较大些昆虫不去寻访这种植物的花，那么，这一方法就保证了自花受精。况且，这样的花粉是容易黏着于任何物体上的，所以，借助以下的步骤，只要稍稍改变一下花的形状，它已经比对叶兰属更不张开，也就是更易成管状，以及花粉在更早时期变为容易破碎，则花朵受精会变得愈加容易而不必靠爆裂的蕊喙的帮助。最后，蕊喙将成为多余的了。那么，根据不起作用的各个部分倾向于消失——它的种种缘由，我在别处曾竭力说明过[1]——的原则，这样的现象也会发生于本种花朵的蕊喙。那么，就头蕊兰属的传粉方式来看，我们应当把它看作是一个新的物种，但是在一般构造上，它和鸟巢兰属以及叶兰属有密切的亲缘关系。

斐茨杰拉德先生在他著的《澳洲兰科植物》一书的绪论中说，**肉色始花兰**（*Thelymitra carnea*）——鸟巢兰族的一个物种——总是靠不具黏性的花粉落到自己的柱头上来受精的。虽然如此，它具有发黏的蕊喙，以及别的适合于异花受精的构造。它的花很少开放，而且在花本身受精以前，从不开放，所以，它倾向于闭花受精（cleistogenae condition）。根据斐茨杰拉德的观察，**长叶始花兰**（*Thelymitra longifolia*）亦是在花蕾中自花受精的，但在晴朗的日子里，它的花开放约一小时，因此，异花受精至少是可能的。另一方面，和本属有亲缘关系的双尾兰属（*Diuris*）的一些物种据说完全靠昆虫受精。

---

① *Variation of Animals and Plants under Domestication*，2 版，2 卷，309 页。

第五章　沼兰族和树兰族

Chapter V　Malaxeae and Epidendreae

北沼兰（*Malaxis paludosa*）——尾萼兰属（*Masdevallia*），奇妙的闭合花——石豆兰属（*Bolbophyllum*），唇瓣每经一阵微风便不断地摇动——石斛属（*Dendrobium*），自花受精的装置——卡特兰属（*Cattleya*），简单的传粉方式——树兰属（*Epidendrum*）——自花受精的树兰族（Epidendreae）

　　我现在已经完成了在不列颠见到的 15 属兰科植物的传粉方式的描述，根据林德利的分类，它们属于眉兰族、旭兰族和鸟巢兰族。同时，我根据本书第一版出版以来的一些观察增补了属于这三族的几个外国属的简短记载。我们现在要转到几个大的外国产的族，即沼兰族（Malaxeae）、树兰族（Epidendreae）和万代兰族（Vandeae），它们是那么奇妙地装饰着热带森林。我检查上述三个类型的主要目的是想确定究竟它们的花朵是否按着一般方式借助于昆虫从另一植株运来花粉进行受精的。我也希望知道花粉块被昆虫移走以后，是否也经过如我所发现的奇妙的俯降动作，使它们在被昆虫运走时，被置于击中柱头面的合适位置。

　　承许多朋友和不相识者的厚意[1]，使我能多检查若干兰科植物的新鲜花朵，它们至少属于 50 个外来属，分隶于上述三个大族中的几个亚族。我的目的并不想描述所有这些属的传粉方式，只在于选择几个奇妙的事例以说明我以前的一些记述。适于促进异花交配的装置之多样性看来是无穷尽的。

◀ 北沼兰。

　　① 我特别感谢胡克博士，他每每给我非常宝贵的意见，并且还从不厌烦地从皇家植物园（邱园）寄给我一些标本。

　　J. 小维奇先生（James Veitch, jun.）曾慷慨地给我许多美丽的兰科植物，其中有些是特别有用的。R. 帕克（R. Parker）先生也寄给我许多非常宝贵的类型。D. 内维尔（Dorothy Nevill）夫人特别盛意地把她收集的大批兰科植物供我使用。万兹瓦茨（Wandsworth）西山的拉克（Rucker）先生先后几次寄给我一些龙须兰属（Catasetum）的大穗状花序、一种极其有价值的旋柱兰属（Mormodes）的标本以及一些石斛属的标本。七橡树地方（Sevenoaks）罗杰斯（Rodgers）先生曾经供给我有意义的报道。由于对兰科植物出色的工作而享有盛名的贝特曼（Bateman）先生也寄给我许多有趣的类型，包括一个奇异的物种长距武夷兰（Angraecum sesquipedale）。我很感激唐恩（Down）的特恩布尔（Turnbull）先生，因为他允许我随便使用他的温室，并给我若干有趣的兰科植物标本，我还要感谢他的园丁霍伍德（Horwood）先生，因为在我进行一些观察时，他给我以帮助。

　　奥利弗（Oliver）教授曾以其丰富的学识亲切地帮助我，并提醒我注意几篇文章。最后，林德利博士曾寄给我一些新鲜的和干的标本，并极亲切地由各方面帮助我。

　　对这些先生的不厌烦的、慷慨的帮助，谨致衷心的感谢。

沼兰族(Malaxeae)

北沼兰(*Malaxis paludosa*)——这种稀少的兰科植物①在我国是这一族中唯一的代表,而且是所有不列颠种类中最小的一个物种。它的唇瓣朝上②而不是向下,因此,它就不能像大多数别的兰科植物那样,给昆虫提供一个降落台。唇瓣下缘抱着蕊柱,使通入花中的入口成为管状。就唇瓣位置看来,它部分地保护着结实器官(图19)。在大多数兰科植物中,上萼片和两片上花瓣是起保护作用的,但在这里,这两片花瓣和所有萼片都是反折的(参看图19,A),看来是允许昆虫随便从哪个方向寻访花朵。唇瓣的位置更值得注意,因为从子房螺旋状扭转表明唇瓣获得这样的位置是有作用的。在一切兰科植物中,唇瓣本来是朝上的,但是,由于子房的扭转,使唇瓣的通常的位置在花的下方。但是,在沼兰族中,子房扭转的程度已经使花朵取得了子房完全没有扭转时花朵所处的位置,也是成熟子房通过一个逐渐不扭转的过程后来所取得的位置。

当解剖微小的花朵时,可以见到蕊柱是纵的三深裂,蕊柱上半部的中间部分(参看图19,B)是蕊喙。蕊柱下部的上缘突出而和蕊喙的基部连生,形成一个相当深的褶,此褶即柱头之穴,它可与背心上的口袋相比。我见过末端宽阔的花粉团,被昆虫推入这个袋中,而且一束花粉管已从这里穿入柱头的组织。

直接位于柱头穴上面的蕊喙是一个苍白色高高的膜质突起,它由方形细胞组成,并且覆盖有一层薄薄的黏性物质,蕊喙后部微凹,它的鸡冠状小褶上有一小块舌状黏质团。蕊柱上方具狭的袋状柱头和蕊喙,在蕊柱后面两侧与一个绿色膜质伸展物体连生,此伸展物体外面是凸的,里面是凹的,两边的顶部是尖的且稍稍高出于蕊喙鸡冠状小褶之上。这两个

---

① 我很感激苏赛克斯的哈特费尔德(Hartfield)的沃利士(Wallis)先生,因为他给我这种兰科植物的许多新鲜标本。

② 我相信 J. 史密斯(J. Smith)爵士是第一个在 *Englislh Flora*,1828 年,4 卷,47 页上介绍这一事实的。如木刻图(参看图19,A)所示:靠近穗状花序顶端处,花的下方萼片不是下垂而是几成直角地伸出。花未必像这里所表现的那样完全扭转。

膜质伸展物体周围环绕着（参看图 19 之背面，C 和 D）花丝或花药的基部且与其连生，从而，形成了位于蕊喙后方的一个杯状药床。这一药床的作用是在两侧保护花粉团。当我必须讨论各个不同部分的同源性时，螺纹导管（spiral vessels）的路线将表示这两个膜质伸展物体是由内轮上两个花药的上部构成的，这两个花药处于不发育状态，但是起这种特殊作用。

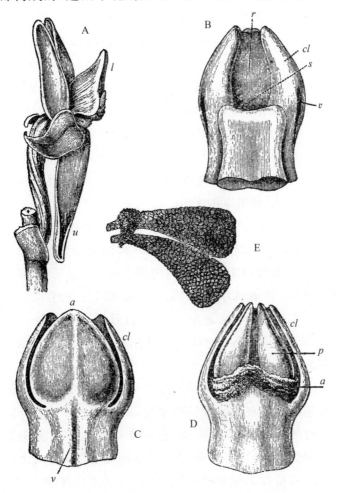

图 19　北沼兰（*Malaxis paludosa*）
（部分根据鲍威的图复制，但依照活标本加以修改）
a. 花药；*v*. 螺旋导管；*p*. 花粉；*cl*. 药床；*r*. 蕊喙；*l*. 唇瓣；
s. 柱头；*u*. 萼片，它在大多数兰花中位于花上方
A. 整个花之侧面图，唇瓣按其自然状态而位于上方；B. 蕊柱之正面图，示蕊喙、袋状柱头和药床的前面两侧部分；C. 花蕾中蕊柱之背面图，显示包含隐约可见的梨形花粉块和药床的后缘；D. 已开花朵中蕊柱的背面图，此时花药已收缩和枯萎，露出了花粉块；E. 两个花粉块附着在被酒精硬化了的横卧的黏性物质小团块上。

在花开放以前,在蕊喙鸡冠状小褶上可以见到一小块或一小滴黏液,更正确地说是悬在它的前方表面。在花开了短暂时间以后,这滴黏液收缩起来变得更黏了。其化学性质和大多数兰科植物的黏性物质不同,因为即使完全暴露于空气中,它还保持许多天的液汁状态。从这些事实我推论:这种黏液是从蕊喙鸡冠状小褶流出来的。但是幸亏我检查了与这个物种有密切亲缘关系的一个印度产的类型,即热氏沼兰(*Microstylis rhedii*)*(胡克博士由邱园寄给我的),在这一植物的花开放以前,花中有类似的一滴黏质;但是,在我解剖一个更幼嫩的花蕾时,我发觉一个微小、整齐、舌状的突起位于蕊喙鸡冠状小褶之上,它由多数细胞组成,这些细胞经过轻微搅动以后,自身就溶为一滴黏性物质。并且,也就在这个时期,介于蕊喙鸡冠状小褶和袋状柱头之间的整个蕊喙的前方表面被覆有一些细胞,这些细胞充满着类似的棕色黏性物质。因此,毫无疑问,如果我检查过沼兰属的相当幼嫩的花蕾,我一定能在蕊喙冠上找到一个类似的、微小的、舌状的、细胞组成的突起。

在蕾期,花药已敞开,以后,花药就皱缩并向下收缩,以致当花充分开放时,它的花粉块完全裸露,只有花粉块的宽阔下端例外,因为它安置在由皱缩的药室所形成的两个小杯中。把图19,D 和表示花药在花蕾中状态的图 C 作一比较,就表现出花药的这种收缩了。花粉块很尖的上端是靠在蕊喙鸡冠状小褶上,但又突出于蕊喙鸡冠状小褶之外;在蕾期,花粉块尖端没有附着于蕊喙鸡冠状小褶上,但在花开放时,花粉块尖端经常被胶着在黏质滴的后面,它的前表面微微突出于蕊喙面之外。由于我让若干花蕾在我的房间里开放,使我弄清了花粉块尖端之被蕊喙胶着是没有任何机械力的帮助的。图19,E 正确地显示了用一根针把花粉块取出来保存在酒精中时所表现的那种状态(但不完全是它们自然的状态),在酒精中,不规则的黏质小块已经变硬而且牢固地黏着于花粉块的末端。

花粉块由两对很薄的蜡质花粉片组成,而这4片花粉片是由绝对不分开的有棱角的复合花粉粒组成。因为花粉块除了只在它们顶端黏着于黏液和它们的基部安置在皱缩的药室中而外,几乎是松散的,而且因为花瓣和萼片强烈反折,所以,如果在蕊柱两边没有膜质伸展物体所形成的药床使花粉块安稳地躺卧在那里的话,那么,当花完全开放时,花粉块就会很容易被风吹掉或者失去它们的正常位置。

---

* 为 *Malaxis rheedii* 的异名。——译者

当昆虫把它的吻或头伸入介于直立的唇瓣和蕊喙之间狭窄间隙中去的时候，必然会接触到小而突出的黏性物质块，并且，一旦它飞开时，它就会把花粉块拖出来。我用任何小物体插入介于唇瓣和蕊喙中间那管状部分去，很容易地模仿了这一动作。在昆虫寻访另一朵花时，被它带去的很薄的花粉䒷并行地附着于它的吻上或头上，而把花粉䒷的宽阔的最前端强制推入袋状柱头中。我发现这种位置的花粉块胶着于蕊喙膜质伸展物体上部，并有很多花粉管穿入柱头组织中。在这属和小柱兰属（*Microstylis*）*，涂在蕊喙表面上的一层薄的黏性物质，对于把花粉由一朵花运输到另一朵花是不起作用的；而其作用似乎是当花粉䒷的下端已经被昆虫插入穴中之后，使花粉䒷固定在狭窄的柱头穴中。就同源的观点看来，这一事实是很有趣的，因为，以后我们将见到，蕊喙的黏性物质的原始性质是大多数兰花柱头的分泌物所共有的性质。就是说，花粉不论怎样被放置在柱头上都保持在那里不掉。

原沼兰属植物的花虽然那么小而不显著，但是它们对昆虫有高度吸引力。这点表现在我所检查过的穗状花序上所有花朵的花粉块，除了紧接在花蕾下的一两朵花的花粉块以外，都已经为昆虫运走了。在花已开久了的一些穗状花序上，每一个花粉块都被运走了。有时，昆虫只运走两对花粉块中的一对。我看到过一朵花的所有 4 个花粉䒷仍留在原处，而在柱头穴中有一个花粉䒷，很清楚，这一片花粉䒷一定是由某一只昆虫运来的。在许多别的花的柱头中也看到有花粉䒷。这一植株产生丰富的种子，在花序下面 21 朵花中的 13 朵已经结成了大的蒴果。

现在让我们来谈一些外来属。**肋茎兰**（*Pleurothallis prolifera*）和**舌唇肋茎兰**［*Pl. ligulata*（?）］的花粉块有一个微小的花粉团柄，要迫使黏性物质由蕊喙下面通入花药中需要机械的帮助，这样就使黏性物质胶着花粉团柄而把花粉块运走。与此相反，在我们不列颠产的原沼兰属植物和印度产的热氏沼兰的花里，微小的舌状蕊喙的上表面变黏和黏住花粉块，均不需任何机械的帮助。**微柱兰**（*Stelis racemiflora*）的情形看来是一样的，但是，它的花朵不好检查。我之所以提到后者的花，部分是因为在邱园温室中有某种昆虫已经把大多数的花粉块运走了，同时，留下一些花粉块黏着于侧生的柱头上。这些奇妙的小花敞开着，而且十分显露，但是，过了一个时期以后，3 片萼片完全严密地合拢在一起，以致几乎不可能区

---

　　*　为 *Malaxis*（原沼兰属）的异名。——译者

别一朵老的花与一个蕾，但是，使我惊奇的是，当这些合拢的花朵一经浸入水中之后，它们又都全开放了。

图 20　窗花尾萼兰

（*Masdevallia fenestrata*）

黑色阴影表示近侧面

的窗户。*n*. 蜜腺体

与上述的一个物种有亲缘关系的**窗花尾萼兰**（***Masdevallia fenestrata***）生有一种离奇的花朵。它的 3 片萼片不像微桂兰属（*Stelis*）那样在花开了一个时期以后才闭合，而是黏合在一起从不开放。两个微小的、侧生的、广椭圆形的窗户（故有窗花之称）面对面高高地位于花上供作唯一的入口，但是，这两个小小的窗户之存在（图 20）显示出这种兰花此时何等需要昆虫去寻访，正如大多数其他兰科植物需要昆虫寻访一样。我不了解昆虫如何对其受精起作用。在由合拢来的萼片所形成宽阔而黑暗的小室的底部竖立着一个微小的蕊柱，在蕊柱前方为有沟槽的唇瓣，唇瓣具高度能曲折的铰链，在两侧有两片上花瓣，这样就形成一个小管。所以，当一只微小的昆虫进入花朵，或者不太可能是微小昆虫而是一只大一些的昆虫把它的吻从这两个窗户的任何一个插进花里去时，为了达到花底部的蜜腺体，昆虫必须用它的触觉寻找花的内管。在由蕊柱、唇瓣和两片侧花瓣所形成的小管中，一个宽阔而有铰链的蕊喙成直角地伸出，它能够容易地往上翻起。蕊喙的下表面是黏的，但是，这黏性物质不久便凝固而变干。突出于药室外的、微小的花粉团柄是靠在蕊喙那膜质的上表面基部。柱头穴在成熟时不很深。我把这种兰花的萼片切去以后，用一根鬃毛伸入管状的花中，企图把花粉块取出来，然而徒劳无益；但是借助于一根弯针，不用费很大气力就能伸入花中。花的整个构造似乎是故意不让它容易受粉的，这也就证明我们并不了解花的构造。在邱园温室中曾有某种小昆虫进入这个物种的一朵花中，因为在花中近基部处产有许多卵。

关于**石豆兰属**（***Bolbophyllum***），我检查了 4 个物种的奇妙的小花，我不打算对它们进行详细描述。在铜色石豆兰（*B. cupreum*）和东非石豆兰（*B. cocoinum*）蕊喙的上下表面自身溶解为黏性物质，这种黏性物质必须由昆虫强制使它向上进入花药中，以便使昆虫获得花粉块。我容易地实施了这个动作，用一根针通入由于唇瓣的位置而形成管状的花中，接着拖出了花粉块。在多根石豆兰（*B. rhizophorae*），当花成熟时药室向后移动，留下两个完全裸露的花粉团，黏着于蕊喙上表面。两个花粉团被黏性物质连接在一起，根据鬃毛的动作来推断，两个花粉团总是一起被运走的。柱头穴很深,有一个广椭圆形的小口,口正好相当于两个花粉团的一个大小。当花已经开了一个时期以后,广椭圆形小口的各边合拢起来,把柱头穴完全关闭。在别的兰科植物中我未曾见过这种情况,而且我推测这种情况和整个花的十分显露的情形是有关联的。当两个花粉块附着于一根针或鬃毛上,被强制触碰柱头穴时,两者之一滑入小口中比我们所预期的还更容易些。但显然昆虫在连续寻访花朵时,一定要把自己安置在正好相同的位置上,以便首先取出 2 个花粉块,然后强制其中的一个落入柱头小口中。两个丝状上花瓣,可能作为指引昆虫的标志,但是,唇瓣却并不使花成管状,而是向下悬垂,正像一个舌头从宽阔张开的嘴伸向外面一样。

　　所有我所见过的石豆兰属的种中,尤其是多根石豆兰,它们的唇瓣以有一条很窄的、薄的白带与蕊柱基部相连接而著称,这条白带有高度弹力,且可曲折,它在伸展时甚至像一条橡皮筋那样有高度的弹力。当这种兰花的花经微风吹动时,舌状的唇瓣总是很奇妙地来回摇摆。在某些我没有见过的石豆兰属的物种中,例如须毛石豆兰(*B. barbigerum*),它们的唇瓣具有一丛细毛组成的胡须,据说这些细毛使得唇瓣在即使很轻的风吹撼下,也会不断地摇动。唇瓣具有这样极度的可曲性和易动性究竟有什么用处,我揣度不到,除非它为了引起昆虫的注意,因为这些物种的花朵,都是颜色晦暗、小而且不显著的,不像许多别的兰花那样花大、颜色鲜明而且触目,或者有香气。据说石豆兰属的某些种的唇瓣是敏感的,但是,在我检查过的那种物种中,我未发现这一性质的痕迹。据林德利的观察,近缘的镰叶合尊兰(*Megaclinium falcatum*)*的花的唇瓣自然地上下摇摆着。

　　在沼兰族中我要叙述的最后一属是**石斛属（*Dendrobium*）**,在这个属的各个物种中至少有一个物种即束花石斛(*D. chrysanthum*)是很有趣的。因为,如果昆虫来寻访它的花朵,而不能把花粉块运走时,它会巧妙地实现自花受精。蕊喙具有由薄膜构成的上表面和小的下表面;并且在这两表面之间,有一厚块乳白色物质,这种物质很容易地被挤出。这种白色物质不像其他物种通常所具有的那样黏,但一经暴露在空气中不到半分钟,在它表面便形成一层薄膜,而且它立刻变成蜡状或干酪状物质,它的大而凹的、但是浅的柱头面坐落于蕊喙之下。花药的突出前唇(参看图

---

　　*　近代多数植物学家认为此种以归入 *Bulbophyllum*(石豆兰属)为宜。——译者

21,A)几乎完全把蕊喙上表面覆盖住。花丝相当长,但它在侧面图 A 中是隐藏在花药中部的后面,在切面图(图 21,B)中,可以看到它已向前弹出,它具有弹力,并且牢牢地把花药压缩在位于蕊喙后方的药床倾斜面上(参看图 21,B)。当花开放时,联合成一块的两个花粉块十分松弛地倚伏在药床之上、药室之下。唇瓣抱住蕊柱,在蕊柱前面留下一个通道。唇瓣的中部(参看图 21,A)变厚,这一厚的中部向上伸展直至柱头顶端为止。蕊柱的最下部发育成分泌花蜜的碟状蜜腺体。

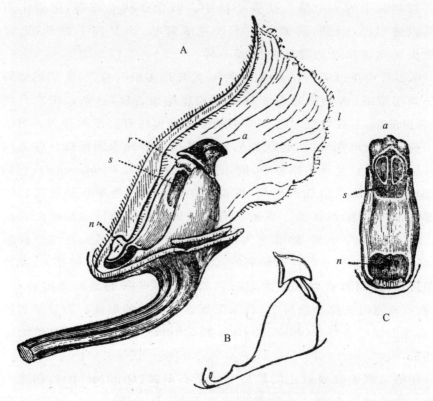

图 21　束花石斛(*Dendrobium chrysanthum*)

a. 花药;*s*. 柱头;*r*. 蕊喙;*l*. 唇瓣;*n*. 蜜腺体

A. 花的侧面图,花药处在花粉块被拉出前之原来位置上,除纵向对切了的唇瓣外,所有的萼片和花瓣均已切除;B. 蕊柱之侧面轮廓图,花药中的花粉块已经被取出;C. 蕊柱之正面图,示花粉块被取出后花药的空花室。与实际情况比较起来花药画得悬挂过低和过多地盖住柱头。

当一只昆虫强行进入其中的一朵花时,有弹力的唇瓣将会下弯,突出的药唇将会保护蕊喙使它不被扰动,但是,一旦昆虫从花里退出时,药唇就立即升起，并且由蕊喙分泌出来的黏性物质就被迫进入花药中，而把花粉团胶着于昆虫身上，花粉团就这样地被运到另一朵花中去。我很容易模仿了这一动作，但是，因为花粉团没有花粉团柄且位于花药下面药床内很靠近后面的地方，从蕊喙分泌出来的黏性物质不很黏，所以花粉团有时就取不出来。

由于药床基部倾斜之故，也由于花丝长度和弹力的关系，当花药升起时，总是即刻向前方弹出，越过蕊喙而继续挂在那里，花药中空的下表面（参看图 21，C）吊悬在柱头顶端之上。花丝伸过原来为花药所占有的地位（参看图 21，B）。我几次把所有花瓣和唇瓣切去，把花放到显微镜下，用针把药唇挑起，而不去扰动蕊喙，我见到花药弹起而呈现侧面图（图 21，B）和正面图（图 21，C）中所示的位置。花药借这弹跳动作把花粉块从凹的药床中掀出抛到空中，因为力量恰到好处，所以，花粉块下落到发黏的柱头的中央，就被黏着在那里。

然而，在自然界中，这个动作不像所描述的那样，因为唇瓣向下方悬垂。要知道，接下来发生的动作必须把图放置在几乎相反的位置上。如果昆虫靠蕊喙的黏性物质未能把花粉块运走，那么花粉块会先向下弹到唇瓣的浮凸表面之上，正好紧靠在柱头之下。但是，必须记住，唇瓣是有弹性的，也必须记住昆虫在离开花的同一瞬间把药唇举起，从而使花粉块射出来，唇瓣会往回弹，击着花粉块，把花粉块向上抛出，以便击中有黏性的柱头。我两次进行这个动作都曾收到成效，我把花保持自然位置，模仿一只昆虫从花中退出来，在我把花打开时，发现花粉块已胶着于柱头上了。

鉴于弹性花丝的动作必定是何等复杂，人们观察它的效用，似乎是煞费心思的。但是，我们已经见到过那么多而又那么巧妙的适应，以致我不能相信花丝的强力弹性和唇瓣中部的质地肥厚，在构造上是没有用处的。如果这个动作正如我所描述的那样，那么我们就能理解它们的意义，因为单个大的花粉块如果靠蕊喙分泌出来的黏性物质没有使它粘在昆虫上，它就一定不会被白白耗费掉，这样对于植物是有利的。这一装置不是这一属所有物种都有的，因为二囊石斛（*Dendrobium bigibbum*）和美丽石斛（*D. formosum*）没有一种的花丝是有弹性的，也没有一种的唇瓣中线质地是肥厚的。皱边石斛（*D. tortile*）花丝是有弹性的，但是，因为我只观察过一朵花，而且是在我已经了解束花石斛的构造以前，所以，我没法说清它的花丝会起怎样的作用。

安德森(Anderson)先生说①,有一次,他的报春石斛(*D. cretaceum*)*没有开花,可是,它们都结了蒴果,他还寄给我其中一个。在这个蒴果中几乎许多种子都有胚,因此,这与我即将提到的卡特兰属(*Cattleya*)不张开的花由自花受精所结的种子的情形大大不同。安德森先生指出,就他所见,石斛属的一些物种是沼兰族中自花受精结蒴果的唯一的一些代表。他又说:万代兰族——后面加以描述——中的庞大类群中除长萼兰亚族(Brassidae)的若干物种和短茎隔距兰(*Sarcanthus parishii*)**之外,他注意到没有一个物种曾经自花受精结蒴果的。

树兰族(Epidendreac)

花粉粒黏合为大的蜡质块乃是树兰族和沼兰族的特性。据说在沼兰族中花粉块不具有花粉团柄,但是,并不全是这样,因为在窗花尾萼兰和一些别的物种中,花粉团柄是有效地存在着的,虽然,它没有附着在蕊喙上,并且形状微小。反之,在树兰族中,分离或不附着的花粉团柄却总是存在的。按照我的意见,这两个大族本来应该合在一起,因为以花粉团柄的存在来划分其界线不是始终有效的。但是,这类性质的困难在那些大大发展的类群或所谓自然类群的分类中是常常遇到的,因为在这些类群中,绝灭的类型是比较少的。

我打算从卡特兰属(*Cattleya*)开始,该属中有几个物种我已经观察过。这些种类的传粉方式极其简单,而与任何不列颠兰科植物不同。它的蕊喙(参看图 22,A 和 B 中的 *r*)为宽阔的舌状突起,稍稍拱盖于柱头之上,其上表面是由平滑的膜组成,下表面和其中部(本来是一团细胞)由很厚的一层黏性物质组成。这一黏性物质团,和厚厚地盖在紧靠着蕊喙下方的柱头表面上的那种黏性物质,几乎是分不开的。突出的花药上唇,是靠在舌状蕊喙的膜质上表面的基部,并就在该处上面开裂。花药靠弹簧

① *Journal of Horticulture*,1863 年,206 和 287 页。
* 为 *Dendrobium polyanthum* 的异名。——译者
** 为 *Cleisostoma parishii* 的异名。——译者

的作用保持着闭合,这个弹簧的着生点是在蕊柱的顶端。花粉块由 4 个〔或为 8 个,见于皱波卡特兰(*Cattleya crispa*)中〕蜡质块组成,每个蜡质块具有(参看图 22,C 和 D)一条带状尾巴,这条尾巴是由一束弹力很强的丝组成,有许多分离的花粉粒附着在这些弹丝上。所以花粉包括两类,即蜡质的花粉团和分开的、为弹丝连接的复合花粉粒(通常每一复合花粉粒由 4 粒花粉组成)。后一类花粉是与火烧兰属和鸟巢兰族中的其他属的花粉相同①。这些挂有花粉粒的尾巴起着一如花粉团柄的作用,因为它们是起着使较大的蜡质花粉团从药室中运走的中间物的作用,因此,就有花粉团柄这样的名称。花粉团柄尖端一般是反折的,而且,在花成熟时,稍伸出于靠在蕊喙膜质上唇基部的药室(参看图 22,A)之外。唇瓣抱着蕊柱使花成为管状,而它的下部生成一个穿入子房的蜜腺腔。

　　现在来讨论这些部分的作用。如果强制把与管状花大小相称的任何物体推进花中———一只死熊蜂很合适———舌状蕊喙便被压下来,这一物体常常涂上了少量的黏性物质,但是,把这一物体拿出时,蕊喙就被翻了起来,大量的黏性物质被迫遍布于蕊喙的边缘和侧而,并同时进入药唇:这个药唇又由于蕊喙的被翻起亦稍稍升起。这样,花粉团柄伸出的尖端,立刻胶着于正在退出来的物体上,花粉块就被这物体带了出来。当我再三试验时,几乎从未失败过。一个活的蜜蜂或其他大型昆虫,落在唇瓣的流苏边缘上,并爬入花中,它会使唇瓣下降,而且,在它已经吸取了花蜜,并开始从花中退出以前,不一定会妨碍蕊喙的。当一只背上带有系于花粉团柄而悬挂着 4 个蜡质花粉球的死蜜蜂被强制推入另一花中时,一些或全部花粉球,肯定会被宽阔的、浅的、并且极黏的柱头表面胶着,黏的柱头面同样把花粉粒由花粉团柄的弹丝上扯下。

　　因此,活的熊蜂就这样运走花粉块是可确信的。W. C. 特里维廉(W. C. Trevelyan)爵士把一只 *Bombus hortorum* 寄给不列颠博物馆的史密斯先生,而后者又把它转寄给我———这只蜂是在特里维廉爵士的温室中捉到的,温室中有一株卡特兰属的一个物种正在开花———在这只昆虫翅膀间的整个背上涂抹有干了的黏性物质,并有借花粉团柄附着的 4 个花粉块胶着在它背上,如果它进入其他任何一朵花的话,易于被其柱头所胶着。

---

　　① 拟白及属(*Bletia*)的花粉团在鲍威的放大图中画得很好,林德利把这些图在他的《图谱》(*Illustrations*)中发表了。

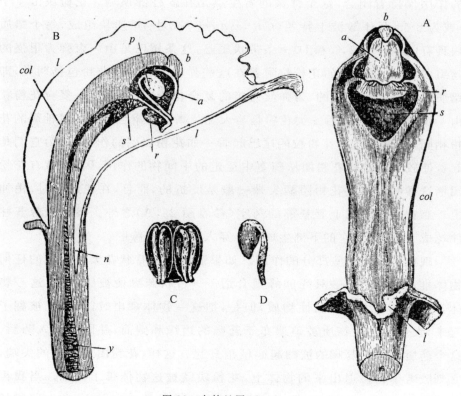

图 22　卡特兰属(*Cattleya*)

a. 花药；*b*. 在蕊柱顶端的弹簧；*p*. 花粉团；*r*. 蕊喙；*s*. 柱头；

col. 蕊柱；*l*. 唇瓣；*n*. 蜜腺腔；*g*. 子房或胚

A. 蕊柱正面图,所有萼片和花瓣均已切除；B. 花的侧向切面图,除了仅仅表示纵向对切的唇瓣轮廓外,所有萼片和花瓣均已切除；C. 花药底面图,示 4 个花粉团柄,在其下有 4 个花粉团；D. 单独一个花粉块的侧面图,示花粉团和花粉团柄。

　　我所检查过的属于蕾丽兰属(*Laelia*)、筒叶兰属(*Leptotes*)、贞兰属(*Sophronitis*)、巴克兰属(*Barkeria*)、鹤顶兰属(*Phaius*)、厄勒兰属(*Evelyna*)*、拟白及属(*Bletia*)、长足兰属(*Chysis*)和贝母兰属(*Coelogyne*)的那些物种,不但在分离的花粉团柄方面,在蕊喙的黏性物质若无机械帮助不能和花粉块接触方面,而且,在它们一般传粉方式上都和卡特兰属相似：贝母兰(*Coelogyne cristata*)的蕊喙上唇很长；圭亚那厄勒兰(*Evelyna carivata*)**和长足兰属的 8 个蜡质花粉球完全联合在一个单一的花粉团

---

* *Evelyna* 为 *Elleanthus*(厄勒兰属)的异名。——译者

** 为 *Elleanthus carivata* 的异名。——译者

柄上；在巴克兰属中唇瓣不是抱着蕊柱，而是压挤到蕊柱，这就会有效地迫使昆虫擦着蕊喙；树兰属稍有一点不同，因为蕊喙的上表面不像上面所列举的各属那样永久保持着膜质状态，而是非常柔软，以致一经接触之后，蕊喙上表面和整个下表面就一起破坏而成一团黏性物质。这样，整个蕊喙和黏着的花粉块一起，在昆虫从花中退出时，必然被运走。在苍绿树兰（*Epidendrum glaucum*）中，我看到当蕊喙被接触之后，黏性物质和在火烧兰属所发生的一样，是从蕊喙上表面流出的。实际上，就这些情形而论，对于蕊喙上表面究竟应该称它为膜还是黏性物质是难说的。关于长足兰属，这种物质在离开蕊喙以后的 20 分钟内，就变得近乎凝固和干燥，并在 30 分钟内就变得十分干硬了。

多花树兰（*Epidendrum floribundum*）的差别更大些：药床（即蕊柱顶端花粉块躺在里面的杯）的两个前角彼此非常靠近，以致黏着蕊喙两侧，因此，蕊喙位于凹缺中，花粉块就座在其上；而且，在这个物种中，因为蕊喙上表面自身溶解为黏性物质，花粉团柄无需任何机械帮助而变为胶着于蕊喙上。花粉块纵然这样地附着，如果没有昆虫的帮助，当然不可能从其药室中运走。在这个物种中，昆虫把花粉块从药室中拖出来，而留在同一朵花的柱头上，这点似乎是可能的（虽然，就各部分的位置来看好像是不可能的）。我所检查过的树兰属所有其他物种和在所有上述的属中，显然，黏性物质必须由一只从花中退出来的昆虫，把它强行向上推入药唇中，这样，昆虫必然要把花粉块由一朵花运到另一朵花的柱头上去。

虽然如此，自花受精在树兰族的某些种中仍然发生。克吕格尔（Crüger）博士说[1]："我们在特立尼达（Trinidad）有属于这一族的 3 种植物［熊保兰属（*Schomburgkia*）、卡特兰属和树兰属各一种］，它们的花很少开放，但是，当它们确实开放时，我们常常发现它们已经受精了。"在这些实例中很容易看到，柱头的液汁已经对花粉团起作用了，并且，花粉管就从花粉团附着处进入子房沟中。苏格兰的一位谙熟兰科植物的栽培家安德森（Anderson）先生，也说他的几个树兰族的物种是天然地自花受精的[2]。就皱波卡特兰（*Cattleya crispa*）来说，花有时不完全开放，然而，它们仍然产生蒴果，安德森先生寄了一个给我。这个蒴果含有丰富的种子，但经我

---

　　① *Journ. Linn. Soc. Bot.*，1864 年，8 卷，131 页。

　　② *Journal of Honticulture*，1863 年，206 和 287 页；在后一篇文章中，戈斯先生叙述了关于自花受精种子在显微镜下的观察。

检查之后发现只有百分之一的种子有胚。戈斯（Gosse）先生对同样的种子作了更仔细的检查，他发现百分之二的种子有胚。同样，从安德森先生寄给我的朱红蕾丽兰（*Laelia cinnabarina*）自花受精结的蒴果所含的种子中，找发现约 25％是好的。所以，正如克吕格尔所描述的，在西印度群岛天然自花受精的蒴果，是否完全正常地受精，这点是很可疑的。F. 米勒告诉我说，他在巴西南部曾经发现树兰属的一个物种生有 3 个有花粉的花药，这是在兰科植物中一种大大的畸形。这个物种不是很完备地由昆虫来传粉，而是靠两个侧生的花药有规律地行自花受精的。F. 米勒先生提出了充分的理由，论证他这样的信念：这种树兰的两个增加花药的出现，是表现它回到整个类群的原始状态的一个例子①。

---

① 参阅 *Bot. Zeitung*，1869 年，226 页和 1870 年，152 页。

兰科植物是被子植物中种类最丰富的植物群之一，全科约800属25000种，遍布全球，但主要见于热带地区，附生于树上或岩石上的种类占很大的比例。由于对生境的要求比较严苛，种类虽多，但个体却是相当稀少的。

　　兰花的美貌与人类结上良缘，是祸是福尚有待于未来的验证，但保护野生兰花资源则始终是人类面临的重大挑战。

🔺 杓兰属　大花杓兰（*Cypripedium acranthos*）（吉占和/摄）

🔺 杓兰属　毛瓣杓兰（*Cypripedium fargesii*）（李毓奇/摄）

🔺 杓兰属　扇脉杓兰（*Cypripedium japonicum*）（陈心启/摄）

中国是兰花资源较为丰富的国家，约产190属近1500种野生兰，其中不少是著名的观赏属，如杓兰属（*Cypripedium*）、兜兰属（*Paphiopedilum*）、兰属（*Cymbidium*）、独蒜兰属（*Pleione*）、风兰属（*Neofinetia*）和槽舌兰属（*Holcoglossum*）等。它们在中国有较多的种类或主产区就在中国。兰科中世界性的大属，如石斛属（*Dendrobium*）和石豆兰属（*Bulbophyllum*），在中国也有为数众多的种类。其他美花的属，如虾脊兰属（*Calanthe*）、贝母兰属（*Coelogyne*）、指甲兰属（*Aerides*）、钻喙兰属（*Rhynchostylis*）、蝴蝶兰属（*Phalaenopsis*）、万代兰属（*Vanda*）等，在中国也都有代表。中国是名花荟萃的国度，曾享有世界"园林之母"的美誉。若从兰花这一角度看，也是当之无愧的。

◀ 兜兰属　巨瓣兜兰（*Paphiopedilum bellatulum*）（陈心启/摄）

▲ 兜兰属　杏黄兜兰（*Paphiopedilum armeniacum*）（陈心启/摄）

▲ 兜兰属　虎斑兜兰（*Paphiopedilum tigrinum*）（陈心启/摄）

⬥虾脊兰属　三褶虾脊兰（*Calanthe triplicata*）（吉占和/摄）

⬥兰属　春剑（*Cymbidium tortisepalum var. longibracteatum*）（吉占和/摄）

⬥兰属　寒兰（*Cymbidium kanran*）（吉占和/摄）

🔺独蒜兰属　独蒜兰（*Pleione bulcodioides*）（陈心启/摄）

🔺钻喙兰属　海南钻喙兰（*Rhynchostylis gigantea*）
（陈心启/摄）

🔺贝母兰属　卵叶贝母兰
（*Coelogyne occultata*）
（陈心启/摄）

◀ 石豆兰属　尖角卷瓣兰
（*Bulbophyllum forrestii*）
（陈心启/摄）

▶ 石斛属　翅梗石斛
（*Dendrobium trigonopus*）
（陈心启/摄）

◀ 石斛属　杯鞘石斛
（*Dendrobium gratiosissimum*）
（吉占和/摄）

◭ 风兰属 风兰（*Neofinetia falcata*）
（陈心启/摄）

◭ 槽舌兰属 管叶槽舌兰（*Holcoglossum kimballianum*）（吉占和/摄）

◭ 指甲兰属 多花指甲兰（*Aerides rosea*）
（吉占和/摄）

热带兰产于热带和亚热带地区，民间俗称洋兰，既产于国外，也产于中国的东南和西南地区。又因其多附生于树干上、崖壁间，有气生根，也被称为附生兰或气生兰。

◀ 2016年第三届上海国际兰展卡特兰组冠军，同时获得全场栽培奖。卡特兰属具有假鳞茎，花生于假鳞茎的顶端，大而艳丽。（陈静/摄）

● 文心兰的花多，较小，常见的多为黄色，花朵形状像正在跳舞的女孩，故也称"跳舞兰"。

● 万代兰全是附生兰。花大色美，质地较厚。其中"卓锦"万代兰（*Vanda* Miss Joaguim）为新加坡的国花。

在一定程度上，兰科植物的多寡成为衡量一个热带森林健康程度的重要指征。面对中国野生兰花岌岌可危的形势，2006年，在深圳成立了国家兰科植物种质资源保护中心；2009年，建立广西雅长兰科植物自然保护区；2010年在福建农林大学成立了海峡兰花研究保护中心。

◔ 位于广西雅长兰科植物自然保护区里的、世界最大的野生带叶兜兰居群。（刘世勇/摄）

◔ 兰科植物中不乏花朵艳丽、花期经久的种类，普遍受到世界人民的喜爱，有着巨大的市场需求，兰花产业是世界花卉产业的重要支柱之一。

◔ 除了欣赏价值，兰科植物中也不乏具有药用价值和香料价值的品种。比如石斛属植物就一直作为中医传统药材广为采用，香草兰的荚果是世界各地人民普遍喜爱的香料。图为中国热带农业科学院的香草兰栽培基地。（陈静/摄）

第六章　万代兰族

· *Chapter VI   Vandeae* ·

蕊柱和花粉块的构造——蕊喙柄弹性的重要性；蕊喙柄运动能力——花粉团柄的弹性和力量——具侧生柱头的虾脊兰属（*Calanthe*），它的传粉方式——长距武夷兰（*Angraecum sesquipedale*），蜜腺异常的长度——通入柱头腔的入口非常窄小的一些物种，这种狭窄入口使得花粉团几乎不能插入——盔唇兰属（*Coryanthes*），它的特殊传粉方式

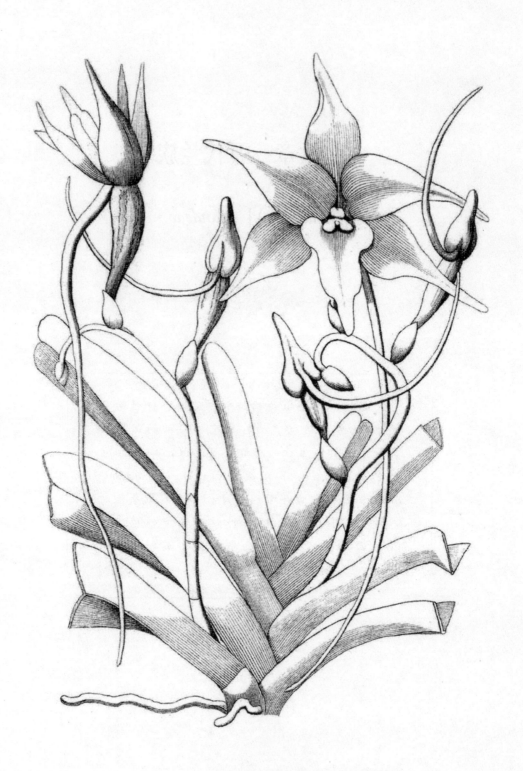

我们现在来讨论巨大的万代兰族（Vandeae），它包括我们温室里许多最艳丽的种类，但是，像树兰族一样，没有不列颠产的代表。关于这一族，我曾检验了29个属。像上述最后两个族一样，花粉是由蜡质块组成，而且，每一花粉球具有一个花粉团柄，这个花粉团柄在生长早期变得和蕊喙连在一起。它和多数眉兰族的物种一样，花粉团柄很少直接接附着于黏盘上，而是附着于蕊喙的上后方表面；而这部分连同黏盘和花粉团一起被昆虫运走。各部分分开的切面图解（图23）将清楚地说明万代兰族花的典型构造：像其他兰科植物一样，它有3个愈合的雌蕊；其中背生的一个（2）形成蕊喙而拱盖在其他两个雌蕊（3）之上，后两个雌蕊互相联合为一个柱头。在图的左边有一个生有花药的花丝（1）。花药在早期就开裂，而两个花粉团柄（但在这图解中，只表示出一个花粉团柄和一个花粉团）的顶端在还未完全变硬的情况下，就经过一个小缝伸出药室之外，胶着于蕊喙背部。蕊喙上表面一般是凹的，以便承托住花粉团，它在图解中绘成平滑的，但实际上在两个花粉团柄附着的地方常有鸡冠状或瘤状突起。以后，花药沿着它的下表面开裂得更大，使两个花粉团除去以它们的柄附着于蕊喙上外，与什么也不接触。

在生长初期，蕊喙中曾发生显著的变化：或在它的末端，或在它的下表面变得极黏（形成黏盘），而且逐渐形成一条分离线，最初表现为一条透明组织的带，它使黏盘及蕊喙的整个上表面直到后面的花粉团柄附着点都分离开。如果那时任何物体接触到黏盘，那么黏盘连同蕊喙的整个背部、花粉团柄和花粉团都能很容易地一起被运走。在一些植物学的著作中，黏盘或称黏性表面（一般称为腺）和花粉球之间的整个构造名之为花粉团柄；但是，因为这些部分在花的受精上起着不可缺少的作用，而且因为它们在起源方面和微细构造方面根本不同，我将把真正在药室中发育的两个弹性的索称为花粉团柄，并把它所附着的、不黏的、属于蕊喙的部分（参阅图解）称为蕊喙柄。像以前那样，我将蕊喙那个黏的部分称之为黏性表面或黏盘。总之，全部可以合适地称为花粉块。

在眉兰族中（除去金字塔穗红门兰和少数别的种之外）我们看到两个分开的黏盘。在万代兰族中，除去武夷兰属（*Angraecum*）以外，我们只看

◀长距武夷兰。

到有一个黏盘。这一黏盘是裸露的，亦即不包藏在一个囊中。在玉凤花属，我们曾看到，黏盘和两个花粉团柄被一个短的鼓状柄所隔开，这鼓状柄相当于万代兰族中单个的、通常更加充分发育的蕊喙柄。在眉兰族，花

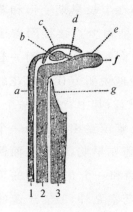

图 23　臆想的剖面图，说明
万代兰族蕊柱的结构
a. 花药的花丝；*b*. 花粉；*c*. 花
药；*d*. 花粉团柄；*e*. 蕊喙柄；
f. 黏盘；*g*. 柱头
(1) 花丝，带有具花粉团的花药；
此处所示的花粉乃是已经沿其整
个下表面开裂后之花药，故此剖
面图中只表示其背面；(2) 上面
的一个雌蕊，具有变为蕊喙的上
部；(3) 下面两个愈合的雌蕊，
具有两个愈合了的柱头。

粉团柄虽然有弹力，但是坚硬，并且用来使各花粉束和昆虫头部或吻保持适当距离，以便花粉束能到达柱头上。在万代兰族中蕊喙柄达到了这一目的。万代兰族的两个花粉团柄不仅被埋藏在而且还附着在花粉团的深的裂隙中，同时，因为花粉团位近蕊喙柄，所以，花粉团柄不伸展就不易见到它。这些花粉团柄在位置和功能两方面都和眉兰族中的弹丝相一致，这些弹丝在它们汇合点上把各花粉束系在一起，因为在万代兰族中，真正花粉团柄的功能是在于当昆虫把花粉团运走而黏着于柱头表面时引起断裂的作用。

　　在万代兰族中有许多物种的花粉团柄是很容易断裂的。就这一点而论，花的受精是一件简单的事情了，但是，在另一些物种中，花粉团柄强度和它在断裂以前所能伸展的长度都是惊人的大。我最初不了解这些性质的作用何在。也许可以这样解释，在这一族中，花粉团是很珍贵的东西，大多数属中，一朵花只产生两个花粉团，并且，从柱头的大小来判断，一般是两个花粉团都黏着在柱头上。然而，在其他属中，通入柱头的口很小，所以，可能只有一个花粉团留在柱头上，这样，一朵花的花粉就足够使两朵花受精，但是，数目绝不会再多。就万代兰族许多物种的大型花而论，它们当然是由大型昆虫来传粉的，但是，当昆虫在周围飞旋时，附着在它们身上的花粉块可能会扫落和丢失，除非花粉团柄是很坚韧而有高度弹性的。再则，当这样装备有花粉块的一个昆虫寻访一朵花时，或是这朵花过于幼嫩，其柱头还不够黏，或是这朵花已经受精了，其柱头开始变干，那么，花粉团柄的强度将会防止花粉团被无益地移走和无故失落。

　　虽然，许多这类兰科植物的柱头表面在一定时期是异常黏的，例如蝴

蝶兰属（*Phalanopsis*）和 *Saccolabium*※，然而，当我把附着在一个粗糙物体上的花粉块插入柱头腔中时，花粉块并没有足够的力量黏着在柱头上，以使其自身能从那物体上脱离。我甚至像一只昆虫在吸取花蜜那样，把花粉块在那里留一会以与发黏的表面接触，但是，当我把花粉块由柱头腔中笔直地拉出来时，花粉团柄虽然伸得很长却没有断裂，而且，亦不脱离它所附着的物体，所以，花粉球就原样地被拖出来了。后来，使我想到昆虫在飞离时，不会把花粉块由柱头腔中笔直地拉出来，而应和柱头腔口几乎成直角地拉出来。于是，我仿效了一只昆虫从花中退出来的动作，并且，从柱头腔中拉出花粉块时，不是笔直地而是和柱头腔的口成直角，现在因此而引起的花粉团柄上的摩擦连同柱头表面的黏力一起，通常足以使花粉团柄断裂，于是花粉团就留在柱头上了。因此，在伸展以前还埋藏在花粉团中的花粉团柄的巨大强度和伸展力，似乎是供保护花粉团，免得在昆虫飞旋时使它受到意外的损失，然而，由于利用了摩擦，就使花粉块在适当时期被黏留在柱头表面，花的受精就这样可靠地完成了。

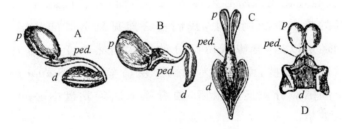

图 24　万代兰族的一些花粉块

d. 黏盘；*ped.* 蕊喙柄；*p.* 花粉团，藏在花粉团中的花粉团柄没有表示出

A. 大文心兰（*Oncidium grande*）的花粉块，已稍稍俯降了；B. 长萼兰（*Brassia maculata*）的花粉块（根据鲍威的图复制）；C. 斑点马车兰（*Stanhopea saccata*）俯降后的花粉块；D. 毛柱隔距兰（*Sarcanthus teretifolius*）俯降后的花粉块。

花粉块的黏盘和蕊喙柄，在形状上表现为极其多样和似乎无穷尽的适应性。甚至在同一属的各个物种中，例如在文心兰属（*Oncidium*）中这些部分就大不相同。这里，我随便选了几张图（参看图 24）。就我所见过的蕊喙柄，一般是由带状薄膜组成（参看图 24，A）；有时它几乎是圆柱状（参看图 24，C），但是，它的形状往往极不相同。蕊喙柄通常是近于直的，但在克劳密尔顿兰（*Miltonia clowesii*）中它是天然弯的；有时候，如我们立

※　已被废弃的属，多数种类被移至 *Gastrochilu*（盆距兰属）。——译者

刻就要见到的,在它被运走之后,呈现出各式各样的形状。花粉块借以和蕊喙柄联系的、具有拉力和弹力的花粉团柄,几乎刚看得见或竟至完全看不见,因为它埋藏在每个花粉团的裂隙里或凹穴里。下面发黏的黏盘,是由各种不同形状的薄的或厚的膜片组成。在奇唇兰属(*Acropera*)黏盘的形状像一顶尖帽;有时候黏盘是舌状或心形(参看图 24,C)或如颚唇兰属(*Maxillaria*)的某些物种那样像马鞍形,或如文心兰属中许多物种那样像一个厚垫子(参看图 24,A),它的蕊喙柄着生在黏盘的一端,不像那些较常见的例子那样是几乎着生在黏盘的中央。在二列武夷兰(*Angraecum distichum*)和长距武夷兰中,蕊喙微缺,而且,两个分开的、薄的膜质黏盘能够移动,每一黏盘通过一短蕊喙柄载着一个花粉团。在毛柱隔距兰(*Sarcanthus teretifolius*)*中,黏盘形状很奇怪(参看图 24,D);因为柱头腔深而且形状亦奇妙,使我们相信黏盘非常精确地附在某种昆虫突出的方形头部*上。

在大多数例子中,蕊喙柄的长度和柱头腔的深度之间有着明显的关系,而这柱头腔是花粉团所必须插入的。然而,在长的蕊喙柄和浅的柱头腔同时并存的若干少数例子中,我们将必然见到奇妙的补偿机能。当黏盘和蕊喙柄运走以后,蕊喙残留部分的形状当然改变了,这时,它的形状比之前稍微短些,薄些,而有时为微缺。在马车兰属(*Stanhopea*)中,蕊喙末端的整个周围部分被运走以后,独有原来通到黏盘中心的薄而尖的针状突起被留下了。

如果,我们现在翻到前面的图解(图 23),并且假定呈直角弯曲的蕊喙较图中所示的薄些,同时,在蕊喙下方的柱头较图中所示的更接近蕊喙一些,我们将知道,如果头部附有花粉块的昆虫飞到另一朵花上,而这只昆虫正好占据着与附着花粉块时同样的位置,则花粉团就会处在适于击中柱头的位置上,特别是如果由于花粉团的重量使它稍微俯降些的话。这一切情况还发生在下列的种中:白萼薄叶兰(*Lycaste skinneri*)、黄蝉兰(*Cymbidium giganteum*)**、接瓣兰(*Zygopetalum mackai*)、白唇武夷兰(*Angraecum eburneum*)、克劳密尔顿兰(*Miltonia clowesii*)和一种瓦利兰属(*Warrea*)的植物,而且,我相信还有芬氏鼬蕊兰(*Galeandra funkii*)。

---

　　* 为 *Cleisostoma simondii* 的异名。——译者

　　① 这里我可以指出,德尔皮诺(见 *Fecondazione nelle Piante*,Firenze,1867 年,19 页)说他曾经检查过万代兰属、文心兰属、树兰属、鹤顶兰属和石斛属等植物的花,大体上能同意我的记载。

　　** 为 *Cymbidium iridioides* 的异名。——译者

但是,如果在我们的图解中,我们假定,诸如柱头位于陷在蕊柱内的一个深穴的底部,或者花药位置更高些,或者蕊喙柄更向上倾斜些等等——所有这些偶然的变化,在不同的物种中发生——在这种情况下,一只在头部附有花粉块的昆虫,如果飞到另一朵花上去,是不会把花粉团安置在柱头上的,除非花粉块在附着于昆虫头上以后,其位置已有巨大的改变。

在万代兰族的许多种类中,花粉块正如普遍地存在于眉兰族中者一样,发生位置的改变,亦即由花粉块从蕊喙移走后约半分钟内,所产生的一种俯降动作而引起的。我曾看到这一动作在文心兰属、齿舌兰属(*Odontoglossum*)、长萼兰属(*Brassia*)、万代兰属、指甲兰属(*Aerides*)、*Sarcanthus**,*Saccolabium***,奇唇兰属(*Acropera*)*** 和颚唇兰属等等若干物种中明显地表现出,它通常是使花粉块旋转过约四分之一的圆周。在芬芳凹萼兰(*Rodriguezia suaveolens*),花粉块的俯降动作以极端缓慢而引人注意,而绿花美冠兰(*Eulophia viridis*)花粉块的俯降动作则以程度轻微而著称。C.怀特(Charles Wright)先生在给A.格雷教授的一封信中说,在古巴他注意到一种文心兰的一个花粉块附着在一只熊蜂上,最初他断定我对于花粉块的俯降动作完全误解了;可是,几个小时以后,花粉块移动到使花受粉的适当位置。就上面详细叙述过的花粉块似乎未经历俯降动作的一些事实而论,我不能确定它们过一会儿后是否会有一个很轻微的动作。在眉兰族的各个物种中,就药室和柱头的关系来说,有时药室坐落在靠里面,而有时坐落在靠外面;并且,花粉块有与之相应的向外和向里的运动。但在万代兰族中,就我所曾见过的,其药室经常是直接位于柱头之上的,并且,花粉块的运动总是直接向下。然而,在虾脊兰属,两个柱头位于药室之外侧,而且,正如我们将要得知的,花粉块是借助于各部分的奇妙的机械配合以击中柱头。

在眉兰族中,引起花粉块俯降动作的那个收缩部位是在黏盘上表面,靠近花粉团柄附着之处;万代兰族大多数种类的收缩部位亦在黏盘的上表面,但是,位于蕊喙柄和黏盘连接之处,所以,距离真正花粉团柄的附着点很远。收缩动作是吸湿的结果,但这个问题我将在第九章中解答。所以,除非花粉块从蕊喙上运走,以及黏盘和蕊喙柄之间的连接点已经暴露

---

　　* 大多数种类已并入 *Cleisostoma*(隔距兰属)。——译者
　　** 大多数种类已并入 *Gastrochilus*(盆距兰属)。——译者
　　*** 多数学者主张并入 *Gongora*(爪唇兰属)。——译者

于空气中数秒钟或数分钟,否则,这动作并不发生。如果在收缩动作和因之而起的蕊喙柄的运动之后,把整个花粉块浸泡在水中,蕊喙柄就慢慢地往回移动,并恢复到以前和黏盘相关的那个位置。当花粉块由水中取出来以后,它再次经历俯降的动作。注意到这些事实是重要的,因为,我们有了这样一个试验,就能把这个动作和某些别的动作区别开来。

鸟喙颚唇兰(Maxillaria ornithorhyncha)的情况是独特的。蕊喙柄很细长,它被花药的突出前唇完全覆盖着,从而保持着湿润。当把蕊喙柄取出后,它自己就迅速地在近中点处向后弯曲,因而变得只有以前长度的一半。当把它放在水中时,它会恢复到原来直的形状。假如蕊喙柄没有一点缩短,花就几乎不可能受粉。在这一动作后,附着于任何小物体上的花粉块都能够插入花中,而且,花粉球易于黏着在柱头表面。这就是以前提到的花粉块对于浅凹柱头适应的补偿动作的例子之一。

有时候,除了吸湿性的动作以外,弹性亦起作用。在香花指甲兰(Aerides odorata)、绿花指甲兰(A. virens)和一种文心兰(Oncidium roseum?)中,蕊喙柄呈直线地一端固着在黏盘上,而另一端固着在花药上;然而,它有与黏盘成直角方向弹起的、强力的弹性倾向。因此,如果以其黏盘附于某物体上的花粉块从药室中运走的话,蕊喙柄立刻弹起来和它以前的位置几乎成直角,这样,就把花粉团高高举起。这种现象被别的观察者看到过,并且,我同意他们关于蕊喙柄弹起来的目的是要使花粉团离开药室的看法。随着这种向上方弹跃动作之后,向下方的吸湿性的动作立刻开始,十分奇怪,这个动作又把蕊喙柄送回到和它作为蕊喙一部分时所处的、与黏盘相关的位置几乎相同的状态。在指甲兰属,花粉团通过悬挂的短花粉团柄所附着于蕊喙柄的那个末端,在蕊喙柄弹起来以后,它仍然稍向上弯,而且,这一弯曲似乎很适应于使花粉团越过前方突出部分而投入柱头穴中。把上述的文心兰已经发生了这两个动作的花粉块放在水中,第一次的弹力动作和第二次的或者还原性的吸湿性动作两者之间的差别可以完美地表现出来,亦即在水中蕊喙柄就移动到它起初由弹力动作所取得的位置。这个动作无论如何是不受水影响的。当花粉块由水中取出以后,吸湿性俯降动作立刻又一次地开始了。

在侧花凹萼兰(Rodriguezia secunda)中没有像前述芬芳凹萼兰中那种蕊喙柄俯降的吸湿性动作,但它由于蕊喙柄的弹性所引起的迅速向下的动作,我还未见过别的例子。因为当我们把蕊喙柄放在水中时,它并不像在许多别的例子中那样表现出恢复它原来位置的倾向。

大花蝴蝶兰（*Phalanopsis grandiflora*）*和美白蝴蝶兰（*Ph. amabilis*）的柱头浅而蕊喙柄长。因此，需要有某种补偿动作，这个动作和鸟喙颚唇兰的不同是由于弹力所致。没有俯降动作；但是，当花粉块运走后，在笔直的蕊喙柄中部忽然向上弯卷，一如图案（•—⌒—■）所表示：在图案左首有一圆点代表花粉球，右首的粗横道假定代表三角形黏盘。当蕊喙柄放在水中后，它自己并不伸直。蕊喙柄带着花粉球的一端在弹力动作过后稍稍向上举、那样，一端向上举、中部向上弯曲的蕊喙柄是非常适宜于把花粉团越过前方突出部分而落入柱头穴中。F.米勒告诉我这样一种情况，即一个很长的蕊喙柄的缩短，部分是通过弹力实现的，部分是通过吸湿性动作来实现的。在巴西南部生长着一种鸟首兰属（*Ornithocephalus*）小植物，它有一个很长的蕊喙柄，这蕊喙柄在附图 25 的 A 中显得紧紧地附着在蕊喙上。

当蕊喙柄从蕊喙上分离后，它骤然弯曲成图 25B 所表示的形状，此后不久，由于吸湿收缩卷曲成图 25C 所表现的那种奇怪的形状。若把这一奇怪形状的蕊喙柄放在水中时，它就恢复到像图 25B 所表示的那种形状。

长距虾脊兰（*Calanthe masuca*）和杂种白花长距虾脊兰（*C. dominii*）**的构造和万代兰族大多数其他物种很不相同。这类兰花在蕊喙两边（图 26）有两个广椭圆形、凹穴状的柱头。黏盘为广椭圆形（图 26B），没有蕊喙柄，但是，8 个花粉团通过很短而易破裂的花粉团柄附着于黏盘上。8 个花粉团像扇叶一样从黏盘向外辐射。蕊喙宽阔，其两边分别向左右侧生的凹穴状柱头倾斜。当拿走黏盘后，我们便看到蕊喙中部凹陷很深（图 26C）。唇

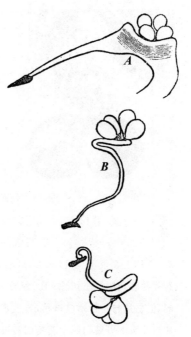

图 25　鸟首兰属（*Ornithocephalus*）

A. 仍然附着于蕊喙上的花粉块，其花粉团还留在蕊喙顶端的药床中；

B. 花粉块最初由于蕊喙柄弹力而呈现的位置；C. 花粉块最后由于吸湿性运动而呈现的位置。

---

　　*　为 *Phalaenopsis amabilis* 的异名。——译者
　　**　正确的学名应为 *Calanthe* × *dominyi*。——译者

瓣和蕊柱几乎连生到后者的顶端,留下一个通道(图 26A,*n*)以通到靠近蕊喙下面那长的蜜腺距。唇瓣上还密布着一个个单生的瘤状球形突起。

如果我们把一根粗针插入蜜腺距口里(图 26A),接着把它拿出来,黏盘就被取了出来,并且还带一把有辐射形花粉团的优雅的扇。这些花粉团没有经过位置变化。但是,如果我们把此针插入另一朵花的蜜腺距中去,花粉团末端一定碰着蕊喙的上端及两侧倾斜的边,并且,沿着这两个斜边向下击着两个侧生的凹穴状柱头。由于瘦细的花粉团柄容易断裂,花粉团就留下来,像小镖一样黏在两个柱头的黏性表面上(参看图 26C 左首的柱头),而花的受精也就在看起来惬意、简单的情况下完成了。

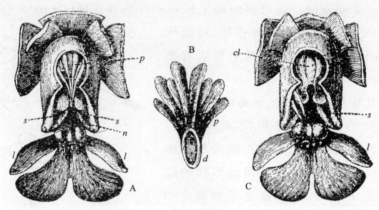

图 26 长距虾脊兰(*Calanthe masuca*)

p. 花粉团;*s, s.* 两个柱头;*n.* 蜜腺距口;*l.* 唇瓣;*d.* 黏盘;
cl. 药床,见图 C 中,花粉团已被移走

A. 花的上面观,药室已除去,显示出 8 个花粉团在药床中原有的位置。除唇瓣外,所有萼片和花瓣均已切除;B. 附着于黏盘上的花粉团之下面观;C. 花的位置与图 A 同,但黏盘与花粉团已被移走,显示出深深凹陷的蕊喙和花粉团所在的空的药床。在左边柱头上可见到两个花粉团被胶着在其黏性表面上。

我应该说明的是,柱头组织的一个狭的横边在蕊喙下面把两个侧生柱头连接起来;而且,可能有些中间的花粉团会通过这个缺凹而插入到蕊喙中,从而粘在这条边上。因为我发现雅致的毛柄虾脊兰(*Calanthe vestita*)的蕊喙在两个侧生的柱头上面展开得很宽,所以,我更倾向于这样的见解,即似乎所有花粉团必然被插在蕊喙表面的下方。

我们不能对在马达加斯加岛上曾唤起游历者们赞美的、有由雪白蜡质形成的、像星一样的、大的、六出放射花的长距武夷兰略而不谈。它有一个长度惊人的、绿色的鞭状蜜腺距悬在唇瓣下面。贝特曼先生送给我的几朵花中,我发现蜜腺距长达 11.5 英寸,只有下面的 1.5 英寸充满着花蜜。人们会问,长度这样不相称的蜜腺距能有什么用处呢? 我想,我们将会了解这种植物的受精就依靠这种长度,靠着只藏在蜜腺距下部渐狭的末端的花蜜。然而,使人惊奇的是什么样的昆虫竟能够获得这花蜜。在英国,有些天蛾(*Sphinx*)具有和自己身体一样长的吻;那么,在马达加斯加岛一定会有些蛾的吻长能伸展到 10～11 英寸! 我这个信念曾被某些昆虫学家嘲笑过,但是,现在,从 F. 米勒[①]那里知道,在南巴西竟有一种天蛾,具有几乎足够长度的吻,因为这个吻干燥后,其长度还在 10～11 英寸之间。当吻不伸直时,盘卷起来至少有 20 圈之多。

这种兰花的蕊喙是宽阔的和叶状的,并呈矩形地拱盖在柱头和蜜腺距口的上面;由于在内面的顶端有一个扩大或变宽的裂缝,因此,它有一个深深的凹缺。所以,它的蕊喙几乎与虾脊兰属黏盘已被拿走后的蕊喙几乎相似(参看图 26C)。裂缝两边缘的下表面在靠近其末端处,镶有容易拿掉的黏膜狭条;所以,就有两个分开的黏盘。一个短短的膜质蕊喙柄附着于每一黏盘上表面的中部,而蕊喙柄的另一端带着花粉团。位于蕊喙下面的是一个狭的壁架状(ledge-like)的黏性柱头。

有一个时期我不了解这种兰科植物的花粉块是怎样运走的,或者,柱头是怎样受粉的。我把鬃毛和针从张开的入口向下通到蜜腺距里,并穿过蕊喙裂缝,但是没有结果。于是我想到由于蜜腺距的长度,这种花朵一定是被具有吻基部粗大的大型蛾来寻访的,而且,为了吸尽最后一滴花蜜,即使是最大的蛾,也必须竭力使其吻尽可能地向下。不论蛾最初是否经由张开的入口插入其吻而达蜜腺距里(因为就花的形状来看,这是最可能的),或者它穿过蕊喙裂缝,而为了把蜜腺距里的花蜜吸干起见,毕竟会迫使它通过蕊喙裂缝以推进它的吻,因为这是一条最直的路,而且,只要轻微地施加压力就能使整个叶状蕊喙下降。这样,从花外到蜜腺距末端的距离就能缩短约四分之一英寸。因此,我拿一根直径十分之一英寸的圆柱状细棒经由蕊喙裂缝向下推进,裂缝边缘很容易分开而和整个蕊喙一齐被推向下方。当我慢慢地抽出圆棒时,蕊喙因有弹力而上升,同时,裂缝边缘亦翻了起来,以致能把圆棒抱住。这样,在裂开的蕊喙(裂缝)两边缘的下面的薄膜粘条就接触到圆棒,并牢牢地粘在圆棒上,花粉团就这

---

① 参看 H. 米勒的附有一幅画的信,发表于 *Nature*,1873 年,223 页。

样被拖出来了。我用这个方法每次都能顺利地把花粉块取出来,而且,我想一只大型的蛾会这样去做是毋庸置疑的,也就是说,这只蛾会把它的吻的最基部穿过蕊喙裂缝,使吻尖达到蜜腺距的最末端,于是,黏着在昆虫吻基部的花粉块将会稳当地被拖出来。

我把花粉团留在柱头上,就没有像我把花粉块取出来时那么顺利。因为当拿出圆棒时,在黏盘黏着于圆棒以前,裂开的蕊喙边必定先被翻起,所以,花粉团固着于圆棒上的位置离圆棒基部还有一点距离。这两个黏盘未必黏在真正面对面的两点上。现在,当在其吻基部黏有花粉块的蛾再次把吻伸入到蜜腺距里去,并且用尽全力以便尽可能把蕊喙往下推的时候,花粉团一般会落在并黏着于突出于蕊喙之下的狭壁架状的柱头上。若把黏有花粉块的圆棒如法炮制,则花粉块两次就被扯下,并胶着在柱头表面上。

如果这种武夷兰生在其本地森林中,它所分泌的花蜜较贝特曼寄给我的健壮植株所分泌的花蜜为多的话,那么,它的蜜腺距就会充满花蜜,这样,小蛾或许可以得到它们的一份,但是,这对植物是不会有利的。要到某种具有特别长吻的巨型蛾试图吸尽蜜腺距中最后一滴花蜜时,花粉块才会被拖出来[1]。如果这种巨型蛾在马达加斯加岛绝灭的话,无疑这种武夷兰也会随之绝灭。另一方面,由于花蜜——至少在蜜腺距下部的那些——贮藏得很妥善,不致被别的昆虫所掠夺,那么这种武夷兰的绝灭,对于这类蛾来说可能是一个重大的损失。因此,我们知道这种兰花的蜜腺距是经过怎样不断地变化才获得今天异常的长度。由于通过对一般生活条件有关的自然选择而使马达加斯加岛的某些种蛾,不论幼虫或是成虫都变得大些,或是由于仅仅吻变长而使蛾能从这种武夷兰,和其他具有深的管状蜜腺距的花朵中获取花蜜,这样,这种武夷兰的那些个别植株就会充分受精,因为它们具有最长的蜜腺距(而某些兰科植物的蜜腺距长度变化很大),因此它们就迫使蛾把一直到吻根为止的全部吻插到蜜腺距里。这些植物会产生最多的种子,其籽苗一般会承嗣有长的蜜腺距,在植物和蛾的后继世代中会这样地连续下去。因此,在这种武夷兰的蜜腺距和某些蛾的吻之间的长度生长上会出现一种竞赛,但是,武夷兰已经胜利了,因为它在马达加斯加岛的森林中生长繁茂,而对每一只蛾则仍是麻烦

---

[1] 贝尔特(Belt)先生提出(见 *The Naturalist in Nicaragua*,1874 年,133 页)这种植物的非常长的蜜腺距是为了阻止对于花朵受粉不十分适合的别的蛾来吸取花蜜,这样,就能说明其蜜腺距的发达的原因。我对于这原理的真实性并不怀疑,但它几乎不能应用在这里,因为蛾必须被迫使其吻尽可能地向下推进,以深入到花中才可能获得花蜜。

的，因为它们还必须尽可能深地插入它的吻，以吸尽最后一滴花蜜。

我还能再描述一些属于万代兰族的许多其他奇妙的构造，特别是从F. 米勒的来信中所说到巴西产的那些种类。但是，读者们可能会对此感到厌烦。无论如何，我应该对某些属作一些说明，这些属的受精仍然是一个奥秘，主要是因为它们的柱头口狭窄，因此，使花粉团的插入产生极大困难。对奇唇兰属两个亲近的物种或变种，即黄花奇唇兰（*Acropera luteola*）*和罗氏奇唇兰（*A. loddigesii*）**，我曾在几个季节中都加以观察，它们的构造的每一细节，似乎都是使得它们的受精几乎成为不可能的特别适应。我几乎还未曾遇见过别的兰科植物有这种情况。这并不是说我对所有兰科植物的装置都有了充分了解，因为，越是对不列颠即使是最普通的物种之一都作了长时间的研究，对于那些新而奇妙的物种的情况就越加明白。

奇唇兰属薄而狭长的蕊喙呈直角地突出于蕊柱（参看图 23）外；花粉块上的柄当然和蕊喙等长，而却比它更薄得多。黏盘包含一个极小的、里面黏的帽，这小帽戴在蕊喙的末端。黏性物质凝固较慢。上萼片形成一个兜，把蕊柱围住，并把它保护起来。唇瓣是一个难以全然描述的异常器官，它以薄带和蕊柱连成关节，它是如此富有弹力和可曲性，以致一阵微风就能使它颤动不止。唇瓣向下悬垂，保持这样位置看来是很重要的，因为，第一朵花的柄（子房）弯成半圆形，以补偿该植物下垂的习性。上面两片花瓣和唇瓣的两片侧裂片用来引导昆虫进入兜状的上萼片。

当花粉块以其黏盘黏着于某一物体时，要经历着普通的俯降动作，这个动作似乎是多余的，因为柱头洼穴的位置高到处于矩形突出的蕊喙基部（参看图 23）。但这只是比较小的困难。真正的困难在于柱头腔的口很窄，以致虽然由薄片组成的花粉团还是几乎不能强制插入。我再三试验过，但只有三四次成功。即使把花粉团放在火炉前干燥 4 小时，这样它们缩小一点，但是，要把它们强制插入柱头还是不容易成功。我检查了十分幼嫩的、几乎枯萎了的一些花朵，因为我想柱头腔的入口在生长的某一时期中可能会大一些，可是，花粉团进入的困难仍然一样。现在，当我们看到黏盘特别小，因而它的附着力也不能像那些具有大黏盘的兰科植物一样牢固，而且，它的蕊喙柄极长而细的时候，似乎应该肯定：为了使花粉块

---

　　* 多数近代植物学家把此种并入 *Gongora galeata*（爪唇兰）。——译者

　　** 同上。——译者

很容易进入，柱头室应该非常大而不是很缢缩。何况正如虎克博士也曾看到的，其柱头表面是特别不黏的。

当花朵准备受精时并不分泌花蜜[①]，但是，这并不阻碍受精，因为克吕格尔博士曾见到熊蜂咬啮掉与本属极近的斑花爪唇兰(*Gongora maculata*)唇瓣上的突起，因此，爪唇兰属植物的唇瓣末梢上杯状部分对昆虫也有类似的吸引力，这点是没有多大疑问的。用了许多方法，做了无数次试验以后，我发现花粉块确实能够运走，只需用一支骆驼毛画笔把蕊喙微微往上一推，就在这个位置上把画笔的笔尖沿着蕊喙的下面滑走，以便刷掉蕊喙末端的小黏帽，这样，画笔上的驼毛便进入小黏帽，并且很牢固地把它胶住。此外，我还发现如果把在笔尖上就这样附着有花粉块的画笔推入柱头穴内，而又从柱头穴内抽出来，因为柱头穴口具有一个锐利的脊，那么，戴有黏帽的蕊喙柄的末端往往粘在柱头腔里面，而以具花粉团的一端靠近外面。许多花朵就这样加以处理后，其中 3 朵花产生完好的蒴果。斯克特先生还用同样的、看来是人为的方法使两朵花受精获得成功。有一次，他以同样的做法用红门兰属的一个很不同的物种的黏性物质来涂湿的花粉团放在柱头室口上。这些事实使我推想到，一只腹部成为锐尖端的昆虫降落在花上，然后转过身来咬啮唇瓣的末梢部分。在这样做时它就把花粉块运走了，花粉块黏帽就粘在昆虫腹部的末端。然后，这个昆虫飞去寻访另一朵花，在这段时间里，花粉块俯降的动作会使蕊喙柄平卧在昆虫背上，而且，由于昆虫保持着如前一样的方位，它将会很容易把腹部末端插入柱头腔里面，就在这个时候，柱头穴口前方的壁架(ledge)，会把黏帽刮掉，把花粉团留在靠近柱头穴的外面，就像上述试验一样。整个动作可能要借助于昆虫咬啮唇瓣时，唇瓣的摆动。这一完整的看法是很难置信的，可是，尽我所能领会的，它是这种花受精的唯一解释。

由于柱头腔入口的狭窄，其近亲属如爪唇兰属、固唇兰属(*Acineta*)及马车兰属在受精上几乎有同样的困难。斯克特先生一再试验，但是不能强使花粉团进入暗紫花爪唇兰(*Gongora atropurpurea*)和截形爪唇兰(*G. truncata*)的柱头穴中，可是，他把药床切掉，并把花粉团放在已经裸露的柱头上就很容易使这两个物种的花受精，他对奇唇兰属也这样做过。克

---

① 斯克特(Scott)先生曾经看到在奇唇兰属及其亲缘属爪唇兰属(*Gongora*)的两个物种的一些花已经受精以后，从蕊柱前方流出丰富的花蜜；但是，在别的时期他几乎从未发现花蜜的痕迹。所以，这种流出的花蜜对植物传粉来说可能是无用的，应该把它看作是一种排泄物。

吕格尔博士说[1]，关于斑花爪唇兰，"在特立尼达特是经常结果的。就我所见，它只在白天被一种美丽的蜜蜂，可能是一种长舌花蜂（*Euglossa*）所寻访，它具有几乎两倍于其体长的舌。这长舌伸到腹部后方，就在那里向上弯曲。由于这些蜜蜂只是咬啮唇瓣的前方边缘，在它每后退一步的移动中，其伸出来的舌就接触或接近腺体（即黏盘）。这样，在蜜蜂的舌上迟早会带上花粉团，后来，花粉团就容易被插进柱头的裂缝里面。可是，这一事实我还没有观察到。"我很诧异，克吕格尔博士竟会说花粉团容易插入柱头的裂缝里面，我想他一定曾以干的、收缩的花粉块做试验。突出腹部之外的、对折的、极长的吻与腹部的一个尖端起同一作用，我想在奇唇兰属中这一尖端是运走花粉团的工具，但是，我推测在爪唇兰属被插入柱头穴中的不是黏盘而是宽阔的、分离的花粉团的末端。正如奇唇兰属的情形那样，我发现把爪唇兰属的花粉团插入柱头穴中几乎是不可能的；但有些从花药中取出来晒在太阳下近 5 小时之久的花粉团则变得非常皱缩，并形成一片片薄片，能不很困难地把这些花粉团插入裂缝似的柱头入口。在炎热地带，附着在飞行昆虫身上的花粉块，过了一个时候就会皱缩，昆虫飞行所造成的时间耽搁，将会保证花朵能被不同植株的花粉受精。

关于马车兰属，克吕格尔博士说[2]，在西印度群岛一种蜜蜂（长舌花蜂属）为了要啮食唇瓣，常常去寻访这些花朵，他捉到了一只背上附有花粉块的蜜蜂；但是，他又说他不了解花粉块怎样插到柱头的狭口里。关于细斑马车兰（*Stanhopea oculata*）我发现用手指慢慢地沿着弧形蕊柱的凹表面向下一滑，花粉块几乎总能附着于我的手指上或附着于戴上手套的手指上，但是，这一现象仅仅在花开放以后，郁香四溢的短暂时间内发生。当我再把手指沿着蕊柱向下滑时，花粉块几乎常常被柱头腔的锐边擦掉，并且，粘在靠近柱头的入口。经这样处理的花，偶然——虽然很少——产生了蒴果。花粉块从我手指上移走，好像是因为存在着突出于黏盘外的尖头的缘故，我想，这个尖头是特别适应于这一目的的。如果是这样的话，那么花粉团没有插入柱头腔里面就应发出花粉管。我再补充一句。花粉团在完全干燥以后，收缩得很少，这样它们就不可能很容易被插入柱头腔里面。

我听 F. 米勒[3]说：万代兰族的另一亚族的两属即须喙兰属（*Cirrhaea*）

---

① *Journ, Linn. Soc. Bot.*，1864 年，8 卷，131 页。

② *Journ. Linn. soc. Bor*，1864 年，8 卷，130 页。布龙（Bronn）在本书第一版他的德文译本中曾描述了墨西哥马车兰（*Stanhope devoniensis*）的结构。

③ *Bot. Zeitung*，1868 年，630 页。

和驼背兰属（*Notylia*），其柱头腔入口也同样非常缢缩，所以把花粉块插入柱头腔里亦是极端困难的。可是，他发现须喙兰属花粉块经过半小时或1小时风干，有点皱缩之后，插入柱头腔里还比较容易些。他看到过两朵花，花粉团借助于某种方法，天然地插入柱头腔里面。有几次他把花粉团的末端强制插入柱头口时，亲眼看见一个非常奇特的吞咽过程。花粉团的末端由于吸收湿气而膨胀，并且，由于柱头腔向下渐渐变宽，这样，就迫使花粉团末端的膨胀部分往下滑，所以，最后整个花粉团就被拖进柱头腔里面不见了。在驼背兰属，F. 米勒看到当花开放了约一星期以后，通入柱头的入口变得稍大些。无论用哪种方式传粉，后述这种植物必然为来自不同植株的花粉所受精，因为，它所表现的其中一个特殊情况就是它本身花粉在柱头上起着毒害作用。

我在本书前一版中曾指出，奇唇兰属成熟花的子房没有任何胚珠。但是，我在解释这个事实上犯了极大的错误，因为我断定它是雌雄性分开的。但是，不久，由于斯科特先生的帮助，我认识了我的错误，这位先生利用该植物本身的花粉，成功地进行了人工授粉。希尔德布兰德（Hildebrand）[①]的一个惊人的发现，解释了我所见到的奇唇兰属子房的情况，他发现在许多兰科植物中，胚珠在柱头被花粉管穿通以前是不发育的，而且胚珠发育只在几星期的或甚至几个月的间隔期以后才发生。又根据F. 米勒[②]的报道，许多巴西特产的树兰族和万代兰族植物的胚珠在花受精以后有好几个月保持着极不完全发育的状态，甚至有一个例子达半年之久。他认为产生着几十万胚珠的一个植株，如果这些胚珠在形成之后却没有得到受精，那就会浪费很大的力量，而且，我们知道，在许多兰科植物中，受精是一件不保险而又困难的工作。因此，如果在花粉管已经穿透柱头并保证胚珠受精之前，它们的胚珠没有完全发育的话，对这类植物会是有利的。

盔唇兰属（*Coryanthes*）——我用对盔唇兰属花的受精情况的说明来结束本章。该属花的传粉的方式，或许可以由花结构中推论出来，但是，如果没有经过一位精细观察者、特拉尼达植物园已故主任克吕格尔博士反复目击的话，它的传粉似乎是完全不可置信的。它的花很大，并且向下垂。如图27中所示，唇瓣（L）的末梢部分变为一个大杓（B）。由唇瓣狭窄的基部长出的两个附属体（H）直接立于杓上，并且分泌很多流质，使我们

---

① *Bot. Zeitung*,1863 年 10 月 30 日和以后的，以及 1865 年 8 月 4 日。
② *Bot. Zeitung*,1868 年,164 页。

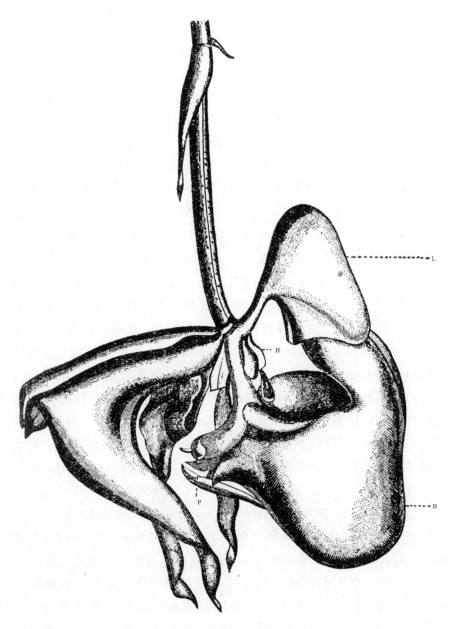

图 27　美丽盔唇兰(*Coryanthes speciosa*)(根据林德利的 *Vegetable Kingdom* 一书中图复制)

L. 唇瓣；B. 唇瓣之杓；H. 流质分泌之附属体；

P. 杓之管，拱盖着具有花药和柱头之蕊柱的末端。

可以看到液滴落到杓中。这种液体透明而微甜,所以还够不上称它为花蜜,虽然,其性质是显然相同的,它也不作为引诱昆虫之用。M. 梅尼埃(Meniere)估计单独一朵花所分泌的流质总量约有 1 盎司①之多。当杓充满了流质时,流质就从管(P)中溢出。这个管被蕊柱末端紧紧地拱盖着,蕊柱上有柱头和花粉团,它们是在这样的一个位置上,即昆虫由杓中经过这一通道夺路而出时,它的背首先擦着柱头,而后擦着花粉块的黏盘,这样,就把花粉块运走了。现在,我们准备听一听克吕格尔博士叙述的关于一个近亲物种盔唇兰(Coryanthes macrantha)的传粉情形:它的唇瓣上具有鸡冠状突起②。我可以先提一下,他寄给我一些蜜蜂标本,他曾看到这些蜜蜂咬啮这些鸡冠状突起,并且,据 F. 史密斯先生告诉我,这些标本属于长舌花蜂属(Euglossa)。克吕格尔博士说,这些蜜蜂可能是"被看到数目很多的,它们彼此竞相落于下唇(hypochil)(即唇瓣的近轴部分)边缘上。一方面由于这个竞赛,一方面或许由于迷恋于它们所贪图的这种物质,它们滚进杓中,此时,杓中已为位于蕊柱基部的器官分泌出来的流质灌注半满。于是,这些蜜蜂在水中朝杓前方爬行,在杓的前方、杓口和蕊柱之间有一条供蜜蜂们爬出的孔道。如果有人能早起观察——因为这些膜翅目(Hymenopteae)昆虫是早起者——那么就能看到每朵花是如何完成传粉的。熊蜂从它非自愿的浴洗中夺路而出时,一定要用相当大的力量,因为上唇(即唇瓣的远轴部分)口和蕊柱面严密地相合在一起,而且它们很硬而富弹性。那时,浸没在流质中的第一只蜜蜂,在背上将会黏着有花粉团的黏盘。然后,这只蜜蜂一般是通过孔道带着这一特别附属物出来,并几乎马上又回到它的宴会上,当它一般第二次落入杓中时,还要通过同一个孔口出来,因此,当它夺路而出时,就把花粉团插入到柱头中,所以,它不是使同花受精,便是使异花受精。我曾常常看到这样的情况;有时,很多熊蜂集在一起,排成一个连续不断的长列,接踵地通过这个特定的孔道。"

这类兰花的传粉全靠昆虫们经过唇瓣前端和拱盖在其上的蕊柱所形成的一个孔道,这点不可能有一点疑问。如果唇瓣的巨大的远轴部分的杓干枯了,蜜蜂们就会很容易飞脱。因此,我们必须相信从附属器所分泌异常丰富的流质积聚在杓里,这并不是引诱蜜蜂的美馔——因为我们知

---

① *Bulletin de la Soc. Bot. de France*,1855 年,2 卷,351 页。

② 见 *Journal of Linn. Soc. Bot.*,1864 年,8 卷,130 页。在帕克斯顿(Paxton)的 *Mag. of Botany*,5 卷,31 页上有这个物种的一幅图,但是,要复制这图太复杂了。在 *Journal of Hort. Soc.*,3 卷,16 页上还有一幅费氏盔唇兰(*Coryanthes feildingii*)的图,T. 戴尔(Thiselten Dyer)先生提供我这些图,我很感激他。

道蜜蜂是咬啮唇瓣的——而是为了湿漉它们的翅膀，使它们不得不爬过这一孔道。

现在，我已经描述了，或许过于详细地描述了万代兰属借以传粉的许多装置中的一小部分：各部分的相关位置和形状——摩擦、黏性、弹力运动和吸湿性运动，一切都巧妙地相互关联着——都起着作用。但所有这些结构都是从属的，昆虫们的帮助才是主导的。在我所检查的本族 29 个属的各个物种中，如果没有昆虫们的帮助，没有一种植物会结出一粒种子。在大多数事例中也确实是：只有当昆虫们由花中退出时，才把花粉块运走，它们把花粉块运走后，使通常在不同植株上的两朵花之间实现珠联璧合。在所有许多事例中，几乎没有不发生这样的动作，即花粉块由蕊喙上移走后，慢慢改变它们的方位，以便取得适当位置以击中柱头，因为在此期间，昆虫们一定要有一段时间从一个起雄株作用的植株的一些花朵上飞到另一个起雌株作用的植株的一些花朵上去。

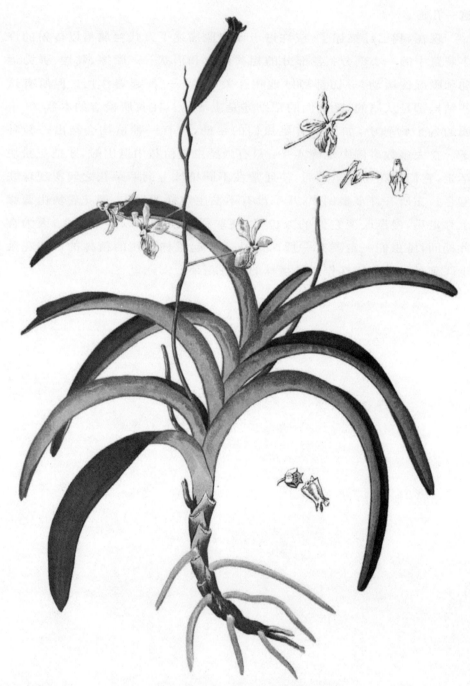

▲雅美万代兰（*Vanda lamellata*）

第七章　万代兰族(续前)
——龙须兰亚族

· Chapter VII　Vandeae ·

　　龙须兰亚族，所有兰科植物中最奇特的亚族——龙须兰属(Catasetum)的花粉块投射得远以及由昆虫传送所依赖的机制——蕊喙触角的敏感性——三齿龙须兰(Catasetum tridentatum)的雄性型、雌性型和两性型之间的巨大差别——火焰旋柱兰(Mormodes ignea)花朵的奇妙结构；花粉块的射出——优雅旋柱兰(Mormodes luxata)——胀花肉唇兰(Cycnoches ventricosum)受精的方式

　　我把万代兰族的一个亚族即龙须兰亚族(Catasetidae)留作单独描述，我想人们应该把它视为是所有兰科植物中最奇特的一个亚族。

　　我打算从龙须兰属(Catasetum)开始。对花的简略观察表明，和多数其他兰科植物一样，这个属的花粉块由药室中搬出并把它们输送到柱头表面上去也需要某种机械作用的帮助。而且，我们将立刻得知龙须兰属是独一无二的有雄性型的，所以，为了要产生种子起见，一定要把花粉团运送到雌性植株上去。花粉块备有一个大型的黏盘，但是，这黏盘并非处在可以触及和黏着来寻访这些花的昆虫的位置上，而是向内转，位于靠近腔内的上方背侧，这个腔应该称为柱头腔，尽管不起柱头那样的作用。在这个腔中没有什么吸引昆虫的东西。即使昆虫们真的进来了，黏盘的黏性表面亦不可能和它们接触。

　　那么，大自然如何起作用呢？ 她赋予这些植物以敏感性——由于没有一个比敏感性更好的术语，故必须这样称呼；她又赋予这些植物以巨大的力量，猛烈地把花粉块射到甚至相当远的距离。因此，当花的某些特定的点被昆虫接触时，花粉块就像箭一样向前射出，可是，这支箭的前端不具倒钩，而是具有一个钝的、极黏的尖端。这只昆虫由于被那样剧烈的一击所惊扰，或者由于吃饱了，它迟早要飞到雌株上去，当它站在和以前同样的位置上时，这支箭的具花粉的一端就被插到柱头穴内，一团花粉便被留在柱头的黏性表面上。于是，也只有这样，经我检查过的龙须兰属的5个物种才能受精。

　　在许多兰科植物中，如在对叶兰属、绶草属和红门兰属中，蕊喙表面极其敏感，所以，当它一被接触或曝露在氯仿蒸气中，它就在特定的几条缝线处破裂。龙须兰亚族也是这样，但它和对叶兰属、绶草属以及红门兰属等等有显著的差别，龙须兰属的蕊喙伸长为两个弯的渐细的角，或称它们为触角(antennae)，这种触角悬在昆虫所降落的唇瓣上方。如果这对触角即使是被很轻地碰一碰，它们就把某些刺激传导给围绕在花粉块黏盘周围的、借以使黏盘和邻近表面连接起来的膜，促使这薄膜立刻破裂，这种破裂一旦发生，黏盘就马上分离。我们也曾见到有几种万代兰族植物花粉块的蕊喙柄紧紧地伏贴在蕊喙上，而且富有高度弹性，因此，蕊喙柄

◀火焰旋柱兰。

一旦分离,就立刻弹跃而起,看来是为了使花粉团与药室分开。反之,在龙须兰属中,蕊喙柄弯曲地附着于蕊喙上,当它由于黏盘所连着的边缘破裂而被分离时,它们就以这样的力量伸直:不但使花粉球连同药室由它们着生处拉开,而且使整个花粉块也向前方投射,越过所谓触角的末端,有时,远达两三英尺。因此,就整个性质来说,先前存在的结构和能力被利用于新的目的了。

囊瓣龙须兰(*Catasetum saccatum*)[①]——首先我打算描述在龙须兰属名下的、分属于 5 个物种的雄性型。囊瓣龙须兰的一般外貌见图 28。在图 28B 中表示除唇瓣外,所有的萼片和花瓣都已被切除了的花的侧面图,图 28A 表示蕊柱的正面图。一片上萼片和两片上花瓣围绕着并保护着蕊柱;两片下萼片向前伸出和蕊柱成直角。花或多或少向一侧倾斜,但唇瓣向下,如图中所示。那暗铜色和橙色斑点的色彩,巨大而边缘有流苏的唇瓣上具有一个口张得很大的囊,一个触角伸出而另一触角下垂,所有这些,给予花朵以奇异的、可怕的、几乎爬虫类似的外貌。

在蕊柱正面中央,可以看到深深的柱头腔(图 28,A,s),但在切面图(图 29,C,s)中,柱头腔表现得最清楚。为使其机制可以一目了然起见,图中各部分稍为相互分开了些。在柱头腔极后面顶部中央(图 28,A,d),刚能看到黏盘上翻的前缘。位于两个触角之间的黏盘的膜质上表面,在破裂以前和两个触角的具流苏的基部是连续的。蕊喙向前突出于黏盘和柱头腔之上(参看图 29C),其每边向前延长而形成一对触角,中部被花粉块的带状蕊喙柄(ped)所覆盖。蕊喙柄下端附着于黏盘上,上端附着于药室中的两个花粉团(*p*)上。在自然状态下,带状蕊喙柄保持着十分弯曲地围绕着突出的蕊喙;当蕊喙柄被分离时,它猛烈伸直,同时,其两侧边向里卷曲。在生长初期,蕊喙柄与蕊喙是连续的,后来,由于一层细胞的分解,它变为和蕊喙分离了。

分离和伸直了的花粉块,如图 29D 所示。和蕊喙接触着的花粉块的下表面如图 29E 中所示,其蕊喙柄两侧边缘已向里卷曲。图 29E 还表示出两个花粉团下表面的裂缝。在这裂缝里,靠近基部连接着一层强韧而能伸展的组织,这层组织形成花粉团柄,花粉团就以此花粉团柄与蕊喙柄

[①] 我很感谢乞尔西亚(Chelsea)的 J. 维奇(James Veitch)先生,我所看到的这些兰科植物的第一张标本是他给我的;其后,著名的兰科植物大收藏家 S. 拉克(S. Rucker)先生惠赠我两个完美的穗状花序,并曾极其热情地以另一些标本帮助我。

相连。蕊喙柄下端以一个能伸缩的铰链连接于黏盘上,这个铰链在其他
各属中是不存在的,因此,蕊喙柄可以在黏盘朝上翻的末端(图 29D)的可
能范围内向前和向后摇动。黏盘大而厚,它由与蕊喙柄相连的一个强韧
的上膜及其下面的一个极厚的、多汁的、丛毛状的枕垫以及黏性物质组成
的。黏盘后面边缘是最黏部分,这部分在花粉块射出时,必然首先击着任
何对象。黏性物质很快就凝固。整个黏盘表面由于紧靠柱头腔的顶部,
故在花粉块射出以前得以保持湿润,但在切面图(见图 29C)中所表现的像
其他部分一样稍稍和柱头腔顶分开了。

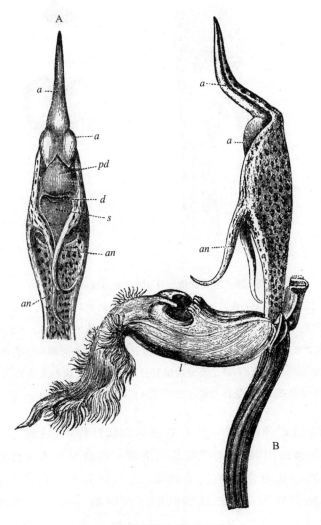

图 28　囊瓣龙须兰(说明见图 29)

药膈的膜（见图 28，29 中的 a）突出成长尖，松弛地黏着于蕊柱的尖端，这尖端（见图 29C，f）相当于花丝。

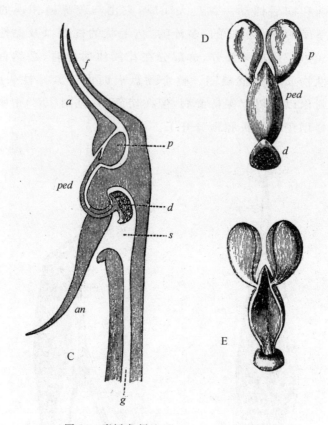

图 29　囊瓣龙须兰（*Catasetum saccatum*）

a. 花药；an. 蕊喙的触角；d. 花粉块的黏盘；f. 花药的丝；

g. 子房；l. 唇瓣；p. 花粉团；pd. 或 ped. 花粉块的蕊喙柄；s. 柱头腔；

A. 蕊柱之正面图；B. 花之侧面图，除唇瓣外所有萼片和花瓣均已切除；C. 整
个蕊柱的图解式切面图，各个部分均略有分离；D. 花粉块的上表面图；E. 花
粉块的下表面图，它系处在与蕊喙密切接触而未被移走以前。

花药之有这种奇特形状，看来是为了起杠杆作用，这样，当花粉块因蕊喙柄的弹力而被射出时，只需把花药的下端一拉就可以很容易把它扯开。

唇瓣和蕊柱成直角或稍向下悬垂，它两侧和基部的裂片向中部里面翻转，所以，昆虫只能站在蕊柱的前面。在唇瓣中部有一个深穴，深穴周边有鸡冠状突起。此腔不分泌花蜜，但穴壁厚而多肉，稍有带滋养的甜味，一看便知这穴壁会受到昆虫啮食的。左触角的末端直接悬在穴上，必

然会被怀有任何目的而来寻访唇瓣这一部分的昆虫所触及。

这对触角是花中最奇特的器官,为其他属所未见者。它们形成坚挺而弯曲的角,向尖端渐狭。它们是由膜质狭带构成,狭带两边缘向里卷曲到相互接触的地步,因此,每一触角是管状的,沿着一面有一条裂缝,状似蝮蛇之毒牙。它们由许多极长的、通常六角形两端尖的细胞组成,这些细胞(一如花中多数其他组织的细胞一样)具有带核仁的细胞核。这对触角是蕊喙前面两侧的延长部分。由于黏盘在两边与膜质的小流苏饰边是连续的,流苏饰边又和触角基部连续,因而,触角和黏盘之间有了直接联系。花粉块的蕊喙柄正像上面说过的,从这对触角基部之间通过。并非整个触角都分离,而是其外缘与柱头腔的边缘牢固地相结合,并有相当大的一段空间与柱头腔边缘融合在一起了。

经我检查过的从三个植株上摘下来的全部花朵,结构上相似的两个触角占有同样的相应位置。左触角的末端向上弯(参看图28B,触角的位置较 A 表示得更清楚),同时,还稍稍向里弯,因此,它的末端居中,卫护着通入唇瓣穴入口。右触角向下垂,它的末端稍向外弯,我们在下面就要看到它几乎瘫痪得一无作用了。

现在,让我们来谈谈各部分的动作。当这种兰花的左触角(或以下 3 个物种的任何一个触角)被触及时,和邻近表面连成一起的黏盘上膜的边缘立刻破裂,而使黏盘分离。具有高度弹性的蕊喙柄,就立刻把很重的黏盘由柱头腔中倏然弹出,其力大得使整个花粉块射了出来,两个花粉球与黏盘一起带走了,并把松松附着的锥状花药,也从蕊柱顶端撕开。花粉块被射出时总是以黏盘朝前。我用一小条鲸须来模仿这动作,鲸须的一端稍加重量当做黏盘,此时,把鲸须绕着一个圆筒状物体弯个半圆,同时,把其上端用一个别针的平滑一端轻轻地按着,代表花药的阻碍作用,于是把其下端突然放松,整个鲸须就以重端向前射出,犹如龙须兰属的花粉块一样。

我用压住蕊喙柄中部的方法,确定了黏盘是首先由柱头腔中猛然被拉出的:当我触及触角时,黏盘立刻往前弹跃,但是,由于压住蕊喙柄,花粉块没有由药室中拉出来。除了由于蕊喙柄伸直而产生的弹力以外,还有横向的弹力起作用;如果把一支羽管纵向劈成两半,把一半纵向地用力按在一支很粗的铅笔上,压力一撤除,羽管立即跳开。在花粉块的蕊喙柄上,发生了相似的动作,这是由于蕊喙柄松开以后,其边缘骤然向里卷的结果。这些纵横联合的力量之巨大,足使花粉块射出两三英尺之远。有好几位朋友曾经告诉我,在他们温室中触着这属的花朵时,花粉块曾击中过他们的脸。我在离开窗户约 1 码远的地方,拿着一朵胖胝龙须兰(*Catasetum callosum*)的花,我碰一下它的触角,花粉块就击着玻璃窗,并以其黏盘粘在玻璃平滑的垂直面上。

关于引起黏盘和邻近部分分开的刺激性质的下述观察,是包括对下面的几个物种的一些观察在内的。我有好几朵花是由邮局寄来的,或是由火车上带来的,它们在旅途中一定受到剧烈颠簸,可是未曾爆裂。我把两朵花从二三英寸高落到桌面上,可是花粉块没有射出来。我用一把剪子在靠近花朵下面咔嚓一下剪去肥厚的唇瓣和子房,但这样剧烈的动作对于花粉块也不发生影响。深深地扎刺蕊柱各部分,甚至刺进柱头腔中亦不发生影响。足以吹落花药的一口气却使花粉块射了出来,这是我有一次偶然看到的。有两次我稍稍用力地压在蕊喙柄上,因而也就压及蕊喙柄下的蕊喙上,但没有任何影响。在我压着蕊喙柄的同时,我把花药轻轻移动,于是花粉块的具花粉的一端,因弹力之故而弹了起来,这一弹动遂使黏盘脱开。可是,M. 梅尼埃[①]说:有时药室自己分开,有时,人们也能把它轻轻分开,却不见黏盘分开,这时,蕊喙柄的具有花粉团的上端,在柱头腔前面垂头摆动。

对 3 个物种的 15 朵花做了试验以后,我发现除触角外,对花的任何部分施以适度的暴力都不会产生任何影响。但是,碰一下囊瓣龙须兰的左触角或下面 3 个物种的任何一个触角,花粉块就立刻射出来。整个触角及其末端是敏感的。在三齿龙须兰(*Catasetum tridentrtum*)的一个标本上用一根刚毛碰一下就够了,囊瓣龙须兰的 5 个标本要用一根细针轻轻触动,但其他 4 个标本就需要轻微地一吹。在三齿龙须兰用小管吹出的一阵清风或用小管注出的一道冷水还不够;也不是在任何情况下用一根人发碰一下就行。因此,比起对叶兰属蕊喙说来,触角的敏感性是较小的。据我们现在所知,这种植物的花是接受强有力的昆虫的寻访,因此,像对叶兰属蕊喙那样极度敏感性确系无用。

触角的简单机械动作不能使黏盘分开,这是肯定的;因为触角有相当的一段距离牢固地黏着于柱头腔的边上,所以,在靠近它们的基部不可动摇地被固定着。如果震动沿触角传导,那么,它一定是有某种特殊性质的,因为平常各种较剧烈的震动不会激起破裂的动作。有时候,当花初被送到时是不敏感的,但在穗状花序被剪下插在水中一两天后,它们就变为

---

① *Bull. de la Soc. Bot. de France*,1854 年,1 卷,367 页。

敏感了。我不了解,这个现象究竟是因为它们充分成熟了呢,还是由于它们吸收了水分之故。把胖胝龙须兰的两朵已完全不敏感的花浸在温水中,1 小时后它们的触角就变为高度敏感。这点要不是说明触角的细胞组织必须膨胀才能接受和传导碰触所给予的影响,或者更可能就是说明热力使触角的敏感性为之增进。另外两朵花放在并不烫指头的热水中,花粉块就自己射出来了。把一株三齿龙须兰放在一间稍冷的房间中几天,结果,触角变得麻痹状态;切下一朵花放在 100℉(37.7℃)的温水中,并不立刻产生影响,但过了 1.5 小时后再去看它时,发现花粉块已经射出来了。另外一朵花被放在 90℉(32.2℃)的温水中,过 25 分钟后,发现花粉块也射出来了;再有两朵花放在 87℉(30.5℃)的温水中过 20 分钟后,发现它们没有爆裂,尽管后来证明它们对于一个轻微的触动是敏感的。最后,我把 4 朵花放在 83℉(28.3℃)的温水中,45 分钟内其中两朵花没有射出它们的花粉块来,但是,后来发现它们是敏感的;然而,其余两朵花过了一小时零一刻钟再去看时,发现它们的花粉块已经自己射出来了。这些事例,都说明把花朵浸入温水,而水温提高到稍比植物暴露时所经受过的温度只高一点时,就能使黏盘所附着的膜破裂。从细管流出的一小股快沸腾的水流,落到上述植株的某些花朵的触角上,这些花的触角便变得柔软而烫死,可是花粉块没有射出来。在触角尖端滴上硫酸亦不引起任何动作;尽管没有被硫酸灼伤的触角上部后来发觉它们对于触动是敏感的。在上述后两个事例中,我认为震击过于突然和猛烈会使组织立刻致死。就上述几件事实看起来,我们可以推断,一定有某种分子的变化顺着触角传导,惹起黏盘周围薄膜的破裂。三齿龙须兰的触角长 1.10 英寸,用一根鬃毛轻轻触动一下触角的末端,就我所见到的这一触动,立时传遍整个触角。我数了一下组成这一物种触角组织中的几个细胞,并把它们大致平均一下,似乎这刺激必须通过不下于 70~80 个细胞。

至少我们可以稳当地得出结论:龙须兰属特具的触角特别适合于接受和传导触动所产生的影响给花粉块的黏盘。这就引起薄膜破裂,同时,花粉块因蕊喙柄的弹力而被射出。如果我们需要进一步的证据,那么我们就一望而知,是三齿龙须兰的雌株类型,即所谓和尚兰属(*Monachanthus*)中,自然界提供了这个证据。它不具有能射出的花粉块,并且,在这属的花中根本没有触角。

我已经讲过,囊瓣龙须兰的右触角总是下垂的,它的尖端微向外弯,而且,几乎是瘫痪的。我这种想法是在 5 次试验的基础上得出的,在这些试验中,我猛烈地打击这一触角,弯曲它,针刺它,可是没有结果;但是,紧接着用比较小得多的力量去碰左触角时,花粉块便向前射了出来。在第六次试验时,我给右触角一个剧烈的打击,就引起了花粉块射出的动作,所以,它并非完全瘫痪。在所有兰科植物中,唇瓣是吸引昆虫的部分,由于这一触角(右触角)并不卫护唇瓣,所以,它的敏感性就无用了。

就大型的花朵,尤其是大型的黏盘以及就黏盘惊人的黏力来看,我以前推测这种花是由大型昆虫来寻访的,现在知道事实就是这样。在黏性物质凝固之后,粘得非常坚固,蕊喙柄又非常强韧(虽然它很薄,在铰链处的宽度不过十二分之一英寸),以致黏着于物体上的一个花粉块,竟能荷重 1262 格令或近 3 盎司达几分钟之久,这点使我感到惊奇;而对于稍轻一些的重量,则能支持相当久的时间。当花粉块向外射出时,大的、锥状花药一般被花粉块带走。如果黏盘击到像桌子那样的平面上,由于花药重量所产生的动量(momentum)往往把带有花粉的一端超过黏盘而到前面,假若花粉块附着在昆虫身上的话,那么,对另一花朵受精来说,花粉块黏着的方向颠倒了。花粉块的射程往往有点弧曲[①]。但是,不能忘记,在自然界中花粉块的射出是由于站在唇瓣上的大型昆虫碰及触角所引起的,这时,昆虫把它的头和胸靠近花药。因此,保持弧曲的物体始终会准确地击着它的中部,当黏有花粉块的昆虫飞走时,花药的重量就把花粉块的铰链压下;在这种状态下,药室很容易脱开,使花粉球分离,恰好处在使雌花受粉的适当位置上。花粉块如此有力地射出,其作用当然是要把黏盘的黏性软垫撞在常去寻访花朵的大型膜翅类昆虫的毛茸茸的胸部。当黏盘一经粘在昆虫身上,昆虫确实没有力量能把黏盘和蕊喙柄去掉;但花粉团柄很容易断裂,因此,花粉球就会很容易留在雌花的黏性柱头上。

胼胝龙须兰(*Catasetum callosum*)——这个物种[②]的花比囊瓣龙须兰的

---

① M. 巴隆(M. Baillon)(*Bull. de la Soc. Bot. de France*,1854 年,1 卷,285 页)说,褐花龙须兰(*Catasetum luridum*)总是直线地射出它的花粉块,并且,这一方向使花粉块紧紧地粘在唇瓣穴的底部;他推测花粉块在这样位置上是以一种无法作明确解释的方式使花朵受精的。在同卷的后一篇论文(367 页)中,M. 梅里埃(Ménière)正确地驳斥了巴隆的结论。他指出药室是容易被分离的,有时,它自己就分离了;后来,由于蕊喙柄的弹性使花粉块向下摆动,黏盘仍附着于柱头腔顶部。梅里埃暗示:由于此后蕊喙柄继续收缩,花粉团可能被带到柱头腔中去。这种情况在我检查过的三个物种中是不可能的,而且会是无效的。但是,梅里埃本人也进而指明昆虫对兰花受精有多大的重要性,而且,他似乎表示它们对于龙须兰属起了媒介作用,并表示褐花龙须兰不是自花受精的。巴隆和梅里埃两人都准确地描述有弹力的蕊喙柄在被分离前所处的弯曲的位置。但是,这两位植物学家似乎都不知道:龙须兰属的这些种(至少我所检查过的 5 种)完全是雄性植株。

② 这个种之完美的穗状花序是拉克(Rucker)先生惠赠予我,经林德利博士为我定的名。

小,但它们在很多方面是相似的。这个物种唇瓣边缘有乳头状突起,唇瓣中部的穴是小的,穴后有一个铁砧状狭长突起,我所说的这些事实,是指关于唇瓣的这些特征方面,在这个物种和即将描述的须毛蝇兰(*Myanthus barbatus*),亦即三齿龙须兰的两性类型之间有些相似而言。随便碰一下那个触角,花粉块就很有力地射出。黄色蕊喙柄很弯,以铰链与非常黏的黏盘相连。两个触角对称地立于铁砧状突起的两侧,触角的末端位于唇瓣小穴里。穴壁有一种带养分的美味。触角的整个表面,因有乳头状突起形成粗糙不平而显得奇特。这种植物是雄性型,而雌性型现在还不知道。

台花龙须兰(*Catasetum tabulare*)——这个物种和囊瓣龙须兰均属同一类型,但在外貌上与后者大不相同。唇瓣中部由一个狭长的桌状突起组成,突起几为白色,由一厚块具甜味的肉质组织组成。靠近唇瓣基部有一个大穴,外表上像普通花的蜜腺距一样,但似乎从未分泌过花蜜。左触角的尖端在这个穴内,并且,肯定会被啃咬唇瓣中部突起的两裂片末端与基部末端的昆虫碰到。右触角向里弯,末端弯成直角,挤着蕊柱,所以,我相信它犹如囊瓣龙须兰一样也是瘫痪的;可是,我检查的花,几乎都是已经完全失去敏感性的。

扁轴龙须兰(*Catasetum planiceps*?)——这个物种和下一个物种没有重大不同,所以我想简单地加以描述。其绿色有斑点的唇瓣位于花的上面,呈瓶状而有一小口。一对狭长粗糙的触角在唇瓣里面卷成一圈,彼此稍有一点分开并互相平行。它们对触动都具敏感性。

三齿龙须兰(*Catasetum tridentata*)——这个物种的一般外貌和囊瓣龙须兰、胖胝龙须兰以及台花龙须兰有很大区别,见图30,它的两片侧萼片已被切除。

这个物种的花的唇瓣位于最上方,也就是说,和大多数兰科植物比起来,系处于颠倒的位置。唇瓣盔状,它的远轴部分退化为三个小尖齿。因为唇瓣的这样位置,它不能盛花蜜,但是,其四壁厚,如同其他物种一样有一种带滋养的甜味。柱头腔虽然不起柱头那样的作用,但是腔大。蕊柱顶端和锥状花药不像囊瓣龙须兰那样非常伸长,其他方面没有重大的区别。触角较长,其尖端约在为全长的二十分之一处因细胞长成乳头状突起而变得粗糙。

与前面一些物种一样,花粉块的蕊喙柄借铰链与黏盘连接,蕊喙柄由于黏盘一端翻起的缘故,只能向一个方向自由活动,并且,花粉块被昆虫运输到雌花上时,这种活动的限制力看来起作用了。和别的物种一样,黏盘大,

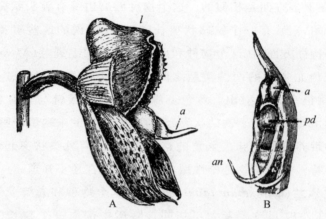

图 30　三齿龙须兰(*Catasetum tridentata*)

a. 花药；*pd*. 花粉块的蕊喙柄；*an*. 触角；*l*. 唇瓣

A. 自然状态花之侧面图,两萼片已被切除；B. 示图 A 位置颠倒后之正面蕊柱图。

射出时首先击着物体的黏盘末端要比其余部分表面黏得多。后者表面为乳状流质所润湿,当它曝露在空气中就迅速变为棕色,并凝结成干酪状稠性物质。黏盘的上表面有由多角形细胞构成的坚韧的膜,该膜靠在并粘在厚垫上,这个垫是由一些不规则的圆的棕色物质球所组成,各球互相分开,间隙嵌有一种透明的、没有结构、具高度弹性的物质。这个垫向黏盘后端逐渐变为黏性物质,黏性物质凝固后变成棕色、半透明而且均匀。总之,和万代兰族的其他各属比起来,龙须兰属的黏盘呈现出一种复杂得多的结构。

　　除触角的位置外,对本种无需多加描述。经我检查过的所有这许多花,这对触角都具有十分相同的位置。它们全部卷在盔状唇瓣里面；左触角高一些,向里弯的末端位于唇瓣中部；右触角较低,横过唇瓣的整个基部,其尖端刚突出于蕊柱基部左缘之外。它们全都是敏感的,但卷在唇瓣中部的那根看来是两者中尤为敏感者。就花瓣与萼片的位置来看,寻访花朵的昆虫几乎一定会降落在唇瓣的鸡冠状突起上,然而,要不触动这两根触角中的一根,几乎大穴的任何部分都咬不到,因为左触角警卫着穴的上部而右触角则防守下部。当碰到任何一根触角时,花粉块就射出来,黏盘不是击着昆虫的头,就是击着它的胸部。

　　这种龙须兰的两根触角的位置,可用人的下述姿态相比：人的左臂上抬而弯,那么,他的手就位于其胸前,右臂在下面横过身体,其手指就恰好突出于左胁之外。胖胝龙须兰的两根触角都位于下部,并且对称地伸展。囊瓣龙须兰的左触角像三齿龙须兰一样,弯曲而位于前方,但稍低些；然而,它的右触角则瘫痪地下垂,末端稍向外弯。就各个情形而论,我们将怀有赞美的心情注意到:一旦昆虫寻访唇瓣,花粉块就到了射出之时,于是花粉块就可能被运送到雌花中去。

从另一着眼点出发,三齿龙须兰是很有趣的。当 R. 朔姆布尔克(R. Schomburgk)爵士[①]说,他曾见到过被认为是三个不同的属,即三齿龙须兰、绿花和尚兰(*Monachanthus viridis*)和须毛蝇兰的三种类型长在同一植株上时,震惊了植物学界。林德利指出[②]:"这些情况,动摇了我们对属种稳定性的一切观念的基础。"朔姆布尔克爵士断言,他在埃塞奎博(Essequibo)看到过成百株三齿龙须兰,但是,从未发现一株结有种子[③]。所以,他对于和尚兰的巨大结籽蒴果感到惊讶,并指出:"我们在这里发现兰科植物的花有不同性别的种种迹象。"克吕格尔博士也告诉我说,他在特立尼达从未见到这龙须兰的花自然地结过蒴果[④];当他像以前多次所做过的那样,用它们自身的花粉使它们受精时,也没见到蒴果的产生。与此相反,他用龙须兰的花粉使绿花和尚兰的花受精时,则从未失败过。在自然情况下,和尚兰通常亦产生蒴果。

由于我亲自观察过的事实,使得我仔细地检查三齿龙须兰、胖胀龙须兰和囊瓣龙须兰的雌性器官。它们的柱头表面绝不像所有其他兰科植物(除去我们以后将在杓兰属中见到的以外)的柱头那样发黏,也不像它们

---

① *Transactions of the Linnean Soc.*,17 卷,522 页。另一篇关于蝇兰属和尚兰属不同的物种在同一花葶上出现的报告是由林德利博士写的,发表于 *Botanical Register*,页码 1951 上。他还提到其他情况。在这些情况中,有一些花朵是处在中间状态,这并不奇怪,因为我们知道,雌雄异株的植物有时部分地恢复到两性的性状。里弗黑尔(Riverhill)地方的罗杰斯(Rodgers)先生告诉我他由德梅拉拉(Demerara)输入一种蝇兰,当它在第二次开花时变为龙须兰了。卡彭特(Carpenter)博士(*Comparative Physiology*,第四版,633 页)提到在布里斯托尔(Bristol)发生类似的情况。最后,约克植物园(Botanic Garden at York)主任赫伯特(Herbert)先生在许多年前告诉我说,褐花龙须兰在那里开了 9 年花没有变样子;后来却生出一个蝇兰的花葶,我们很快知道这个花葶是介于雄性类型和雌性类型之间的两性型。M. 迪夏特尔(M. Duchartre)先生在 *Bull. de la Soc. Bot. de France*,1862 年,9 卷提供了一篇内容丰富的记载,论及在同一植株上这些类型出现的问题。

② *Vegetable Kingdom*,1853 年,178 页。

③ 布隆尼亚尔(Brongniart)说(*Bull. de la Soc Bot. de France*,1855 年,2 卷,20 页);M. 纽曼(M. Neumann)先生——一位精通兰科植物授粉的专家——在龙须兰的授粉上从未获得成功。

④ 汉斯博士(Dr. Hance)写信给我说,在他的收藏中有一株从西印度群岛来的三齿龙须兰,带有完美的蒴果;但是,这朵特别的花看来不一定就是龙须兰,而且,并非不可能由龙须兰的一个植株产生一朵和尚兰的花乃至产生整个和尚兰的花葶,这种情况我们知道是常有的。J. G. 比尔(J. G. Beer)说(伊尔米施在 *Beiträge zu Biologie der Orchideen*,1853 年,22 页中所援引的),在 3 年中,他试验使龙须兰受精,没有结果,但有一次,只把一个花粉块的黏盘放在柱头里,竟然产生一个成熟的果实;但是,或许有人会问:这些种子有胚吗?

那样必须通过花粉团柄的破裂而获得花粉团。在三齿龙须兰的幼花和老花中我都仔细地注意了这点。当上述 3 个物种的花用酒精浸泡以后,将其柱头腔和柱头槽的表面刮下来,发现这表面是由一些小胞组成(它们包含特有形状的核),但是,几乎不像平常兰科植物所具有的那样多。这些小胞更加粘在一起,而且越加透明。为了比较起见,我曾对浸在酒精中的许多种兰科植物的柱头表面做了观察,发现它们全都不很透明。比起和尚兰来,三齿龙须兰的子房较短,沟槽的深度浅得多,基部较窄,而且有更加密实的内部。此外,这三种龙须兰生长胚珠的柄短;与为了比较而被观察过的很多其他兰科植物相比起来,胚珠外形极不相同,它的胚囊单薄些,更加透明些和更少肉质化。或许,尽管这些物体在一般外貌上和位置上和真胚珠十分一致,但是,几乎不应该叫做胚珠,因为我无论如何不能发现珠被的珠孔和内含的珠心,而且,这些胚珠也不是倒生的。

根据这几个事实——即短、平滑而狭的子房,生长胚珠的柄短,胚珠本身的状况,柱头表面不黏,小胞的透明状态——并且,由于朔姆布尔克爵士和克吕格尔博士两人都从未见过三齿龙须兰在它原产地结籽或用人工授粉使之结籽的,我们可以有把握地把这个物种乃至龙须兰属其他一些物种看做是雄性植株。

关于绿花和尚兰和须毛蝇兰,承林奈学会会长的好意,允许我检查保藏在酒精中这两个所谓的属的穗状花序,它们是朔姆布尔克爵士寄回来的。和尚兰(见图 31A)花的外貌相当近似三齿龙须兰(见图 30)。它的唇瓣保持着和其他部分同样的相关位置,几乎不很深,特别在唇瓣的两侧是这样,其边缘具圆齿。别的花瓣和萼片都是反折的,不具有像龙须兰那样多的斑点。子房基部的苞片则比龙须兰的大得多。整个蕊柱,特别是花丝和锥状花药比龙须兰的短得多;蕊喙更少突出。触角完全没有,花粉团不发育。从确证对触角功能的看法而言,这些事实是有意义的:因为当没有可以射出的花粉块时,适应于把由昆虫触动所引起的刺激传递到蕊喙上去的器官,就会失去效用。我没能找到黏盘和蕊喙柄的痕迹,它们当然已经消失了;因为克吕格尔博士说[①]:"当花开放后,亦即当花的颜色、大小和香味等方面已达成熟之前,雌花的花药就落下了。黏盘不黏着或很轻微地黏着于花粉团,但它和花药几乎同时落下。"所余留下的乃是一些不发育的花粉团。

———————————

① *Journ. Linn. Soc. Bot.*,1864 年,8 卷,127 页。

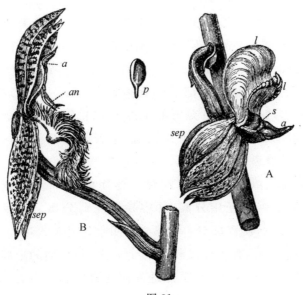

图 31

A. 绿花和尚兰（*Monachanthus viridis*）　B. 须毛蝇兰（*Myanthus barbatus*）

a. 花药；*an*. 触角；*l*. 唇瓣；*p*. 不发育的花粉团；*s*. 柱头裂缝；*sep*. 两个下萼片；

A. 绿花和尚兰自然状态之侧面图。（两个图的衬影曾按赖斯（Reiss）先生在林奈学会会报中的图加上的）；B. 自然状态的须毛蝇兰之侧面图。

　　在靠近小的花药下，有一条狭长的横缝，而无大的柱头腔。我能够把一个雄性龙须兰的花粉团插到这裂缝里，这裂缝由于曾被保藏在酒精中，故其上不单显得有黏性物质凝结的小珠，还有一些小胞。和龙须兰的小胞不同，这些小胞（在酒精中保藏以后）充满着棕色物质。它们与龙须兰比起来，子房较长，近基部处较粗，沟槽更加明显；长着胚珠的柄亦长得多，并且，像所有普通兰科植物那样，胚珠更不透明而为肉质。我相信我看到了珠孔，这珠孔生在稍稍倒生的、具有一个凸出大珠心的珠被的末端，可是，这个标本在酒精中保藏了许多年，因而有了一些变化，所以，我不敢肯定。仅就这些事实看来，我几乎可以确定，和尚兰是一种雌性植物；并且，像上面已经说过，R. 朔姆布尔克爵士和克吕格尔博士也都曾见到它结有许多种子。总之，和尚兰的花和雄性的三齿龙须兰的花大不相同，所以，以前把这两种植物列为不同两属是不足为奇的。

　　和尚兰的花粉团为不发育状态下的结构提供了奇妙的、良好的例证，所以，值得把它描述一下。但是，首先我必得回顾雄性龙须兰的完好花粉团。这些花粉团可以在图 29D 和 E 中见到，它们附着于蕊喙柄上，由一大片黏合的花粉粒或蜡质花粉粒组成，合拢而成一囊，沿着下面有一条裂缝，囊内下部突出的一端附一层富有弹力的组织，它形成花粉团柄，另一端和蕊喙柄连接。外面的花粉粒较里面的有更多的棱角，壁较厚些，色更黄些。在蕾期，这两个花粉团都是包在两个结合在一起的膜质囊中，不久，这两个囊被这两个花粉团突出的末端和花粉团柄所穿透；后来，花粉团柄的末端黏着于蕊喙柄。在花开放前，包着两个花粉团的膜质囊开裂了，花粉块就裸露地靠在蕊喙背面。

反之，在和尚兰属中，含有不发育花粉团的两个膜质囊是从不开裂的；然而，它们倒很容易互相分离，并容易和花药分离。形成囊的组织厚而肉质。像大多数不发育部分一样，花粉团在大小和形状上起了很大变异：它们的体积大约只有雄株花粉团的十分之一；它们的形状像个长颈瓶（图 31，p），下端大大地突出，几乎穿透外面的膜质囊。沿着花粉团下面不存在伸出花粉团柄的裂缝。花粉团外面的花粉粒四方形，并且具有较里面的花粉粒为厚的细胞壁，这点正和真正雄性植株的花粉块相同，很奇妙的是各个细胞有它自己的细胞核。R. 布朗说[1]，普通兰科植物花粉粒形成的初期阶段（正如其他植物一样）往往可以见到一个微小细胞核，因此，和尚兰的不发育的花粉粒——犹如动物界中很普通的不发达器官一样——保留着胚的特性。最后，在长颈瓶状花粉团内的基部有一小块棕色、富有弹力的组织——这就是花粉团柄的痕迹——它远远地上升到长颈瓶的尖端（至少有一些标本是这样的），但是，没有升到表面来，所以，它绝不能与蕊喙柄的任何部分连接。因此，这些不发育的、被包着的花粉团柄完全无用。虽然雌花花粉团形体是小的，几乎是不发育的，但克昌格尔博士把它们放到雌株柱头上时，它们就"到处发出发育不良的花粉管"，于是，花瓣萎谢，子房扩大，但一星期后，子房变成黄色，最后，凋落而没有任何成熟的种子。我认为这是一个结构的缓慢而渐变的绝妙例证：因为，雌花的花粉团绝不能天然运至或敷在柱头上，但它们仍然部分地保留有以往的力量和机能。

这样，标志着雄花花粉块特征的每一个详细结构，在雌株上表现成无用状态。每一位博物学家都熟知这样的事情。但是，如果不作进一步的探讨，他绝不会知其所以然的。不用很久，博物学家们将会惊奇地、可能

---

[1] *Transactions of the Linnean Soc.*，16 卷，711 页。

是怀着嘲笑心情,听到一些名流学者从前主张这样无用的器官不是由遗传保存下来的遗迹,而是被全能的神的手特别创造和布置的,正如桌上的杯碟为人们所摆的那样(这是一位杰出的植物学家的直喻),"以完成自然界的计划。"

第三种类型即须毛蝇兰(见图31B)有时和上述两种类型生在同一植株上。在花的外貌上(不是基本结构上)和其他两种类型极不相同。如果和三齿龙须兰及绿花和尚兰的花比较起来,它们的通常处于相反的位置,即其唇瓣位于下方。唇瓣奇特地饰有长乳头状的流苏,又有一个微不足道的中穴,在穴的后方边缘伸出一个弯而扁的异样的角,这角代表着雄性型的胼胝龙须兰花的唇瓣上铁砧状的突起。其余的花瓣和萼片是狭长而有斑点的,唯有两片侧萼片反折。它的一对触角不像在雄性型的三齿龙须兰花上的那么长;这对触角在唇瓣基部那角状突起的两侧对称地伸出来,它们的末端不具乳头状突起,因而不是粗糙的,这个末端几乎伸进了唇瓣的中穴。柱头腔的大小几乎是介于雄的和雌的类型之间,它衬着一层充满棕色物质的小胞。伸直而有显著沟槽的子房,其长度几乎两倍于雌性型的和尚兰的子房,但是,在和花连接之处,并不那么粗;胚珠被保存在酒精中后,肉质而不透明,它们在各个方面均与雌花的胚珠相像,但没有雌花的那么多。我相信我已看到了从珠被突出的珠心,但是,正如和尚兰的情况一样,我是不敢断言的。花粉块的大小约为雄性的龙须兰的四分之一,但有十分发达的黏盘和蕊喙柄。在我所检查过的那些标本中,花粉团已经掉了,可是,赖斯先生曾在林奈学会会报中发表了这些花粉块的图,表示出花粉块大小的应有比例和有特殊的褶子或裂缝的构造,花粉团柄就附着在这个褶缝里。由于雄性器官和雌性器官两者在外表上都是完好的,所以,须毛蝇兰可以被认为是同一物种的一个两性类型,龙须兰属是雄性类型而和尚兰是雌性类型。虽然如此,在特立尼达习见的并且或多或少和上面描述的蝇兰相似的那些中间类型,克吕格尔博士从未见其产生蒴果。

这个不育的两性类型在其整个外貌和构造上与另外两个物种的雄性型,即囊瓣龙须兰和胼胝龙须兰相像,尤其是后者,与要比自己同种的雄性或雌性类型之间的相似程度更加接近得多,这是非常值得注意的事实。由于除去现在论及的小亚族中少数物种外,若干近缘的植物群的全部成员以及所有兰科植物都是两性的,所以,兰科植物的共同祖先是两性类型,这点可能是没有疑问的。因此,我们可以把蝇兰的两性情形,和它的一般外貌都归诸返祖现象；而且，果真这样的话，龙须兰属的所有种的祖先一定和囊瓣龙须兰及胼胝龙须兰这种雄性类型相似，因为，正如我们刚才所见的蝇兰就是和这两个物种具有那么许多显著相似之点①。

最后请允许我补充一下，克吕格尔博士在特立尼达仔细观察了这三种类型的兰花以后，他完全赞同我的结论的真实性，即三齿龙须兰是同一物种的雄性植株，而绿花和尚兰是同一物种的雌性植株。他进一步证实了我的预言，即昆虫为了啮咬唇瓣被引诱到花上去，并且它们把花粉块由雄植株输送到雌植株上去。他说："雄花在开放后发出一种特别的气味约达 24 小时之久，就在同一期间，触角具有最大程度的敏感性。喧闹而好争的大熊蜂，就在这时被花的气味引诱而飞到花上去。我们在每天早上几小时内，可以见到数目很多的熊蜂为了在唇瓣深处的一席之地而互相争执着，其目的在于咬啮蕊柱对面唇瓣上的细胞组织，因而，它们的背朝着蕊柱。当它们一触到雄花的上触角，带着黏盘和腺体的花粉团就附着在它们的背上，往往见到它们带着这种奇装异饰在飞行着。除去在蜂胸部正中心附有花粉块外，我从未见过在蜂身上别处也有花粉块附着。当熊蜂四处爬行时，花粉块平伏在蜂的背部和翅膀上；但当它进入唇瓣永远向上翻的雌花中时，那通过弹性组织而与腺体相连的花粉块，由于本身重量向后落下而靠在蕊柱的前面。当这只昆虫由花中往回退出时，花粉块被稍稍突出于蕊柱面的柱头穴的上缘所捕捉住。这时，如果腺体由昆虫背部脱离，或者连接花粉块和花粉团柄或连接花粉块与腺体的组织遭到破裂，受精就发生了。"克吕格尔博士把捉到的、正在啮咬唇瓣的一些熊蜂标本寄给我。这些标本包括有长舌花蜂属的一些新种即下延长舌花蜂（*Euglossa cajennensis*）和长舌花蜂（*E. piliventris*）。

据F. 米勒说②：颚唇龙须兰（*Gatasetum mentosum*）和一种和尚兰生长在巴西南部的同一地区；并且，他用前者的花粉很容易使后者的花受精，只需把花粉团的一部分插入到狭的柱头裂缝中，而完成了这一步以后，像在卷须兰属中描述过的下咽过程就开始并缓慢地完成。反之，F. 米勒企

---

① 雄的印度羚羊（*Antelope bezoartica*）在阉割后产生的犄角和未阉割的雄羚羊的犄角形状大不相同，且比雌羚羊偶然产生的犄角要更大、更粗。我们在普通牛的犄角上也见到一些相同的情形。我曾在我的 *Descent of Man* 一书（第二版，506 页）中指出，这样的情况或许可以归结为物种的返祖现象，因为，我们有充分理由相信，任何扰乱构造的起因都会导致祖性复现。蝇兰是不育的，虽然它所具的两性器官似乎是完备的，因此它的性构造曾被扰乱过了。这点似乎已经引起蝇兰在性状上回到祖先的状态。

② *Bot. Zeitung*，1868 年，630 页。

图用本身花粉或用另一株龙须兰上花的花粉来给这种龙须兰授粉,却完全失败了。雌性型的和尚兰的花粉块很小,花粉粒的大小和形状都有变异,花药从不开裂,花粉团不附着在花粉团柄上。虽然如此,当这些不发育的花粉团——它绝不会自然地从药室中被运走——被放在雄性的龙须兰微有黏性的柱头上时,它们就发出花粉管来了。

龙须兰属在种种方面是非常有趣的。或许,除去近亲的肉唇兰属(Cycnoches)以外,在其他兰科植物中没有见过性别分开。在龙须兰属有三种性别类型的花朵,一般长在不同的植株上,但有时混生在同一植株上;并且,这三种类型的花朵彼此之间非常不同,打个比喻,它们不同的程度比雄孔雀和雌孔雀之间的差异还大得多。但是,这三种类型的外貌现在不被视为是一种反常,而且,不能再被看做是一个变异不平行的例子。

这个属在传粉方式上更有趣。我们看到一朵花带着位置很适宜地向前伸展的触角,耐心地等待着,以便随时准备发出昆虫探头到唇瓣穴中来的信息。雌性型的和尚兰由于没有真正花粉块投射出来,因而没有触角。雄性类型和两性类型,即三齿龙须兰和须毛蝇兰,其花粉块像弹簧一样褶合在一起,准备当触角被触动时立刻向前射出。黏盘那一头总是最先射出,它敷着一层迅速凝固的黏性物质,把铰链式的蕊喙柄牢固地粘在昆虫的身上。昆虫由一朵花飞到另一朵花,直到最后,它寻访到一株雌和尚兰时,它就把其中一个花粉团插到柱头穴中。一旦昆虫飞开,有弹力的花粉团柄已经很脆弱,以致一受到柱头表面的黏力的牵拉,就断裂了,而把一个花粉团留下来,于是,花粉管慢慢地伸出,穿入到柱头槽里,这样,受精作用遂告完成。谁敢大胆设想,一个物种的繁殖竟会依靠那么复杂的、似乎巧夺天工的、又那样奇异的安排呢?

我曾检查过被林德利放在龙须兰这个小亚族中的 3 个其他属,即旋柱兰属(Mormodes)、肉唇兰属和弯足兰属(Cyrtopodium)。我买到的后一种植物就标有这一名称,它具有一个 4 英尺高的、并有带黄色而具红色斑点苞片的花葶;但是,各花除去花药像龙须兰属一样以铰链连接于突出于蕊柱顶端的那个尖端外,这另外三属没有什么显著的特色。

火焰旋柱兰(Mormodes ignea)——为了说明要了解一种兰科植物的传粉方法有时是何等困难,我愿意在这里提一提,在我能完全弄清几个部分的意义及其作用以前,我仔细地检查过 12 朵花[①],做了各种试验,并记录了结果。显然,花粉块的射出像龙须兰属一样,但是,花的各部分如何执行其固有的作用,这点还不能臆测。在总结我的这些观察以前,我已经绝望地放弃这件事,现在所提出的,为后来反复实验所证明为正确的解释乃是我突然想到的。

这种花有很特别的外貌,但其机制比其外貌更为奇妙(见图 32)。蕊柱基部向后弯,和子房或花梗成直角,然后恢复到直立的位置,到将近顶端处再度弯曲。蕊柱又奇特地扭转,以致包括花药、蕊喙和柱头上部在内的前面偏向花的一侧,或左或右则取决于花在穗状花序上的位置而定。扭转的柱头表面向下延长到蕊柱基部,并在其上端凹陷成一个深穴。花粉块的大黏盘就位在紧接着蕊喙下面的这个穴中;而且,我们可以在图 32 中见到蕊喙被弧形的蕊喙柄(*pd*)覆盖着。

药室(见图 32,*a*)是伸长的和三角形的,极像龙须兰的药室,但它不往上延长到蕊柱的顶端。药室顶端有一片薄而平的丝状体,我从龙须兰的类似结构推想它是雄蕊的突出的花丝,但它也可能是蕊柱的某些别的成分的延长部分。在蕾期,蕊柱顶端的花丝是直的,可是到花开放前,由于唇瓣的压力使它变为很弯。一群螺纹导管向上贯穿蕊柱以至药室顶端,然后这些导管折回,并稍稍下达到药室。这反折点形成了短而薄的一个铰链;依靠这一铰链,药室顶端得以与蕊柱弯曲的顶端之下方关联起来。这铰链在体积上虽然小于针尖,可是它有极端重要性,因为它是敏感的,能把因触碰而来的刺激传给花粉块的黏盘,使花粉块脱离其附着点。铰链在花粉块射出的过程中亦起着向导作用。由于铰链必须把不可避免的刺激传导给黏盘,人们可以推想,处在和花药的花丝密切接触的那部分蕊喙是向上直通到这个尖端;但是,在把这些部分和龙须兰的那些部分比较以后,我不能发现它们在构造上有什么不同之处。环绕铰链四周的细胞组织充满着流质,当花粉块射出之际,花药与蕊柱间撕破的时候就有大滴流质渗出来。这充满着流质的情况或许可以使铰链容易破裂。

花粉块和龙须兰的花粉块(参看图 29D)差异不大;且同样弯曲地围绕在蕊喙的周围,而蕊喙突起比龙须兰的低。然而,蕊喙柄的宽阔的上端伸展到药室中的花粉团之下;这些花粉团是通过相当细弱的花粉团柄得以

---

① 我必须向住在万兹瓦茨(Wandsworth)的西山的拉克先生表示衷心的感谢,因为他曾借给我一株这种旋柱兰,上面生有两个具丰富花朵的穗状花序,并且,容许我留用一个颇长的时期。

附着于位在蕊喙柄上表面的一个中央鸡冠状突起上。

大黏盘的黏性表面和柱头穴的顶部相接触,因此,来寻访花的昆虫不能碰到它。黏盘前端具有一个下垂的小幕(在图32中隐约可见),在花粉块投射动作发生以前,这小幕的两边和柱头穴的上缘一直连接着。蕊喙柄连于黏盘后端;但当黏盘被分离时,蕊喙柄的最下部分变为双重弯曲,以致此时它好像有一个铰链与黏盘中央连接。

唇瓣是一个极为奇异的构造:它的基部狭窄而几成圆筒状柄,但它的两边强烈反折,几乎在背部互相会合,在花的顶端形成一个褶叠的鸡冠状突起。唇瓣垂直地升起以后就拱盖在蕊柱顶上,并向蕊柱的顶端紧紧地下压。唇瓣就在这里凹下(甚至在花蕾中)形成一个浅穴以容纳蕊柱的弯曲顶端。这个浅的凹洼显然代表了龙须兰属几个物种中唇瓣前表面的那个大穴,它具有为昆虫所啮咬的肉质厚壁。这里,由于机能的特别改变,这个穴使唇瓣保持在蕊柱顶端的原来位置上,或许同时对昆虫起着吸引的作用。图32中唇瓣故意画得抬起一些,以便显示唇瓣的凹洼和弯曲的花丝。在自然姿态下,唇瓣几乎可以比作厨师所戴的一顶巨大的帽子,这顶帽子有一个柄支持着,并戴在蕊柱的头顶上。

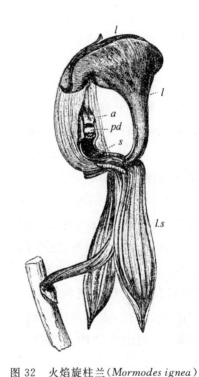

图32　火焰旋柱兰(*Mormodes ignea*)
花的侧面图(上萼片和近侧上花瓣已切除)
a. 花药;*l.* 唇瓣;*pd.* 花粉块的蕊喙柄;
ls. 侧萼片;*s.* 柱头
注意:图中唇瓣稍稍被抬起,以示它的
下表面上的凹陷,它应该是紧紧地下压
在蕊柱弯的顶端上。

在其他兰科植物中从未见过的蕊柱的扭转,这样扭转使在穗状花序左边的花的一切重要生殖器官面向左方,而在穗状花序右边的统统面向右方。因此,自同一穗状花序上相对的两侧取来的两朵花保持在同样的相对位置上,我们便会看到它们是对向扭转的。有一朵被其他花挤出的花几乎是不扭转的,因此,它的蕊柱面向唇瓣。唇瓣亦稍稍扭转,以图中这朵花为例,它面向左方,但唇瓣的中肋最初扭向右方,然后扭向左方,可是,扭转的程度不大,并且,弯曲着压在蕊柱弯曲顶端的后表面。花中一切部分的扭转是在花蕾中开始的。

几个器官所采取的这种位置是极为重要的,因为,假如蕊柱和唇瓣未曾向侧边扭转,那么,当花粉块向外射出时,它会打在拱形的唇瓣上,并立刻弹回来,正如具有几乎直蕊柱的个别畸形花实际上所发生的情况那样。如果在花很密的同一穗状花序的相对两侧,诸器官没有对向扭转,因而总是面向外方的话,这对于花粉块的射出和它们之黏着于昆虫就不会有宽敞的场所。

当花成熟时,它的3个萼片向下垂,可是它的两片上花瓣仍然近于直立。萼片基部、特别是两片上花瓣的基部肥厚而肿胀,并带淡黄的色彩;当萼片和花瓣十分成熟时,它们充满了流质,因此,如果用一根细玻璃管刺进去,由于毛细管的吸力,流质就在玻璃管中上升到相当的高度。不独萼片和花瓣肿胀的基部,而且唇瓣柄确有一种甜而好闻的味道。因为花并没有分泌出裸露的花蜜,所以我几乎毫不怀疑它们引诱着昆虫。

现在,我希望尽力说明花的所有各部分是怎样互相协调和怎样共同行动的。花粉块的蕊喙柄像龙须兰一样是弯曲地围绕在蕊喙周围;当龙须兰属的蕊喙柄分离时,它仅用力使自己伸直,在旋柱兰还有更多一些动作发生。如果读者愿意先翻阅一下图34,会看到与此相近的肉唇兰属花蕾的切面,后者和本属的区别仅在于花药的形状和黏盘有更深得多的悬垂的帷幕,现在,读者可以设想,花粉块的蕊喙柄弹力如此之强,以致当它分离时,不但能自己伸直,而且以一个反弯使自己突然往回折,因而,形成一个不规则的环圈。这一弯表面先前和突出的蕊喙相接触,现在形成了这个环的外面。这悬在黏盘下方的帷幕的外表面不黏,现在就处在药室上面,黏盘的黏性表面在其外面。这些就是旋柱兰所真正发生的。可是,花粉块表现出它那种反弯的力量(这一反弯似乎得到蕊喙柄边缘向外横卷的帮助),以致不但使它自己形成一个环,而且,突然一跃离开蕊喙的突出的表面。由于两个花粉团最初相当牢固地黏着于药室上,所以,药室因蕊喙柄往回弹而被撕破,由于药室顶端细小的铰链不像基部边缘一样容易撕裂,因此花粉块连同药室一起像钟摆一样立刻向上摆动。但是,花粉块在向上摆动中,铰链撕裂了,而且,整个花粉块垂直地向上射出,在靠近唇瓣顶部前方,并高出于唇瓣顶部一两英寸。如果当花粉块落下时,没有物体妨碍的话,它一般落在并且粘在——虽然并不牢固——唇瓣褶叠的鸡冠状突起上,正好悬在蕊柱上方,这里所描述的一切是我屡次所目击的。

　　黏盘的帷幕在花粉块本身形成一个环以后,伏在药室上,这在防止黏盘的黏的边缘与花药黏着这点上有着重要的作用,并且,这样使花粉块始终保持着一个环圈形状。我们马上就会知道,这对花的传粉所必需的、花粉块的下一步动作将是至关重要的。在我的一些试验中,当花各部分的自由动作受阻碍时,确实发生过这样的情况,花粉块连同药室始终黏在一起形成一个不规则的环。

　　我已经说过,使药室与蕊柱那弯曲的花丝顶端稍下一些的部位相关联的小的铰链对触动是敏感的。我试验了4次,发现我能用相当大的力量碰触任何别的部分,不发生任何影响,可是,只要用一根最细的针,轻轻地碰到这铰链时,黏盘与它所处的柱头穴边缘相连的膜立刻遭到破裂,并且,花粉块向上射出,落在唇瓣的褶叠的鸡冠状突起上,一如方才所述。

　　现在,让我们假定有一只昆虫落在唇瓣褶叠的鸡冠状突起上,而没有别的合适的降落地,那时,昆虫就把身体弯曲在蕊柱前面,以便啮咬或吸吮因有甜味流质而膨胀的花瓣基部。昆虫的体重和挪动会扰动唇瓣,并扰动蕊柱顶端下面的弯曲处,而蕊柱顶端下的弯曲压迫角隅处的铰链,便会惹起花粉块射出,这花粉块会准确地击着昆虫的头部,并黏于其上。我试以一个戴上手套的手指放在唇瓣顶上,把指尖向前刚刚越过唇瓣边缘,然后,我轻轻地移动我的手指,确实美妙地看到花粉块怎样立刻向上射出,而且黏盘的黏性表面怎样准确地击着并牢固地黏在我的手指上。虽然如此,我疑心一只昆虫的体重和动作是否足以对这一敏感的地方起这样的间接作用,可是,我把这个图研究一下,领悟了怎样可能发生这一作用:一只弯身其上的昆虫会把其前腿伸过唇瓣边缘而放在药室顶端,因此,触动了这个敏感的地方。于是,花粉块便会射出,而且黏盘一定会击中并粘在昆虫的头部。

　　在继续进行讨论以前,把我以往做过的一些早期试验述说一下可能是值得的。我深深地刺探蕊柱的各部分,包括柱头在内,并把花瓣切去,甚至把唇瓣也切去都没有引起花粉块的射出。然而,有一次,发生了花粉块的射出,这是由于我相当粗率地戳穿肥大的唇瓣柄时,竟因此而扰动了蕊柱的花丝顶端。当我从药室的基部或其一侧轻轻地把药室挑开时,花粉块便射出了,但是,那时这敏感的铰链必须会被弯曲过。当花朵开放已久,花粉块几乎随时准备自发地射出时,花的任何部分经受轻微的震动便会发生花粉块射出的动作。对花粉块薄的蕊喙柄施加压力也就压在其下面突出的蕊喙上,花粉团的射出就跟着发生,但这不足为奇,因为由触觉敏感的铰链而来的刺激必然通过蕊喙的这一部分传至黏盘。在龙须兰的蕊喙柄上施加轻微压力并不引起花粉块射出的动作,但在这一属中,其蕊喙的突出部分不是处在沿着触角通到黏盘的传递刺激的必经之路上。把一滴氯仿、酒精或开水放到蕊喙的这一部分上,并不发生影响;使我惊奇的是,把整朵花放在氯仿蒸气中也不发生任何影响。

由于蕊喙的这一部分对压力的敏感性,由于花在一边宽广地张开,由于我专心于龙须兰属的事例,我起初确信昆虫是从花的下部进入花中触动蕊喙的。因此,我用各种形式的物品来推压蕊喙,可是黏盘一次也没有合时宜地黏着在物品上。如果我用一根粗针,那么,在花粉块射出以后,它形成一个环圈以其黏的一面在外面围住这个粗针;如果我用一个宽而扁平的物品,花粉块就不理睬该物品,有时,本身旋卷起来,但是黏盘不是完全不黏在物品上,就是黏得极不完美。在结束第12次试验时,我陷于失望。唇瓣落在蕊柱顶端的这一奇特的位置应该给我指明了这里就是试验场所。我应当抛弃关于唇瓣那样安排是没有多大效用的想法。这一明显的指导竟被我忽视了,因此,我长期以来完全不了解花的构造。

我们已经知道,当花粉块射出和往上摆动时,它用黏盘的黏性表面粘在突出于唇瓣边缘的、直接在蕊柱之上的任何物件上。当花粉块这样附着于物品上时,它形成一个不规则的环圈,并带有被撕下来的、仍然覆盖在花粉团上的药室。花粉团靠近黏盘,依靠下垂的帷幕来防止它和黏盘粘在一起。在这个位置上,蕊喙柄的突出的和弯曲的部分会有效地防止花粉团落在柱头上,甚至,假定药室已经落掉了。现在,让我们假定花粉块附着在一只昆虫的头部来看看会发生什么:蕊喙柄在它开始和蕊喙分开时是湿润的;当它变干时慢慢地伸直,而在它完全伸直时,药室便易落掉。花粉团此时就裸露了,它们通过容易断裂的花粉团柄连在蕊喙柄的末端处,处在一个准确的距离和适当的地位,以便在昆虫寻访另一朵花时把花粉团插入具黏性的柱头上。这样,每一结构细节就完全适合于受精的动作了。

当药室落掉时,它已经完成了其三重机能,即:它的铰链作为一个感觉器官,它柔弱地连着于蕊柱是作为引起花粉块最初垂直地向上摇摆的一个向导,而它的下缘连同黏盘的帷幕作为不使花粉团永久地黏着在黏盘上的防御品。

从15朵花的观察肯定了在12～15分钟以前蕊喙柄的伸直并不发生。

引起花粉块射出的头一个动作是由于弹力所致，而其第二个缓慢的动作是由于外面凸出的表面干燥的缘故；可是，这个缓慢的第二动作不同于在万代兰族和眉兰族中许多物种的花粉块中所见，因为把这种旋柱兰的花粉块放在水中时不恢复到原先由于弹力而获得的环状形式了。

它的花两性，花粉块完全发育。狭长的柱头表面非常黏，并且有无数小胞，把花浸在酒精中不到 1 小时，之后，这些小胞所含的物质收缩并变成凝固状态。把花放在酒精中一天，柱头上的小胞受很大影响，终于消失，这点我在其他任何兰科植物中从未见过。胚珠在酒精中浸泡一两天后，呈现出通常为半不透明的肉质状态，正和所有两性的和雌性的兰科植物所共有的那样。由于柱头表面的异常长度，使我想到，如果花粉块不是因为受到触动的刺激而射出，药室便会自己脱离，花粉团就会向下摇动而使同一朵花的柱头受精。因此，我保留 4 朵花不让触动，在它们已经连续开放 8～10 天后，蕊喙柄的弹力胜过了吸着力，花粉块便自然射出，但这些花粉块并未落在柱头上，因而白白浪费了。

虽然，火焰旋柱兰的花是两性的，可是，在机能上应该像龙须兰一样是真正雌雄异株的植物。因为，一个射出的花粉块的蕊喙柄要在 12～15 分钟后才会自己伸直，并且，药室落掉；几乎肯定的是，在这 12～15 分钟内，一只头部黏有花粉块的昆虫会离开这一植株而飞到另一植株上去。

优雅旋柱兰（*Mormodes luxata*）——这个稀有而又优雅的物种，在传粉方式上是和火焰旋柱兰一样，但它的构造上在几个重要特征上和后者不同。同一朵花的右侧和左侧彼此有差异，甚至比上一个物种在程度上还要大得多。其中一片花瓣和一片萼片向前方伸出和蕊柱成直角，可是，相应的另一片花瓣和另一片萼片则直立着并围绕着蕊柱。它的翻起而扭转的唇瓣具有两个大的侧裂片，其中一个侧裂片抱着蕊柱，而另一个侧裂片靠在平卧着的一片花瓣和一片萼片的一边部分地张开着，因此，昆虫能够容易地由这张开的一边进入花中。所有穗状花序上左边的花在左边张开，而在右边的那些便在右边张开。具备所有重要的附属部分的、扭转了的蕊柱和其弯成直角的顶端极像火焰旋柱兰的各相应部分。可是，唇瓣的下方不处在、也不紧靠着弯成直角的蕊柱顶端。蕊柱自由地位于由唇瓣末端所形成的一个杯状物的中央。

我没有获得许多足够我检查之用的花，因为有 3 朵花的花粉块由于在路上受到震动已经射出了。我深深地刺扎了一些花的唇瓣、蕊柱和柱头，没有发生任何影响；但是，当我用一根针轻轻触动一朵花的蕊柱顶端，而不是触动像前一物种的花药的铰链时，花粉块便立刻射出。花瓣和萼片的基部不像火焰旋柱兰那样膨大而多汁，可是我不怀疑昆虫啮咬唇瓣，唇瓣肥厚而肉质，具有和龙须兰一样的特殊味道。如果有一种昆虫去啮咬顶端的杯状物，它几乎必然触动蕊柱的顶端，此时，花粉块就会往上摆动而黏着在昆虫躯体的某一部分。大概在花粉块射出后的 15 分钟内，花粉块的蕊喙柄自己伸直，药室脱掉。所以，我们可以确信，这个物种的特殊传粉方式，正好与火焰旋柱兰一样。

胀花肉唇兰（*Cycnoches ventricosum*）——承维奇先生的厚意，两次寄赠这一特别植物的几朵花和花蕾。已切除一片萼片的自然姿态的花的略图如图 33 所示，一个幼嫩花蕾的纵切面表示在图 34 中。

唇瓣肥厚肉质，具有龙须兰族中唇瓣通常所具有的味道，唇瓣形状像一个倒置的浅盆。其余两片花瓣和三片萼片是反折的。蕊柱几乎是圆柱状的、细薄的、可屈曲的、具弹性的，而且特别长。它弯曲为弧形，从而使柱头和花药面对着唇瓣突出面并处在唇瓣突出面的下方。蕊柱末端几乎并不像旋柱兰属和龙须兰属那样十分伸长。这个物种的花粉块和旋柱兰属的花粉块极相像，但黏盘大些，而且，黏盘的具流苏的帷幕很大，以致掩蔽了通入柱头腔的全部入口。这些部分的结构在图 34 的切面图中可以清楚地见到：在这个图中，花粉块的蕊喙柄还没有和蕊喙分开，可是，它将来的离线呈现为一条无色透明组织的线（图中以点线表示）。花药的花丝（图 34，*f*）还没有充分生长。当花丝充分发育之后，它具两片伏在花药上的小的叶状附属物。最后，在柱头的两边有两个微小的突起（图 33），这两个突起似乎代表着龙须兰的触角，可是，它们不具和龙须兰触角相同的功能。

无论唇瓣还是长在柱头两边的两个突起都是完全敏感的，可是，有三次，我触动一下两片叶状小附属物之间的花丝时，花粉块就像旋柱兰属一样的方式和通过同样的机制射了出来，不过，花粉块的射程约只 1 英寸。如果花丝被一个物体接触，而这一物体又不很快地撤走，或者，受到一个昆虫的碰触，那么，黏盘一定会黏在这个物体或昆虫的躯体上。维奇先生告诉我说：他曾常常触动蕊柱的末端，花粉块曾经黏着在他的手指上。当花粉块射出时，它的蕊喙柄形成一个环圈，以其黏盘帷幕的外表面靠于花药上，并把花药覆盖着。大约在 15 分钟内，蕊喙柄自己伸直，药室脱落，那时，花粉块就处在使另一朵花受粉的适当方位上。在黏盘下表面的黏性物质，一经暴露在空气中，它便很快变色和凝固。那时，黏盘就以惊人的

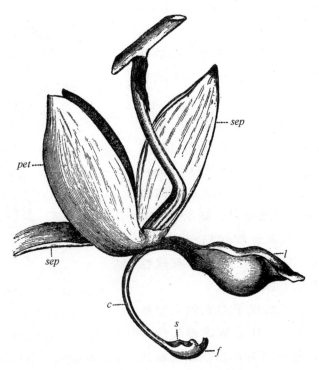

图 33　胀花肉唇兰（*Cycnoches ventricosum*）自然地下垂状态的花

c. 蕊柱，当花粉块与花药一起射出之后；*f.* 花药的（花）丝；*s.* 柱头穴；

l. 唇瓣；*pet.* 两个侧生花瓣；*sep.* 萼片

黏着力附着于任何物体上。就这种种事实以及龙须兰族的其他属的类似事实看来，我们可以得出结论：昆虫是为了啮咬唇瓣而寻访那些花的，可是，我们不能断言，昆虫究竟是否落在图 33 所示的唇瓣最上端的表面，然后爬过唇瓣的边缘去咬唇瓣的凸出面，在啮咬这凸出面时，昆虫以其腹部触及蕊柱的末端，抑或最初就落到蕊柱的末端，但无论哪种情况，它们都会促使花粉块射出而黏着于它们躯体的某一部分。

　　我所观察的标本确系一个雄性植株，因为它的花粉块发育良好。柱头穴衬有一层厚的、不黏的多汁物质。但是，由于花朵在花粉块射出以前不可能受粉，以及由于覆盖在整个柱头表面的大帷幕的障碍，它也不可能受粉，因此，可能这柱头穴表面在后期变黏，以便获得花粉团。把胚珠放到酒精中一段时间以后，它们充满着带棕色的多浆物质，这正是完好的胚珠所必然有的现象。因此，看来这种肉唇兰必定是两性的；而且，贝特曼先生在其关于"兰科"的著作中说到这个物种不需要经过人工授粉也能产

生种子,就像我所知道的一样。但是,我
不了解它们如何能够做到这点。反之,
比尔(J. G. Beer)说①,这种旋柱兰的柱
头是干的,并且说这种植物是从不结籽
的。据林德利说,胀花肉唇兰在同一花
葶上既生着具有简单唇瓣的花朵,也生
着另一些具有多分裂的、不同颜色的唇
瓣的花朵[即所谓埃氏肉唇兰(C. eger-
tonianum)],还生着其他一些具中间类
型的唇瓣的花朵。就龙须兰属花朵的类
似的差别来看,这就促使我们相信②,肉
唇兰属的同一个物种在这里具有雌性
型、雄性型和两性型的花朵。

现在,我不但结束了对龙须兰亚族
的描述,而且还有万代兰族许多其他种
类的描述。对这些奇异而且往往美丽的
东西进行研究,使我发生了极大的兴趣,
它们全都具有多种完美的适应性,有些
部分能运动,而另一些部分好像被赋予
了敏感性,虽然,无疑这与敏感性是有所

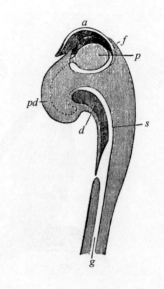

图 34 肉唇兰属花蕾的图解式
切面图蕊柱处于直立状态
a. 花药;*f.* 花药的花丝;*p.* 花粉团;
pd. 花粉块的蕊喙柄,几乎还没有与
蕊喙分离;*d.* 具下垂帷幕的花粉块
的黏盘;*s.* 柱头腔;*g.* 通向子房的柱
头的通道

差别的。兰科植物的花朵就其奇异而变化无穷的形状看来,或许可以和
脊椎动物巨大的鱼纲相媲美,或者和热带的同翅类(Homopterous)昆虫相
比拟还更适当些:这些昆虫的造型在我们看来像是古里古怪的,但是,无
疑这是由于我们对它们的生活需要和它们的生活环境不了解的缘故。

---

① 伊尔米施(Irmisch)在 *Beiträge zur Biologie der Orchideen*,1853 年,22 页中所援引的。

② 林德利的 *Vegetable Kingdom*,1853 年。177 页。他也曾在 *Bot. Regisrer*,第 1951 页中发表过肉
唇兰属的另一个物种在同一个花葶上出现两种类型花朵的实例。贝特曼先生也说,大家都知道埃氏肉唇
兰产于危地马拉,有一次在英国曾产生有紫花的、为肉唇兰属的一个极其不同的物种的花葶;可是,它在英
国一般产生普通黄花的胀花肉唇兰的花葶。

第八章　杓兰族
——兰科植物花的同源性

· Chapter VIII　Cypripedeae ·

杓兰属（*Cypripedium*）迥异于其他一切兰科植物——拖鞋形状的唇瓣具两小孔，昆虫可由这两小孔脱逃——传粉是通过地花蜂属（*Andrena*）的小型蜂进行的——兰科植物花朵的几个部分的同源性质——它们经历了惊人的变化

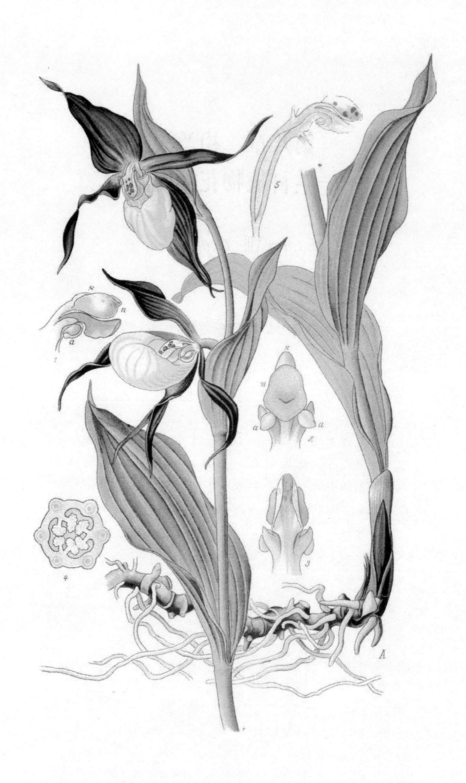

我们现在已到了林德利命名的最后第 7 个族,据大多数植物学家的意见,它只包括单一个属即杓兰属*,这族植物和一切其他兰科植物的差别比兰科植物中任何别的两个族彼此之间的差别要大得多。大量的灭绝一定扫除了数量众多的中间类型,而只留下现在广为分布的这一个属,这个属提示了庞大的兰科植物的往昔比较简单状态的经历。杓兰属没有蕊喙,这因为三个柱头虽然合生,却都完全发育。同时,全部其他兰科植物所具备的外轮一个花药在这里却不发育,而代之为下缘深缺或者凹入的一个盾状突出体。在杓兰属花中,还有属于内轮的两个能育的花药,这在普通的兰科植物中则表现为各式各样的残迹物。它的花粉粒不像许多别的属那样每三粒或每四粒联合在一起,也没有弹丝把它们连接起来,也不具备花粉团柄,也不黏合为蜡质花粉团。唇瓣大型,像一切别的兰科植物一样,它是一个复合器官。

下述只限于我曾经观察过的 6 个物种,它们是:髯毛兜兰(*Cypripedium barbatum*)**、紫纹兜兰(*C. purpuratum*)***、波瓣兜兰(*C. insigne*)****、秀丽兜兰(*C. venustum*)*****、短毛杓兰(*C. pubescens*)******以及基叶杓兰(*C. acaule*),虽然,我还曾偶尔观察过一些别的物种。唇瓣基部围着短的蕊柱折叠起来,因此,它的边缘沿着背面几乎相接,而且,它的宽阔的一端奇特地折叠着而形成一种鞋的式样,它把花的末端关上了,故有英国俗名:夫人的拖鞋(Ladies'slipper)之称。唇瓣的穹形边缘是向内弯的,或者有时边缘不内弯而仅有光滑的内表面。这一点非常重要,因为它能防止一旦进到唇瓣里来的昆虫由上面的大口逃脱。按图中所示的花所生长的位置,蕊柱的背面居于最上方。柱头表面稍稍隆起,可是不黏,它和唇瓣的下表面几乎并行。花朵在天然姿态下,柱头背面的边缘可以在唇瓣两边缘之间以及通过不育的盾状花药(图 35a')的凹陷处看到;可是,在插

◀杓兰。

---

* 近代大多数植物学家均同意把杓兰属划分为四个属,即碗兰属(*Selenipedium*)、杓兰属、美洲兜兰属(*Phragmipedium*)及兜兰属(*Paphiopedilum*)。——译者

** 为 *Paphiopedilum barbatum* 的异名。——译者

*** 为 *Paphiopedilum purpuratum* 的异名。——译者

**** 为 *Paphiopedilum insigne* 的异名。——译者

***** 为 *Paphiopedilum venustum* 的异名。——译者

****** 为 *Cypripedium calceolus L. var. pubescens* 的异名。——译者

图中(图 35A. ,s),柱头的边缘已经露出于被压下的唇瓣边缘之外,而鞋头稍稍向下弯,因此,花比原来姿态更为张开些。在唇瓣(图 35A)两边靠近蕊柱的地方有两个小孔或空隙,通过小孔或空隙可以看到两个侧生花药(a)中花粉团边缘。这两个小孔对于花的受精是必不可少的。

花粉粒被覆着黏液,而且,浸没在黏液之中,这种黏液很黏而能抽成短丝。由于两个花药位于柱头下凸面(参看图 35B)的上后方,所以,黏的花粉粒如果没有某种机械性的帮助是不可能到达柱头那受粉表面的。这里,自然界为了达到同一目的而采用的方式所表现的经济是令人惊奇的。在我所见到的别的一切兰科植物中,柱头是黏的,或多或少是凹陷的,这样,借助于蕊喙或变态柱头所分泌的黏性物质作为运输花粉的方法,而使干花粉得以保留在柱头上。在杓兰属中花粉是黏的,它有黏着的功能,在除去香荚兰以外的所有其他兰科植物中,这样的功能是蕊喙和两个合生的柱头所独有的。反之,在杓兰属中,蕊喙和柱头完全失去黏性,同时变得稍稍凸出,从而有效地把黏着于昆虫身上的黏性花粉擦下来。而且,在几个北美洲的物种中,例如基叶杓兰和短毛杓兰,像 A. 格雷教授所指出的[①],它们的柱头表面满布着"微小的、坚硬的、锐尖的、全都朝着前方的一些乳头状突起,这些乳头状突起很适合于擦掉昆虫头部或背部的花粉"。对于上述杓兰属植物的花粉发黏,柱头不黏且不凸出 * 的规律有个别的例外;因为据 A. 格雷说:基叶杓兰比起其他美洲物种来,其花粉更为颗粒状且比较不黏,并且,独有基叶杓兰的柱头稍稍凹下而有黏性。因此,在这里,这种例外几乎证明了一般规律的真实性。

我在唇瓣中从未见过蜜腺,而库尔[②]对于杓兰亦有同样的说法。然而,在我所观察过的那些物种中,唇瓣内表面被有毛,毛的末端分泌一小滴稍有黏性的流质。如果,这些小滴有甜味而且是有营养的,它们就能够引诱昆虫。当这种黏液干了以后,便在毛的顶端形成一种容易破碎的皮壳。不管这种引诱力怎样,小蜜蜂确实常常进入唇瓣中。

以往,我设想昆虫降落在唇瓣上面,把它们的吻由靠近花药的任何一个小孔插入唇瓣里去,因为我发现把一根鬃毛就这样插进唇瓣以后,黏的花粉便附着于鬃毛上,后来能把花粉留在另一朵花的柱头上。可是,这一

---

① *American Journal of Science*,1862 年,34 卷,428 页。

* 应为"不凹陷",可能是作者的笔误。——译者

② *Bedeutung der Nektarien*,1833 年,29 页。

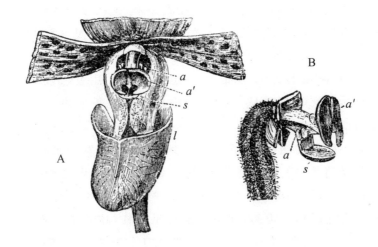

图 35　杓兰属(*Cypripedium*)

a. 花药；*a′*. 不育的盾状花药；*s*. 柱头；*l*. 唇瓣

A. 花的上面观,除唇瓣外,萼片和花瓣都被部分地切除。唇瓣被稍微下压,以便露出柱头的背面,这样,唇瓣的边缘变为稍稍分离,而拖鞋头比在自然姿态时要低些;

B. 蕊柱侧面图,所有萼片和花瓣均已切除。

步动作并不是十分有成效的。在本书出版以后,A. 格雷教授写信告诉我说①,在他观察几个美洲物种后,确信花的传粉是由一些小的昆虫来完成,这些昆虫从唇瓣上面的那个大口进人唇瓣里,然后,通过靠近花药和柱头的两个小孔之一爬出来。因此,我起初把一些蝇子经由唇瓣上面的那个大孔塞进短毛杓兰的唇瓣里,可是,它们不是太大便是太拙笨,因而没有能够适当地由靠近花药和柱头的两个小孔之一爬出来。我于是捉了一只很小的蜜蜂,即小地花蜂(*Andrena parvula*),把它放进唇瓣里去,看来它的大小大致是适当的,我们就将知道,在自然状态下,杓兰受精所依靠的昆虫凑巧正是属于那个属的。这只蜜蜂力图从它刚进入的原路爬出来,可是,由于唇瓣的内折边缘,总是使它跌回去,终于徒劳无益。因此,唇瓣就起着像那些具内卷边缘的一种圆锥形捕机的效用,这种捕机是用来在伦敦厨房里捕捉甲壳虫和蟑螂的。这只蜜蜂也不能通过唇瓣基部折叠着的边缘之间的狭缝爬出来,因为那里有狭长的、三角形的退化雄蕊堵塞着通道。最后,它只能通过靠近花药的两个小孔之一强挤出来,并且,当我们捉住它以后,发现在它身上抹有黏性花粉。于是我把原来这只蜂再放

①　再参看 *American Journal of Science*,1862 年,34 卷,427 页。

回到唇瓣里面去,它还是通过两个小孔之一爬出来,并且,在它身上总是抹有花粉。我把这项工作重复了 5 次,得到的结果总是一样的。后来,我把唇瓣切去,以便观察其柱头,我发现花粉涂满了整个柱头表面。应该注意的是,当一只昆虫努力逃出时,它一定首先擦过柱头,然后擦过其中一个花药,因此,只有等到它从一朵花中出来涂满花粉而进入另一朵花时,才能把花粉留在柱头上,这样,两个不同植株间的异花受精,就会有一个良好的机会。德尔皮诺[①]极明智地预见到,我们将会发现某种昆虫是用这种方法使花受精的;因为他主张,如果一只昆虫像我设想的那样,通过靠近两个花药之一的任何一个小孔,把它的吻从外边插入唇瓣中去,那么,柱头便容易自花受精。可是,他不相信会是这样,这是由于他有这样一种信念,也是我曾一直坚持的一种信念,即关于传粉的一切装置,都是安排得使柱头适于接受来自别的花朵或者说别株花朵的花粉。但是,这些推测现在说来是完全不必要的了,其理由是因为 H. 米勒博士[②]的值得钦佩的观察,使我们了解到杓兰在自然状态下就是按照刚才所述的方式而由属于地花蜂属的 5 种蜂来传粉的。

这样,花的所有部分,即唇瓣向内弯的边缘或其光滑的内表面,两个小孔及它们靠近两个花药和柱头的位置,位于中间的大型残迹雄蕊,这一切作用都显得可以理解的了。一只昆虫进入唇瓣里以后,就是这样被迫由两个狭窄的通道之一爬出来的,花粉团和柱头就位于这两个孔道的旁边。我们曾见过盔唇兰属唇瓣的一半盛着分泌的流汁,以及翅柱兰属和一些别的澳洲兰科植物因其唇瓣是很敏感的,当一只刚刚进入的昆虫一接触它时,花便关闭起来,而只留下一个狭窄的通道敞开着,这些都真正达到了同样的目的[③]。

---

① *Fecondazione nelle Piame Antocarpee*,1867 年,20 页。

② *Verh. d. Nat. Ver. für Pr. Rheinland und Westfal.' Jahrg.*,25 集,Ⅲ辑,5 卷,1 页,同时参看 *Befruchtung der Blumen*,1873 年,76 页。

③ 棕榈叶碗兰(*Selenipedium palmifolium*)是杓兰族的一个成员。据克吕格尔博士说(*Journ. Linn. Soc. Bot.*,1864 年,8 卷,134 页),它生有很香的花,这样的花大概总是由昆虫来传粉的。它的唇瓣像某些马兜铃花,其结构仿佛像鱼笼的式样,有一个漏斗形的入口,昆虫一进入其中很难通过原来的入口逃走。靠近唇瓣基部仅有的孔口部分地为性器官所阻塞,而昆虫必须由那里夺路而出。

兰科植物花的几个部分的同源性质

关于花在理论上的构造，很少有像对兰科植物那样，进行过如此大量的讨论。在我们看到兰科植物的花和普通的花有何等不同时，用不着大惊小怪，这里将是我们考虑这个问题的适当场所。除非了解生物的同源性，否则便不能了解生物群，也就是说，除非了解生物群中几个成员之间共性的结构型（general pattern），或者如通常所说的理想型，否则便不能充分地认识任何一类生物群。没有一个现存的成员可以显示出圆满的结构型，可是对于一名博物学家说来，并不因此而使这个问题变得较不重要；反之，可能为了充分了解这类生物群，这问题却变得更加重要了。

如果可能的话，最可靠地弄清任何一种生物或生物群的同源性，可以通过追溯它们的胚胎发育，或者通过在残迹状态下的器官的发现，或者通过一长系列生物来追溯由一部分到另一部分间紧接的阶梯，直至两个部分或两个器官能用连续的一些短环节连接起来为止，尽管它们机能相差很远，而且相互间又极不相像。在两个器官之间尚未有紧接的阶梯的实例，如果这两个器官不是起源于同一个器官。

同源性在科学上的重要性，在于它为我们提供了关键线索，以了解在任何生物群内，其外貌方面差异的可能程度；它使我们能把变化多端的一些器官归在适当的类别中；它给我们指明，若不注意，就会被忽略的种种阶梯，从而有助于分类；它解释了许许多多畸形；它导致我们发觉一些暧昧不清的和莫明其妙的部分，以及那些仅留痕迹的部分，并且，它给我们指出了一些残迹器官的意义。除了这些作用以外，同源性把诸如在结构上的自然型、原始型或其他一些什么型等等那样的名词加以澄清，因为这些名词说明真正的事实。这样，就引导博物学家了解到一切同源的部分或器官——无论多么千变万化——都是同一个祖先器官的变态；在探索现存的各阶梯时，博物学家找到了解决问题的线索，在可能的范围内发现在延绵不绝的世代中生物所曾经历过的变异的可能途径。博物学家或许确信，无论他在追究胚胎的发育还是探索完全的残迹器官，或是在非常不同的生物之间追溯各个阶梯，他正在通过不同的途径以寻求同一个目的，而且正在认识生物群的真正祖先，因为这个祖先曾一度生长与生存过。因此，同源性这个课题的重要意义就增大了。

虽然，无论从哪方面来看，这个问题对于研究自然的学者总是最感兴趣的。可是，下面关于兰科植物花的同源性质的一些细节是否会使一般读者感兴趣那就很难说了。诚然，读者如仔细注意到，尽管对同源性的认识还远不是很完善，若熟悉了它，对这个问题的理解会多么清楚，那么兰科植物或许是所能提供的一个良好的例子。读者将会看到，一朵花是何等奇妙地由许多不同的器官塑造出来；原来完全不同的部分会如何完全合生起来；一些器官的用途怎样与其原来功用大不相同；另一些器官怎样被完全抑制住而没有了踪迹，或者遗留下过去它们曾经存在而今天完全没有功用的标志。最后，读者将观察到这些花从其祖先类型或标准类型开始，至今曾经经历过多么巨大程度的变化。

R. 布朗最先清楚地讨论了兰科植物的同源性[①]，可以料想到留下来的没有多少可做的了。凭着单子叶植物的一般构造和各方面的考虑，他提出了这种理论，即兰科植物的花原来有 3 片萼片、3 片花瓣、两轮或两圈的 6 个雄蕊（在所有普通兰花类型中，外轮只有一个雄蕊是能育的）和 3 个雌蕊，其中一个雌蕊变为蕊喙。这 15 个器官通常 3 个又 3 个地交互排列为 5 轮。关于属于两轮的另 3 个雄蕊的存在，R. 布朗没有提供充分的证据，可是他相信，凡是唇瓣具有隆脊或鸡冠状突起时，这 3 个雄蕊就和唇瓣结合起来了。关于这种见解，林德利[②]是追随布朗的。

R. 布朗曾制备横切片来探溯花中的螺纹导管[③]，看来仅仅有时候他还用制备纵切片探溯过这些导管。由于螺纹导管在很早的生长时期就发育了，因此，这一情况对于弄清花中某一部分的同源性始终是很有价值的；并且，由于螺纹导管的机能虽还未充分了解，看来，它们

[①] 我相信他的最后见解是在他著名论文中提出来的，该文宣读于 1831 年 11 月 1～15 日，发表于 *Linnean Transaction*，16 卷，685 页。

[②] 格雷教授在 1886 年 7 月 *American Journal of Science* 上曾描述了釉白杓兰（*C. candidum*）的一朵畸形的花，并指出："在这里我们有（或许是第一个直接的）证明，即兰科植物模式的花就像为布朗所一直坚持的，具有两轮雄蕊。"克吕格尔博士亦提出证明（在 *Journ. Linn. Soc. Bot*，1864 年，8 卷，132 页），赞同有五轮器官的存在，但是，他否认各部分的同源性能由导管的管路推论出来，同时，他并不认为唇瓣是由一片花瓣和两个花瓣状雄蕊合生而成的。

[③] *Linn. Transaction*，16 卷，696—701 页。林克（Link）在他的 Bemerkungenüber der Bau der Orchideen，*Botanische Zeitung*（1849 年，745 页）看来亦曾信赖横切片。如果他曾往上追溯导管的话，我不可能相信他会对布朗关于杓兰属中两个雄蕊性质的见解有所争执。布隆尼亚尔（Brongniart）在他令人信服的一篇文章中（*Annales des Sciences Nat.*，1831 年，24 卷）附带指出一些螺纹导管的管路。

是有高度的机能重要性，从我自己看来，又承胡克博士的指教，一致认为就子房周围的 6 组螺纹导管，往上追溯花里的一切螺纹导管是一件值得做的工作。在这 6 组子房的导管中，我要称（虽然不正确）在唇瓣下方的为前组，在上萼片下方的为后组，而把子房两边的两组称为前侧组和后侧组。

我将解剖的结果表示于下图（图 36）。这 15 个小圆圈代表着 15 个螺纹导管组，无论从哪一组导管都可以往下溯源到 6 个大子房导管组中的一组。正如这图式中所表明的这些组排列为互生的 5 轮，可是，我不打算提出这 5 轮互相分开的真实距离。为了便于观察起见，我把通到 3 个柱头中央的 3 组用三角形连接起来。

有 5 组导管通入 3 片萼片和上面两片花瓣；3 组导管进入唇瓣；7 组导管上达中央大蕊柱。可以看到，这些导管乃是由花中轴发出，呈辐射状排列，同一辐射线上的所有导管，一定通入同一子房导管组；这样，供给上萼片的、能育花药（A_1）的和上方雌蕊或上方柱头［亦即蕊喙（Sr）］的一些导管全部联合成子房后方导管组。此外，例如供给左下萼片的、唇瓣左下角的和左柱头（S）的一些导管亦是这样通入各自的子房导管组。

因此，如果我们确信这些螺纹导管组的存在，兰科植物的花一定是由 15 个器官组成的，这些器官是处于极端变形和汇合的状态。我们看到 3 个柱头，其中下面的两个一般是汇合起来的，上面的一个变为蕊喙。我们亦看到六个雄蕊排列为两轮，一般只有一个（A_1）是能育的。可是，在杓兰属中内轮的两个雄蕊（a_1 与 a_2）是能育的，而在其他兰科植物中，这两个雄蕊比较其余的雄蕊更明显地以各种式样表现出来。如果，我们能追踪内轮第三个雄蕊（a_3）的导管的话，那么，它形成了蕊柱的前面部分，布朗以为这个雄蕊常常形成一个隆脊或中央疣状突起而与唇瓣连生；或在格罗兰属（*Glossodia*）[①]形成一个丝状器官，独自突出于唇瓣的前方。布朗以前的结论和我的解剖不相符合，至于格罗兰属（*Glossodia*）的情况怎样，则我并不了解。外轮的两个不育雄蕊（A_2 和 A_3）布朗认为只是偶然出现的，并表现为唇瓣的侧生疣状突起，可是，在我所观察过的每种兰科植物的唇瓣，即便像沼兰属、角盘兰属或玉凤花属那样很狭窄或十分简单的唇瓣，我发现相应的导管也是始终存在的。

---

① 参看沃立契（Wallich）的 *Plantae Asiaticae Rariores*，1830 年，74 页中，布朗在拟兰属（*Apostasia*）项下的叙述。

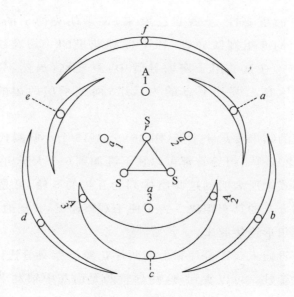

图 36　兰花的切面图

小圆圈代表螺纹导管的位置

a. 上花瓣；*b*. 下萼片；*c*. 唇瓣；*d*. 下萼片；*e*. 上花瓣；*f*. 上萼片或后萼片

SS. 示柱头；Sr. 示由柱头变成的蕊喙；A_1 示外轮能育的花药；$A_2 A_3$ 示与下花瓣结合而形成唇瓣的外轮两个花药；$a_1 a_2$ 示内轮不育的花药（在杓兰属中则是能育的），通常形成药床；a_3 示内轮的第三个花药，如果存在的话则形成蕊柱的前部。

因此，我们看到每朵兰科植物的花由 5 个简单部分和两个复合部分所组成，前者即 3 片萼片和两片花瓣，后者即蕊柱和唇瓣。蕊柱由 3 个雌蕊和通常 4 个花药组成，各部分完全愈合在一起。唇瓣由一片花瓣和外轮的两个花瓣状雄蕊组成，它们同样是完全愈合在一起的。为了说明这一事实的更大可能性，我可以指出，在与兰科植物血缘较近的竹芋科（Marantaceae）中，雄蕊常常是花瓣状，且部分连生，即便是发育的雄蕊也是这样。关于唇瓣性质的这种观点说明了它的大型，经常三裂，特别是它与蕊柱连生的方式是和其他花瓣不相同的[①]。由于残迹器官变化很大，因此，我们或许能了解这种变异性，正如胡克博士告诉我的，这种变异性乃是唇瓣上一些疣状突起所具的特点。在有距状蜜腺的一些兰科植物中，蜜腺距的两边似乎是由两个变态雄蕊所形成，因此，在手参（但金字塔穗红门兰不是这样），由两个子房前侧导管组发出的导管向下通入蜜腺距的两边，由

---

① 林克（Link）叙述唇瓣和蕊柱相连生的方式见于 *Bot. Zeitung*，1849 年，745 页的"附注"。

单个前侧导管组成的那些导管向下通入蜜腺距的正中间，然后，向上转至对面形成唇瓣的中脉。因此，在虾脊兰属及绿纹红门兰等等的花中，两个不同的器官所形成的蜜腺距的两侧似乎解释了蜜腺距末端两叉的倾向。

在花图式（图 36）中所表示的一切螺纹导管的数目、位置和管路是在万代兰族和树兰族[①]一些植物的花中观察到的。在沼兰族植物中，除了最难追溯的、似乎最常不存在的 a_3 以外，所有导管均被观察过。此外，在杓兰族中除了 a_3 [②] 我十分确信它的确是不存在的以外，全部导管也都被追溯过了；在这族植物中，雄蕊（A_1）为一个显明的残迹的盾状器官所代表，而 a_1 和 a_2 发育成两个能育雄蕊。在眉兰族和鸟巢兰族中，我也追溯了所有的导管，重要的例外是属于内轮三个雄蕊（a_1，a_2 和 a_3）的导管，我没有追溯。在大花头蕊兰中，我清楚地看到由子房前导管组发出的而通到蕊柱前部的导管 a_3。这种变态的兰科植物没有蕊喙，而且，在花的图式中以 Sr 标出的导管是完全没有的，虽然，在所有其他物种中均被观察到有 Sr 导管。

---

① 提一提我所解剖过的一些花的一点细节，我想可能是适当的，可是，我注意到诸如唇瓣中导管的管路等等特点，多半不值得在这里提及。在万代兰族的三齿龙须兰和囊瓣龙须兰中，我追寻过全部导管。通到蕊喙去的大的导管组是和供给上萼片和能育雄蕊导管的分叉点之下的子房后导管组分开（如在旋柱兰属一样）；子房前导管组在它沿着唇瓣走了一小段距离之后开始分叉为支导管组（a_3），其中一支就通往蕊柱的前部；由后侧导管组发出的导管向上通到蕊柱的背部，两侧的导管则通往能育雄蕊，而不通到药床的边缘。在黄花奇唇兰蕊柱基部与唇瓣连生处是很突出的，而整个子房前导管组是同样突出的；那些通到蕊柱前部的导管（a_3）突然向背面反折；这些导管在反折处特别坚硬、平坦，并突出为奇妙的鸡冠状突起和小尖头。在一种文心兰中我追溯导管（Sr）直到花粉块的黏盘。在树兰族中我追溯了一种卡特兰属的所有导管；而在圭亚那厄勒兰除了 a_3 没有探索以外，其他所有的导管亦全追溯了。在沼兰族中，除去我不相信会存在的 a_3 以外，我追溯了长茎羊耳蒜（*Liparis pendula*）* 的全部导管。在北沼兰中我追溯了几乎所有的导管。对于髯毛兜兰和紫纹兜兰除去我几乎确信不存在的 a_3 以外，我追溯了所有的导管。在鸟巢兰族中，我追溯了大花头蕊兰的所有导管，除去通往发育不全的蕊喙和 a_1，a_2 两耳的一些导管以外，肯定是没有导管的。在火烧兰属中，我追溯了所有的导管，除了 a_1，a_2 和 a_3 以外，也是肯定没有导管的。在秋花绶草中，导管 Sr 通往蕊喙分叉的基部，这种兰花没有通往药床膜的导管，在斑叶兰属中也一样没有。眉兰族中就没有一个种发现有导管 a_1，a_2 和 a_3 的。在金字塔穗红门兰中，我追溯了所有其他导管，包括通往两个分开柱头的两个导管在内，在这种红门兰花中，唇瓣的导管是和其他萼片与花瓣的导管有显著的差别，因为在萼片和花瓣中导管不分枝，而唇瓣却有 3 个导管，当然，旁边两个导管通入子房前侧导管组。我追溯了手参的全部导管，但是，不能确定究竟是否供给上萼片两侧的导管像其近缘的玉凤花属一样没有离开它们原来的管路而进入子房后侧导管组；而通到蕊喙去的导管 Sr 是进入突出于药室基部间膜质鸡冠状小褶。最后，我对二叶舌唇兰追溯了所有的导管，如在眉兰族中其他的种一样，除追溯三个内轮雄蕊的导管而外，我还细心地寻找了 a_3；供给能育花药的导管上达两个药室间的膜质药隔，但没有叉分；到蕊喙去的导管向上通到花药的膜质药隔下面的近似肩部或突出部的顶端，但不叉分，也不伸展到远远分开的两个黏盘中。

* 为 *Liparis viridiflora* 的异名。——译者

② 从伊尔米斯对杓兰属花蕾发育的描述（*Beiträge zur Biologie der Orchideen*，1853 年，78 和 42 页）看来，似乎在唇瓣前方，正如以前提到过的格罗兰属一样有形成一个离生花丝的倾向；或许，这点说明了由子房前导管组发出的、同时又和蕊柱联合的那些螺纹导管不存在的理由。曾被 A. 布朗聂特（*Annal. des Sc. Nat.*，植物学，第三辑，13 卷，114 页）认为极近杓兰属、甚至可能是它的畸形的尾兰属（*Uropedium*）中，花的第三个能育花药占据着与此相同的位置。

虽然,除杓兰属外,在任何兰科植物中内轮的两个花药(a_1 和 a_2)是不完全发育和不正常发育的,然而,它们的残迹器官一般是存在的,且常常是有作用的。它们常常形成位于蕊柱顶端杯状药床的膜质边缘,这个药床包围着,并保护着花粉团。这些残迹器官就这样帮助能育的兄弟花药。在北沼兰的幼小花蕾中,药床的两个膜和能育花药之间在形状上、质地上和螺纹导管伸展的高度上二者的极大相似性是很显著的;我们不可能怀疑在这两个膜中存在着两个残迹的花药。在树兰族的一个属,即厄勒兰属中,也形成类似的药床,就像尾萼兰属药床的角一样,它除了前述的功能外,只用来保持唇瓣和蕊柱的适当的距离。在长茎羊耳蒜和别的一些物种中,这两个残迹花药不仅形成药床,而且还形成了翅,后者突出于通往柱头穴入口的两侧,充当花粉团插入柱头穴内的向导。就我所能理解的,在奇唇兰属和马车兰属中蕊柱的膜质缘向下至蕊柱基部也是这样形成的;但在别的属中,例如在卡特兰属中,蕊柱的翅状边缘似乎是两个雌蕊的简单产物。不独在卡特兰属,而且在龙须兰属中,这两个残迹雄蕊,由导管的位置来判断,主要是用来加强蕊柱背部;而蕊柱前面的加强就我们所观察过的例子而论,就是内轮第三个雄蕊(a_3)的唯一功能了。这第三个雄蕊的导管(a_3)向上通往蕊柱的中部,从而至柱头穴的下缘或唇上。

我曾说过,在眉兰族和鸟巢兰族中,图式中所示的 a_1,a_2 和 a_3 内轮螺纹导管是完全不存在的,对于这些导管我是仔细地找过它们,但是,在这两族的几乎所有属中,两个乳头状突起或常被人们称为耳状突起者,假如它们曾发育了的话,正是位于这三个花药的头两个所可能占有的位置上。非但这两个乳头状突起处于这个位置上,而且,像头蕊兰那样,蕊柱有时两侧各有一条隆起的脊,这条脊由乳头状突起通往两片花瓣的基部或其中肋,就是说在两个雄蕊的花丝的原来位置上。此外,在沼兰族,药床的两片膜是由残迹的和变态的这两个花药形成的,这点毋庸置疑。那么,由沼兰族发育完全的药床经过绶草属、斑叶兰属、火烧兰和新疆火烧兰(参看图 16 和图 15)的药床,而至红门兰属稍稍变平的耳,我们能够探索到一个完整无缺的阶梯。因此,我断定这些耳是双重残迹的,就是说它们是药床膜质缘的残迹器官,而这膜质缘本身又为我们所常提到的是两个花药的残迹器官。通往耳里去的螺纹导管之缺如,绝不足以推翻这里所坚持的、激烈争辩过的、关于这些构造性质的意见;在大花头蕊兰,蕊喙和它的导管完全不发育,我们有证据证明通入耳里去的导管可以完全消失。

最后,关于每一种兰科植物所应当出现的 6 个雄蕊,其中属于外轮的 3 个总是存在的,在上面的 1 个能育(杓兰属例外),在下面的 2 个必定为花瓣状,且形成唇瓣的一部分。内轮的 3 个雄蕊发育较不明显,特别是下面的一个 a_3,在能见到时,它只是加强蕊柱力量的,并且,根据布朗的意见,少有形成一个分离的突起或花丝的;内轮的上面两个花药在杓兰属中是能育的,在其他属中一般不是表现为膜质伸展物,便是表现为没有螺纹导管的小耳。可是,如在眉兰属的某些物种中,这些耳有时完全没有。

由兰科植物花的同源性这一观点来看,我们就能理解:显著的中央蕊柱的存在;大型的,一般是三裂式的、有特殊附属物的唇瓣;药床的起源;在大多数属中一个能育花药的相关位置和杓兰属中两个能育花药的相关位置;蕊喙以及所有其他器官的位置;最后,常常出现具二浅裂的柱头和偶尔出现两个分离的柱头。我只遇到玉凤花属及其近缘的波纳兰属的一个困难问题。由于这两属的两个药室以及由于它们蕊喙的两个黏盘都远远地分开着,这些花都曾经受非常特别的歪扭,以致对这些花的任何变态就比较不觉得意外了。只有关于通往上面一片萼片和上面两片花瓣边缘的一些导管的变态是意外的;因为,通入它们的中脉和所有别的较重要器官的一些导管是循着与眉兰族的其他属相同的管路。分布在上萼片边缘的导管并不是和中脉的那些导管联合以进入子房后导管组,而是分歧,以进入后侧导管组,此外,在两片上面花瓣前面的导管不是和中脉的那些导管联合进入子房后侧导管组,而是分歧,亦即离开它们固有的路线以进入前侧导管组。

这种变态所以十分重要,是因为对唇瓣器官总是由一片花瓣和两个花瓣状雄蕊复合而成的这种观念提出了某种问题;因为,如果任何人假定在兰科早期祖先之时,由于某种不知道的原因,两片下花瓣的一些侧边导管由它们的本来路线分歧而进入子房前侧组,并且,如果他假定这一构造遗传给所有现存的兰科植物,即使是具最小的和最简单的唇瓣的那些兰科植物,那么,我只能作如下的答复,而且,我想只有这样的答复才是令人满意的。从其他单子叶植物的花类推,我们可以预期在兰科植物花中暗藏有交互排列成 5 轮的 15 个器官,而在这些兰科植物花中,我们发现 15 组导管正是这样排列着的。因此,极其可能进入唇瓣两侧的导管 A_2 和 A_3 确是真正代表着改变了的花瓣状雄蕊,而不是离开它们本来路线的唇瓣的侧导管;我所见过的导管 A_2 和 A_3 的例子不是一两个,而所有的观察过的兰科植物,如果它们以两个正常雄蕊来补充的话,它们就占了这两个雄蕊的精确的位置。反之,在玉凤花属和波纳兰属[①],由上萼片和两片上

---

① 我检查过的波纳兰只是胡克博士寄给我的几份干标本。这个物种中,由上萼片两边发出而进入子房后侧导管组的导管正和在玉凤花属的一样。两片上花瓣分裂到基部,而通往前裂片的那些导管和通往后裂片前部的那些导管联合之后,如玉凤花属一样通入前侧导管组(因此是相反的)。这两片上花瓣的前裂片与唇瓣结合,而使唇瓣成为具 5 片裂片,这是大大异乎寻常的事实。两个突得惊人的柱头亦黏着于唇瓣的上表面;而两片下萼片看来亦连生于唇瓣的下表面。所以,唇瓣基部的切面分为如下的各部分,即一片下花瓣,两个花瓣状花药,两片上花瓣的一部分,看来还有两片下萼片的一部分以及两个柱头的一部分。总之,这个切面所通过了的不是七个就是九个器官的全部或一部。在这个物种中,唇瓣基部与其他兰科植物的蕊柱一样是一个复杂的器官。

花瓣的两边发出的导管进入相反的子房导管组：它们不可能代表任何一度明晰的、但已消失了的一些器官。

我们现在已经完成了兰科植物花的一般同源性的讨论。有趣的是，当我们观察华丽的外来兰花中的一个物种，或者最质朴的国产兰花中的一个物种时，我们会看到这种兰花与所有普通兰花比较起来，其变化是多么巨大！它有由一片花瓣和两个花瓣状雄蕊所形成的大唇瓣；它有以后我们要提到的、奇妙的花粉团；它有由 7 个器官愈合成的蕊柱，其中只有 3 个器官执行自己原来的机能，即一个花药和两个通常愈合的柱头；它有变为蕊喙而不能受粉的第 3 个柱头，以及有 3 个花药，这 3 个花药在机能上已经不起作用，但足以保护能育雄蕊的花粉，或增强蕊柱的力量，或作为残迹器官而存在，或完全消失。就在这里，我们看到花器官的变异、结合、败育和机能变化到了何等程度；可是，匿藏在蕊柱内的和其周围的花瓣和萼片中的，我们知道有 15 组导管，它们每 3 个为一轮，内外交互排列；与其说花的任何部分的形状及存在对于植物的繁盛都有重要的作用，毋宁说这些导管可能是从生长的很早时期开始发育，一直保存到现在。

如果，我们现在所见的各种兰科植物是按照一个特定的"理想型"被创造出来的；全能造物主已经把兰科植物的所有种类限制在一个蓝图中，而没有越出过这个蓝图。因此，他强使同一个器官行使各种不同的机能（这些机能如果与器官本来的机能比较起来，常常是无足轻重的），他把一些别的器官变为纯粹无意义的残迹器官，并且，他把一切器官布置得好像它们在以往不得不分离，而后又强使它们结合在一起。这种说法能使我们感到满意吗？把全部兰科植物所有的共同性归之于从某种单子叶植物继承来的，这种单子叶植物像同纲的很多其他植物一样，有 15 个器官，3 个成一轮地内外交互排列为 5 轮；而现今花的构造变得那么惊人，是由于在长期过程中缓慢变化的结果。亦即当有机世界和无机世界一直遭到不断变化的时候，对于植物有利的每一个变异已经被保存了下来，这样的见解不是更自然，更容易为人们理解吗？

第九章　器官的阶梯及其他——结束语

· Chapter IX　Conclusion ·

器官、蕊喙及花粉团的阶梯——花粉团柄的形成——谱系上的亲缘关系——花蜜的分泌——花粉块运动的机制——花瓣的用处——种子的产生——细微结构的重要性——兰科植物的花结构的巨大差异性的原因——各种装置之所以完善的原因——昆虫媒介作用概述——大自然厌恶永恒的自花受精

这一章是专门用来考虑几个杂题，这些杂题是不适宜在其他各章加以介绍的。

关于某些器官的阶梯

蕊喙、花粉块、唇瓣乃至次要的蕊柱都是兰科植物花构造上最值得注意之点。蕊柱和唇瓣是由几个器官的合生和它们的部分败育而形成的，这已在上一章讨论过了。在任何其他各类植物中是没有蕊喙这样器官的。如果我们尚未完全弄清兰科植物的一些同源器官，那么，那些相信各有机体系分别创造出来的人们便会把蕊喙捧作是一个经过特创的、完全新的器官的极好例证，而且这种新器官不可能由任何花中早已存在的部分，经过不断的缓慢变化发展而成。可是，正如 R. 布朗早就说过的那样，它并非一个新器官。当我们观察到两组螺纹导管（图 36）从两片下萼片中脉的基部通往两个下方的、有时完全分开的柱头去之后，又观察到第三组螺纹导管由一片上萼片中脉的基部通往正好占据了第三个柱头位置的蕊喙去，那么对其同源性质便不会有疑问了。有种种理由相信，这个位在上方的柱头不仅是它的一部分而是全部变成蕊喙了。因为有许多具两个柱头的实例，可是在那些具有蕊喙的兰科植物中，没有一个实例有三个柱头面的。另一方面，在不具蕊喙的杓兰属与拟兰属中（R. 布朗把后者列入兰科），它们的柱头面是三裂的。

由于我们知道的只是那些现在生存着的植物，因此要去追求从上柱头变成蕊喙的全部阶梯是不可能的，只能让我们看到这样变化所形成的一些迹象。关于功能方面的改变，已不像蕊喙最初出现时那样大了。蕊喙的机能乃是分泌黏性物质的，它已经失去了被花粉管穿透的能力。兰科植物的柱头和大多数别的植物一样分泌黏性物质，这种黏性物质的用处在于使那些用任何方法送来的花粉保留在柱头上，并刺激花粉管的生长。现在如果我们注意到最简单的蕊喙之一，例如卡特兰属或树兰属的蕊喙，我们便会发现到一层厚厚的黏性物质，它与两个汇合柱头的黏面没

◀蜗牛树兰。

有明显的区别；它的用处仅仅在于把花粉团固着在一只正在退出的昆虫躯体上，花粉块就这样由花药中被拖曳出来而被运往另一朵花上去，在那里它被几乎同样黏的柱头面所保留住。所以，蕊喙的职能仍然在于使柱头获得花粉团，只不过是间接地借助于花粉块附着在昆虫躯体上而已。

蕊喙和柱头的黏性物质似乎具有大致相同的性质。蕊喙的黏性物质一般有迅速变干或凝固的特殊性质。而柱头的黏性物质从植物花中取出后，看来几乎比同等密度或黏度的胶水干得更快。由于格特纳（Gartner）①从烟草属中发现，柱头上分泌的液滴在两个月中没有变干，因而，此种变干的倾向就更值得注意了。在许多兰科植物中，蕊喙的黏性物质暴露于空气中以后，非常迅速地变色，变为棕紫色。我曾经在一些兰科植物，例如大花头蕊兰所分泌的黏性物质中，看到类似的、但是较慢的颜色变化。如同鲍尔和布朗所观察过的那样，当一种红门兰的黏盘放在水中时，有一些微粒便以一种特殊的方式猛烈地放出来；而且，我在火焰旋柱兰的一朵没有开放的花里，覆盖柱头小胞的黏性物质层中，曾经确切地观察到同样的事实。

为了比较蕊喙和柱头的细微结构，我考查了蜗牛树兰（*Epidendrum cochleatum*）与多花树兰的一些幼嫩的花蕾。这些花蕾成熟时都具有一个简单的蕊喙。蕊喙和柱头的后面部分十分相似。整个蕊喙在此早期是由一团近于圆形的细胞所组成的，在这些细胞里含有一些棕色物质，而由这些球融化为黏液。柱头为一层较薄的同样细胞所覆盖，在这一层细胞下面乃是一些黏着在一起的纺锤形小胞。我们相信这些纺锤形小胞是和花粉管的穿透有关系的，而这些小胞不存在于蕊喙中或许说明蕊喙不为花粉管所穿透。如果按照这里所描述的蕊喙和柱头的构造来看，那么，它们唯一的区别在于蕊喙中分泌黏性物质的这层细胞比柱头中的那层要厚些，而蕊喙中的小胞却已经消失。所以，没有多大的困难可以使我们相信，当上柱头多少还是能育之时或者能被花粉管穿透之时，也许就已逐渐获得了分泌更大量黏性物质的能力，与此同时它却逐渐失去受粉的能力，并且，不难相信，被涂上这种黏性物质的昆虫把花粉块越来越有效地搬走，并运送到别的花的柱头上。这样，一个初期的蕊喙便形成了。

在有些族中，蕊喙构造上的差异是相当惊人的，然而，大多数的差别可以彼此联系起来而无太大的间断。最显著的差别之一乃是：有的蕊喙整个前方表面到一定深度变黏，有的仅仅里面部分变黏。在后一种情形，蕊喙的表面保持着膜质状态，例如红门兰属。但是，这两种状态是那么相

---

① *Beiträge zur Kenntniss der Befruchtung*，236 页，1844 年。

互紧密地递变着,以致我们几乎不可能在两者之间划出任何分界线。例如火烧兰属蕊喙的外表面经受了巨大的变化,因为它由其早先的细胞状态变成了非常有弹力而柔软的膜,这种膜本身有些黏性,并且允许其下面的黏质容易渗出;可是蕊喙的外表面实际上起着一层膜的作用,在膜的下表面衬着一层很黏的物质。二叶舌唇兰蕊喙的外表面是非常黏的,可是在显微镜下看,它还是很像火烧兰属的外膜。最后,在文心兰属等等的一些物种中,就其在显微镜下所能看到的外貌而论,蕊喙黏的外表面与位于其下的黏层仅仅在颜色上有所不同。但是两者之间一定有一些本质上的差别,因为我发觉在这很薄的外层被搅动之前,位于其下的物质一直是黏的,可是外层被搅动以后,下面的物质便迅速地凝固。蕊喙表面逐渐变化的情形并不使人惊奇,因为在所有情形之下,蕊喙的表面在花蕾中都是细胞组织,所以,一种早先的状态必定只有几分完整地保留着。

黏性物质的性质在不同兰科植物中是非常不同的:在对叶兰属中黏性物质几乎立刻凝固,比石膏粉还要迅速;在原沼兰属和武夷兰属中,它保持着液体状态达数天之久。但是,这两种状态系通过许多阶梯而彼此递变。在一种文心兰中,我曾看到黏性物质在一分半钟内变干;在红门兰属的一些物种为两三分钟;在火烧兰属为 10 分钟;在手参属为 2 小时;而在玉凤花属则超过 24 小时。在对叶兰属植物中,黏性物质凝固以后,水和稀酒精对它都不起任何作用;而细距舌唇兰的黏性物质在变干后几个月,当被弄湿时就会变得和以前一样黏。红门兰属一些物种的黏性物质被弄湿以后呈现一种中间状态。

蕊喙性状最重要的差别之一乃是花粉块是否永久附着于其上。我并不是指那些植物像原沼兰属和一些树兰属的物种,其蕊喙上表面是黏的,并且简单地黏住花粉团,因为这些例子并不存在疑难。我指的乃是那些以花粉团柄附着于蕊喙上或黏盘上的所谓花粉块的先天性附着。可是,说先天性附着并不是绝对正确的,因为花粉块在早期必然是离生的,而在不同兰科植物中,它之变为附着则有早有晚。关于附着过程的真正阶梯目前尚不知道,但是根据非常简单的情况及变化,这种阶梯就可以被看出来。在树兰族中花粉块是一个蜡质花粉球,并有一个长的花粉团柄(这个柄由黏有花粉粒的弹丝所构成),花粉团柄绝不变为先天性地附着于蕊喙上;反之,万代兰族的一些物种例如黄蝉兰的花粉团柄是先天性地(就上述意义而言)附着于花粉团,但其(花粉团柄的)构造则与树兰族的相同,唯一不同之点在于弹丝的末端系黏着于蕊喙的上唇,而不只是靠在其上。

我研究了一种与兰属(Cymbidium)相近的类型,即爪唇文心兰(Oncidium unguiculatum)花粉团柄的发育。在早期,花粉团裹在膜质的囊里，囊的一处很快就破裂开来。在此早期，每个花粉团的裂隙内都可以看到一层相当大而内含极不透明物质的细胞。这种物质之所以能被找到，是因为它是逐渐地变成半透明物质以形成花粉团柄的弹丝。当变化在进行时，细胞本身就消失了。最终弹丝的一端黏着于蜡质的花粉团，另一端从半发育的膜质囊的小口伸出来以后，就黏着于蕊喙上，花药便紧压着蕊喙。因此，花粉团柄在自己尚未发育和变硬以前，其黏着于蕊喙的背面似乎仅仅是依靠药囊的早期破裂，以及花粉团柄的稍微伸出。

在整个兰科中，当花粉块被搬走时，蕊喙的一部分也被昆虫搬走，因为黏性物质虽然为了方便起见被称为分泌物，而事实上乃是蕊喙部分的变态。但是，在那些花粉团柄早期就附着于蕊喙的物种中，蕊喙外表面膜质的、也就是固体的非变态部分同样被搬走。在万代兰族中，这一非变态部分有时相当大（形成花粉块的黏盘和蕊喙柄），从而使花粉块具有其显著的特征；但是，蕊喙被搬走的部分在形状与大小上的差别可以很好地逐渐联系起来，甚至在万代兰一个族中也这样；联系得尤为密切的是从红门兰属花粉团柄所黏着的膜的广椭圆形微小部分开始，经过细距舌唇兰的黏盘，再经过二叶舌唇兰的具鼓状柄的黏盘，然后经过许多类型，乃至龙须兰属的大黏盘和蕊喙柄。

凡蕊喙外表面的一部分与花粉团柄一起被搬走的所有兰科植物中，蕊喙上都有明确的、又常常是错杂的分裂纹，这就使得要被搬走的那些部分容易和蕊喙的其他部分分离。但是，这种分裂纹的形成和蕊喙外表面的某些部分相比，呈现出一种与介于非变化的蕊喙外表面膜和黏性物质之间的居间状态所经历的过程没有多大区别，后者已提到过了。蕊喙各部分的真正分开多数依靠来自接触的刺激，但是，接触究竟怎样起作用，现在还无法解释。对于接触的这种敏感性之在柱头上（就我们所知蕊喙是变态的柱头），以及实际上几乎在其他每一个部分上，绝不是植物罕见的特性。

在对叶兰属和鸟巢兰属中，假如蕊喙被触及，哪怕是一根人发之微，也会在它的两端破裂，而其包含黏性物质的腔立即把黏质排出。至于这种情况的阶梯，迄今尚无所知。可是，胡克博士曾经指出，像在其他兰科植物中一样，蕊喙最先是细胞组织，黏性物质是在细胞里面发育的。

我所要提到的、在不同的兰科植物的蕊喙性状方面的最后一个区别，乃是在眉兰族的许多物种中存在着分开得很远的两个黏盘，这对黏盘有时被包在两个分开的黏盘囊中。在这里具有两个蕊喙，它们乍看起来似乎像是3个，但是中央螺纹导管组从不超过一个。在万代兰族中我们可以看到单个黏盘和单个蕊喙柄是怎样分裂而成两个，因为在某些马车兰属植物中，心形的黏盘显示出倾向于分裂的痕迹；而在武夷兰属中，我们所看到的两个分开的黏盘和两个蕊喙柄，或者紧靠在一起，或者只稍微分开。

似乎可以认为一种类似的阶梯，即从单个蕊喙至外观上像两个清晰的蕊喙，在眉兰族中表现得更为明显。这是因为我们有下面一系列的例子，金字塔穗红门兰的单个黏盘被包在单个黏盘囊中；人唇兰属的两个黏盘之互相接触并互相影响其形状，但非真正联合；阔叶红门兰和斑花红门兰的两个完全分开的黏盘只具单个黏盘囊，囊仍然显示明显的分裂痕迹。最后，我们在眉兰属中看到两个完全分开的黏盘囊，其中当然包含着两个完全分开的黏盘。可是，这一系列的例子并不表示以前各阶段系单个蕊喙分裂而为两个分开的器官；反之，它却表示蕊喙在远古时已经分开为两个器官以后，现在，在种种情况下又重新联合起来而变成了单个器官。

这个结论是以位于两个药室基部之间的小的、中央鸡冠状突起，有时叫做蕊喙突起的性质为根据的（参看图 1，B 和 D）。在眉兰族下的两类植物中——即具裸露黏盘的物种和黏盘包藏在黏盘囊中的物种——每当两个黏盘紧密并列时，此中央鸡冠状突起或蕊喙突起一定出现[①]。反之，当两个黏盘距离很远时，居于其间的蕊喙的顶部是平滑或近于平滑的。在凹舌掌裂兰中，拱形的顶部是弯如屋顶状的，我们在这里看到了折叠鸡冠状突起形成的第一阶段。在角盘兰中虽然具有两个分开的大黏盘，鸡冠状突起或称为硬脊者却发育得比所能预料的更为明显。在手参和斑花红门兰以及其他一些种类中，鸡冠状突起是由薄膜质的兜组成的；在斑花红门兰中，兜的两侧部分地黏着；在金字塔穗红门兰和人唇兰属中，兜则变为一个硬脊。这些事实只有这样看才可以理解，在长久的一系列世代中，当两个黏盘逐渐地靠拢在一起时，蕊喙的顶端或中间部分便越来越变成拱形，直到成为一个折叠的鸡冠状突起，而最终乃形成一个硬脊。

我们无论是把兰科植物中各不同族的蕊喙性状一起比较，还是把蕊喙与普通花的雌蕊和柱头加以比较，它们之间的差别都是异常大的。一个简单的雌蕊是由一个圆筒组成，顶端冠有一个小小的黏面。现在请看龙须兰属的蕊喙（图 37），当它从蕊喙所属的其他部分剖割开来时，显示出何等异样；因为我追索过这个属的花中的所有导管，这个蕊喙图可以确信是大致正确的。整个蕊喙器官失去了受粉的正常功能。它的形状是极特

---

　　① 巴宾顿（Babington）教授（*Manual of British Botany*，第三版）把蕊喙突起的存在作为红门兰属、手参属和人唇兰属以区别于眉兰族其余各属的一个特征。原属于蕊喙的螺纹导管组上行，甚至会进入此鸡冠状突起或蕊喙突起的基部。

别的，具有加厚的上端，此上端向下弯曲，并延长而成一对长而渐尖又敏感的触角，每个触角就像蝮蛇的毒牙一样是中空的。在这些触角基部的中间与后面，我们看到大黏盘附着于蕊喙柄上；蕊喙柄在构造上不同于蕊

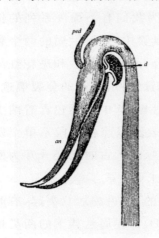

图 37　龙须兰属的蕊喙
an. 蕊喙的触角；*d.* 黏盘；
ped. 附着于花粉团上的蕊喙柄

喙的下面部分，并且，以一层无色透明的组织而与之隔开来，当花完全发育时，这层透明组织自然而然地溶解了。黏盘是以一触即破的一层膜而附着于周围各部分，它本身系由坚固的上部组织及一个位于下面的弹性垫组成的，垫上覆盖着黏性物质；在大多数兰科植物中，黏性物质又被一层不同性质的薄膜所覆盖。我们在这里所看到的各部分的特化是何等巨大！此外，为本书所描述的兰科植物相当少，它们在蕊喙结构方面竟有如此之多的、那样分明的阶梯曾被描述到，而且，雌蕊的上部变为蕊喙器官是这样容易，那么我可以相信，假如我们能够看到自始至终曾经存在于全世界的每一种兰科植物，我们将会发现，现存环链中所有缺隙以及许多失去的环链中每一缺隙为一系列很容易连接起来的过渡类型所弥补。

现在，我们来讨论兰科植物的第二大特征，即花粉块。花药是早期开裂的，裸露的花粉团常常附着于蕊喙的背面。这种动作在美人蕉属（*Canna*）中早已表现了，该属是与兰科有密切亲缘关系的一个科的成员，它的花粉附着于雌蕊上，紧靠柱头的下面。花粉在性状方面存在着巨大差异：在杓兰属和香荚兰属中，单个花粉粒被埋藏在黏液中；而在所有其他我所看到的兰科植物中（除了退化的头蕊兰属外），花粉粒则是三四个联合在一起[①]。这些复花粉粒彼此为弹丝所连接，但是，它们常常用类似的方法结

---

① 好几次，我曾经观察到 4 个花粉管从一个由 4 个花粉粒组成的复花粉粒中伸出。在北沼兰和人唇兰的某些畸形的花中，以及鸟巢兰的完好的花中，我曾看到当花粉粒还留在花药内而没有和柱头接触之时便伸出花粉管。我认为这是值得一提的，因为 R. 布朗（*Linn. Transact*，16 卷，729 页）似乎带点惊异地报告说，在马利筋属（*Asclepias*）的一朵凋萎的花中，当花粉还留在花药内时便伸出花粉管。这些例子表示，伸出的花粉管至少最初是专靠消耗花粉粒的内含物来形成的。

提到人唇兰属畸形的花，我愿补充的是我考查过几朵花（总是位在穗状花序最下面的），这些花的唇瓣几乎不发育，并且，紧紧地压着柱头。蕊喙是不发育的，因此，花粉块并不具有黏盘；但是，最奇妙的特点乃是两个药室似乎因为发育不全的唇瓣位置的关系而变为远离，但为一药隔薄膜所连接起来，这种药隔薄膜几乎与在二叶舌唇兰中的等宽！

合在一起而形成小束,或者是胶合而成所谓蜡质团。这种蜡质团在树兰族和万代兰族中从 8 个渐次演变为 4 个、2 个,以至由 2 个黏合而成为单个的团。在树兰族的某些代表中,我们在同一个花药中会看到两类的花粉,即大的蜡质团和由附有无数复花粉粒的弹丝组成的花粉团柄。

我对于蜡质花粉团中花粉黏着的性质未能有所说明,当它们被置于水中三四天,复花粉粒容易散开,而每个四合花粉粒则仍然牢固地黏着在一起,因此,两类黏着的性质必须加以区别。眉兰族中花粉束所赖以联结在一起的弹丝和万代兰族中深入蜡质花粉团内部的弹丝,在性质上都与蜡质花粉团的黏合物质有差别,因为用氯仿和用酒精长期浸泡会对弹丝发生作用,但另一方面,这类液体对蜡质花粉块的黏合力却无显著的作用。在若干树兰族和万代兰族的物种中,花粉团的外部花粉粒不同于内部花粉粒之处在于颗粒较大、色泽较黄以及厚得多的胞壁。因此,在一个药室的内含物中,我们看到花粉分化到了惊人的程度,即花粉粒每 4 个黏合起来,然后或是通过弹丝结合在一起,或是黏合成坚固的花粉团,花粉团外部的花粉粒又与内部的花粉粒不同。

在万代兰族中,由黏合的细丝所组成的花粉团柄是由含有半流质的一层细胞发育而来的。因为我发现氯仿对所有兰科植物的花粉团柄都有特别的和强烈的作用,而且,对杓兰属的包住花粉粒的黏性物质也同样有作用,这种黏的物质可以拉长而成弹丝。我们可以认为,杓兰属是在全部兰科植物中构造上分化得最少的,从这里我们看到了弹丝的原始状态,而在其他发展更高级的物种中,花粉粒都是通过弹丝联结在一起的[①]。

当花粉团柄十分发达而不具花粉粒时,则花粉团柄为花粉块所呈现的许多特性中最显著的特性。在一些鸟巢兰族的代表,特别是斑叶兰属中,我们看到花粉团柄处于初期的状态,即它刚刚凸出于花粉团外,带有一些仅仅部分黏合的弹丝。在万代兰族中,从花粉团柄的普通裸露状态,通过花粉团柄几乎裸露的薄叶兰属(*Lycaste*),再通过虾脊兰属而至花粉

---

① 奥古斯特·伊莱尔(Auguste de Saint Hilaire)(*Lecons de Botanique*,447 页,1841 年)说弹丝系以一种浓的奶油状的液体状态而存在于花粉粒已经部分形成后的早期花蕾中。他补充说,他对蜜蜂眉兰的观察看到这种液体是由蕊喙分泌出来的,而且是一滴一滴地慢慢挤入花药中去的。如果不是如此著名的权威作这样报告的话,我一定不会注意这件事的。这一观察肯定是错误的。在火烧兰的花蕾中,我打开了处于完全闭合的并和蕊喙分开的花药,发现花粉粒为弹丝所联结。大花头蕊兰不具分泌上述浓的液体的蕊喙,但花粉粒也照样连接。在金字塔穗红门兰的畸形标本中,位于真正花药每一边的耳,亦即退化的花药,已变为部分地发育了,而它们差不多已经位于蕊喙和柱头的侧面;但是,我在这双耳之一中发现一清晰的花粉团柄(它在末端必然没有黏盘),这种花粉团柄似乎不可能由蕊喙或柱头分泌。我还可以增加另外的证据,但那样会是多余的了。

团柄外面覆盖花粉粒的黄蝉兰,从对花粉块柄阶梯的这种探索看来,可能花粉团柄的普通裸露状态是通过一个花粉块的变异而得到的,就像树兰族的花粉团柄一样,亦即由于早先黏附于分开的弹丝上的花粉粒之败育以及由于后来这些弹丝的黏合所致。

在眉兰族我们有着比由阶梯所提供的更好的证据,表明那些长而硬的、裸露的花粉团柄至少一部分系由大量的下部花粉粒的败育,以及由这些花粉粒赖以联结在一起的弹丝的黏合所发育长成的。在某些物种中,我常常在半透明的花粉团柄的中部观察到一种暗浊的外观;我仔细地把金字塔穗红门兰的几个花粉团柄剖开时,我发觉在它们的中心,正好在花粉束和黏盘之间的一半处,许多花粉粒(仍然是四合花粉粒组成的)排列得十分疏松。这些花粉粒从它们所埋藏的位置看来,绝不可能落到花的柱头上,因而是绝对无用的。那些确信无用的器官系被特别创造出来的人们很少会想到这个事实。反之,那些相信生物缓慢变异的人们则对于这类变化未必已完全实现这点并不感到惊奇,例如,在下部花粉粒的败育和在各弹丝的黏合所经历许多嗣续的阶段之内和这些阶段以后,在原来发育着花粉粒的地方一定还会有产生不多几粒花粉粒的倾向,而且,这些花粉粒必然会被留在缠结着花粉团柄的、现已联合了的那些弹丝之内。他们将把金字塔穗红门兰花粉团柄中由那些疏松的花粉粒所形成的一些小暗点视为良好的证据,证明这种植物的一个早期祖先曾具有像火烧兰属和斑叶兰属一样的花粉块,并且证明那些花粉粒是从下面部分慢慢消失后,剩下裸露的弹丝随时可以黏合成为一个真正的花粉团柄。

因为花粉团柄在花的传粉中起着重要的作用,只要在它的长度方面连续保持各式各样的增长,而每一增长对于花构造上的其他变化是有益的,虽则下部花粉粒无任何败育,它也应已经从一个初期的状态(例如我们在火烧兰属中所看到的),发展到任何所需的长度了。但是,我们从刚才所提供的一些事实可以推断这不是唯一的方法,即使花粉团柄长度的大部分是依赖这些下部花粉粒的败育。很可能有时候由于自然选择而花粉团柄在长度上大大地增加了,因为波纳兰的花粉团柄实际上比细长的花粉团长 3 倍以上;极不可能,如此之长的一团花粉粒,借助于弹丝而稍微黏合在一起会曾经存在过,这是因为一只昆虫不可能把这种形状和这样体积的花粉块安全地输送并涂抹在另一朵花的柱头上。

迄今为止,我们已考虑到同一器官性状方面的阶梯。对于任何一个比我掌握更多知识的人说来,去探索有密切亲缘关系的大科的各个物种和物种群之间的阶梯应当是一个有意义的课题。但是要得出一个完整的阶梯，包括所有曾经存在过而现在已灭绝的类型，沿着许多裔系追溯到本群的一个共同祖先，则必定会被称作违背现实。正是由于这许多类型的不存在以及由于在一脉相传的系列中继之出现的大缺口，我们才能够把现存的物种区分为界限分明的各群，例如属、科和族。假如不曾有过植物灭绝，今天仍然会有特别发展的大亲系或大支系，例如万代兰族，它作为一个大集合体仍然会与眉兰族那个大集合体有所区别，但是，可能很不同于它们现存后裔，这就完全不可能用一些显著的特征把一个大集合体与别的大集合体区分开来。

我要冒昧地再提仅仅几点看法。杓兰属具3个发育的柱头，因此而不具有蕊喙，具两个能育的雄蕊及第3个大的残迹雄蕊，再加上花粉的性状，它似乎是这个目的残遗，而处于一种比较简单或比较一般化的状态。拟兰属是一个相近的属，它被布朗放在兰科中，但为林德利置于一个不同的小科中。这些支离破碎的群并不为我们指明所有兰科植物共同祖先类型的构造，然而却足以表示兰科植物在古代可能的性状，在那个时候，一种类型和另一种类型之间，以及这些类型和其他类型之间，还未曾变得像现存的兰科植物，特别是万代兰族和眉兰族那么大的分化，因此，也就是说，在那个时候，兰科的所有特征比现在更加类似竹芋科那样近亲的群。

关于其他兰科植物，我们可以看到一种古老的类型，例如肋茎兰族（Pleurothallidae）的某一亚族，其中有些具有蜡质花粉团，花粉团上带一个细小的花粉团柄；当这种类型中的花粉团柄完全败育时，便会派生出石斛族；而当花粉团柄增长时，便会派生出树兰族。兰属的情况给我们指出，一种极其简单的类型像我们现在的树兰族中的一个成员，是可以变成万代兰族的一个成员的。鸟巢兰族对于较高级的眉兰族差不多有相类似的关系，就像树兰族之于较高级的万代兰族一样。在鸟巢兰族的某些属中，我们看到复花粉粒黏合为束，并通过弹丝连接起来，弹丝凸了出来，从而形成了一个初级的花粉团柄。但是，这种花粉团柄既不像在眉兰族那样从花粉团的下端伸出，也不一定像鸟巢兰族那样从花粉团的最上端伸出，而往往处于中间位置，因此，在这方面算是一种过渡类型绝非不可能的。在绶草属中，只有涂着黏性物质的蕊喙背面被搬走；其前面部分则是膜质的，并像眉兰族兜状蕊喙一样地开裂。一个兼具属于鸟巢兰族成员的斑叶兰属、火烧兰属和绶草属的大多数特征但尚处于不太发达状态的一种古老类型经过进一步细微的改变，是会派生出眉兰族来的。

在博物学中,几乎没有什么比解答一个大群中什么样的类型应该被视为最高级这个问题更为含糊、更为困难的了[①],因为它们全都是很好地适应于它们的各种生活条件的。假如我们注意到兰科的连续变化,包括各部分的分化以及因之而来的构造复杂化,以此作为比较标准的话,那么眉兰族与万代兰族将是兰科植物中最高级的。我们是否更着重于花的大小、花的美丽和整个植株的大小呢? 如果这样,则万代兰族是名列前茅的。而且,它们具有较为复杂的花粉块,带有常常减退为 2 个的花粉团。另一方面,眉兰族的蕊喙从其早先所具柱头的原始性质看来比万代兰族有着更大的改变。在眉兰族中,内轮雄蕊几乎完全被抑制了,只有两耳——仅仅是残遗之残遗——被保留着,有时甚至连耳也不见了。因此,这些雄蕊已是极端地退化了,但是,这是否可以被视为一个高级的标志吗?对于兰科的任何成员,在整个构造上是否会比眉兰族的一个成员波纳兰具有更为深奥的变化,我是有疑问的。再者,在此同一个族中,关于传粉方面没有比金字塔穗红门兰的装置更加完善的。可是,有一种模模糊糊的感觉指示着我,把华丽的万代兰族放在最高级的位置。当我们在这个族内部看到:龙须兰属的花粉块的抛出与搬运方面精巧的机制,且具有如此奇妙地改变了的、敏感的蕊喙以及雌雄性器官生在不同植株上的时候,我们或许可以给这个属以胜利的棕榈的称号[*]。

花蜜的分泌

许多兰科植物,包括我们土产的物种和栽培于温室中的外来种类,都分泌丰富的花蜜。我曾发现指甲兰属角状的蜜腺距充满流质;而七橡树地方的罗杰斯先生告诉我,他曾经从角距指甲兰(*Aerides cornutum*)的蜜腺距中取得相当大的糖结晶。兰科植物分泌花蜜的器官,在不同属中呈现着构造上与位置上的巨大差别,但是,它们几乎总是位于靠近唇瓣的基

[①] 关于这个困难的课题之最充分和最得力的讨论,见 H. G. 勃隆教授在 *Entwickelung-Gesetze der Organischen Welt*(1858 年)中所论。

[*] 棕榈的枝或叶是胜利的标志,此处意即此属是最高级的。——译者

部。可是，在双距兰属中只有后萼片分泌花蜜，而在双袋兰属中两个侧萼片与唇瓣都分泌花蜜。在束花石斛（*Dendrobium chrysanthum*）中，蜜腺是一个浅碟；在厄勒兰属中，是由两个大而联合的细胞组织的球组成；而在铜色石豆兰（*Bulbophyllum chrysanthum*）中，则是一个中央蜜槽。卡特兰属的蜜腺贯穿子房。在长距武夷兰中，蜜腺距长达到 11 英寸以上惊人的长度，但是我用不着更多地加以叙述。无论如何，我们应该回忆起这样的事实，即盔唇兰属分泌花蜜的腺流出丰富的、几乎纯粹的水滴入由唇瓣末端部分（上唇）所形成的囊中；这种分泌液系用以防止前来咬啮唇瓣表面的蜂类振翼飞开，从而迫使它通过原来的通道爬出去。

虽然花蜜的分泌对于兰科植物引诱昆虫是极为重要的，而昆虫对于大多数物种的受精又是不可缺少的，但是，可以举出充足的理由使人相信[1]，花蜜本来是一种排泄物，其目的是为了排除在植物组织中进行化学变化时，特别在日照时所产生的多余物质。某些兰科植物的苞片曾被观察到[2]分泌花蜜，而这对它们的受精是不可能有任何用处的。F. 米勒告诉我，他在巴西原产地，不但从文心兰属的一个物种的苞片上，而且也从一种驼背兰属植物的苞片与上萼片的外侧看到这类分泌液。罗杰斯先生曾经从香荚兰属花梗的基部观察到一种类似而丰富的分泌液。前已提到，奇唇兰属与爪唇兰属的蕊柱同样也分泌花蜜，但只在花已受精以后，所以，这样的分泌液对引诱昆虫不可能有什么用处。为了驱除体中多余的或有害的物质而排泄出来的东西，竟然会用于非常有用的目的是完全依照自然界所精心设计的，自然选择所完成的。举出一个与我们刚说的这个课题形成有力对比的例子，就是某些甲虫（Cassidae 及其他）的幼虫，用它们自己的粪便形成一个伞状的保护物，以保护其纤弱的身体。

可以回想一下在第一章中所列举的证据，证明在红门兰属的几个物种的蜜腺距内从未发现过花蜜，可是，不同类的昆虫却用它们的吻穿入柔弱的内壁，吸取细胞间隙中的流质。这个结论已为 H. 米勒所证实。我也曾进一步指出，甚至鳞翅目也能够穿入其他较硬的组织。在所有英国红门兰属的物种中，蜜腺距里不包含裸露的花蜜，而花粉块的黏盘上的黏性物质则需要经过 1～2 分钟才得凝固，这是一个相互适应的、有意义的例

---

[1]　这个课题已在我著的 *On the Effects of Cross and Self-fertilisatIon in che Vegetable Kingdom*（402 页，1876 年）一书中充分讨论过了。

[2]　库耳（Kurr），*Ueber die Bedeutung der Nektarien*（28 页，1833 年）。

子。如果昆虫由于必须在蜜腺距的几点穿破以取得花蜜，从而长时间地滞留在花上，这会是对植物有利的。另一方面，全部眉兰族在它们的蜜腺内有贮藏好的花蜜，在这一族中，黏盘是黏得足以使花粉块附着于昆虫上，并不具迅速凝固的物质，因此，如果昆虫吮吸花朵而耽搁几分钟，对这些植物并没有好处。

虽然英国栽培的外来兰科植物具有蜜腺而无任何裸露花蜜，当然也不能绝对相信，当它们生于更为自然的环境下竟会无一点花蜜。我也没有对外来种类黏盘的黏性物质凝固速度做许多比较观察。虽然如此，看来某些万代兰族的代表和我们英国红门兰属的物种的尴尬情况大致相同。长距虾脊兰就是这样，它具一非常长的蜜腺距，在我所检查的全部标本中，蜜腺距内部都是十分干的，内有粉状球菌居住着；但是在两层壁之间的胞间空隙中有大量流质，可是当这个物种黏盘的黏性物质在其表面被搅动以后，在一两分钟内就完全失去它的黏着力。在一种文心兰中，黏盘受到类似的搅动后，在一分半钟之内就会变干；在一种齿舌兰属中，为两分钟；在这些兰科植物中均无任何裸露的花蜜。另一方面，长距武夷兰具有贮藏在蜜腺距下端的裸露花蜜，当花粉块的黏盘从植株搬走，而且，它的表面又被搅动时，在 48 小时以后还是十分黏的。

毛柱隔距兰提供一个更为奇特的例子。它的黏盘完全失去了黏着力并在不到 3 分钟之内凝固。因此，可以料想得到，在蜜腺距中不会找到流质，除非在细胞间隙中找到。但是，非料想所及，两个地方均有流质，因此，在这里我们看到了在同一朵花中兼备两种情况。或许可能昆虫有时急于吸吮裸露的花蜜而忽略了藏在两层壁之间的花蜜，但是，即使是这样，我甚至猜想昆虫会用一种完全不同的方法采蜜而被耽搁住，从而使黏性物质得以凝固。在这种植物中，具蜜腺的唇瓣是一个特别的器官。我希望绘出具有这个器官结构的一张图，但是发觉这将与把复杂的锁的榫槽绘出图来一样是无望的。即使多艺的鲍尔用许多幅大插图与剖面图，也几乎无法把构造弄得一目了然。通道是如此复杂，以致我反复尝试，想把一根鬃毛从花的外面穿入蜜腺距内，或以相反的方向，从蜜腺切断的那一端通到花外面去，都不能如愿以偿。自然，一只具有能任意弯曲的吻的昆虫，能够以它的吻穿过通道，从而伸到有花蜜的地方，但是为了实现这一目的要使昆虫在花上耽搁一些时候，这就有时间让奇妙的方形黏盘牢固地黏着于昆虫的头部或躯体上。

因为在火烧兰属中，唇瓣基部的杯充作花蜜的容器。我希望发现，在马车兰属及奇唇兰属之类的兰科植物中也有类似的杯会充作相同的用途，但是，我在这些属中连一滴花蜜也未能找到。同样，据 M. 梅尼埃和斯科特先生[1]说，在这些属或者在爪唇兰属、须喙兰属以及许多其他属中，从来未有过花蜜。在三齿龙须兰，还有在和尚兰的雌花中，我们知道朝上翻的杯也许不可能充作花蜜的容器。那么什么东西引诱昆虫到这些花上来呢？而昆虫必须有所引诱这是肯定的，尤其特别的是关于龙须兰属，它的雌雄性器官分别生在不同的植株上。在万代兰族的许多属中，没有任何分泌花蜜的器官或容器的痕迹。但是在所有这些属中（就我所看到的来说），唇瓣或是厚而肉质，或是具有特别的疣状突起，例如在文心兰属与齿舌兰属中。在美白蝴蝶兰中，唇瓣上有一个奇妙的铁砧形的突起，突起末端具两个卷须状的延伸物，它往回弯转，看来是用以保卫铁砧形突起的两侧，这样昆虫就会被迫降落在突起的顶上。甚至在我们英国的大花头蕊兰中，其唇瓣也从不含有花蜜，但在内表面朝向蕊柱处具橙黄色的肋条和乳头。在虾脊兰属（图 26）中，一簇奇怪的小的球形疣从唇瓣凸出，并且具一个极长的蜜腺距，蜜腺距内无花蜜。在绿花美冠兰（*Eulophia viridis*）中，短的蜜腺距同样是缺乏花蜜的，而唇瓣则覆盖着具流苏状的纵脊。在眉兰属的几个物种中，在唇瓣基部两个黏盘的下面有两个发亮的小突起。我还可以补充许许多多关于唇瓣上奇妙而变化多端的疣状突起的其他例子。林德利说他完全不知道它们的用处。

从这些疣状突起占据与黏盘相应的位置以及不存在任何裸露的花蜜这点出发，我以前认为很可能这些疣状突起系提供食饵，以引诱膜翅目或食花的鞘翅目昆虫的。种子既然惯常地依靠包在外面的甜果肉引诱鸟类来进行传播，那么花朵惯常地依靠来食唇瓣的昆虫进行传粉也就并非当然不可能的了。但是，我应该提到佩雷（Perey）博士，他用在水银剂上发酵的方法为我分析了瓦利兰属的一个种的厚而有沟的唇瓣，发现它并没有比其他花瓣含有更多糖质的证据。另一方面，龙须兰属厚的唇瓣以及火焰旋距兰的两个上花瓣的基部，却有一种微甜的、有些使人喜欢的滋养的味道。虽然如此，昆虫为不同的兰科植物的花所吸引是为了啮咬唇瓣的疣状突起及其他部分这点则是一个大胆的推测。几乎没有什么比克吕格尔博士所作的观察更使我满意的了，他[2]在西印度群岛曾反复目击长舌花

---

[1]　*Bulletin Bot. Soc. de France*，2 卷，352 页，1855 年。

[2]　*Journal Linn. Soc. Bot.*，第 8 卷，129 页，1 864 年。

蜂属的野蜂在啮咬龙须兰属、盔唇兰属、爪唇兰属与马车兰属的唇瓣而给这种观点以充分证实。F. 米勒在巴西南部也常常发现金蝶兰属唇瓣上的突起被咬。这样，我们便能够理解许多兰科植物唇瓣上特别的鸡冠状突起与突起的意义，因为它们总是长在这样一种位置，当昆虫咬它们时，势必触及花粉块的黏盘，从而把花粉块搬走，然后使另一朵花受精。

花粉块的运动

　　许多兰科植物的花粉块，当从着生的地方被搬走并在空气中暴露几秒钟以后，便经受一种俯降运动。这是由于保持着膜质状态的蕊喙外表面的一部分（有时是极为微细的部分）的收缩所致。我们所看到过的这种膜对于触碰同样是敏感的，以招致沿着某些特定的缝线破裂。在一种颚唇兰中，蕊喙柄的中部收缩，而在玉凤花中则整个鼓状柄都收缩。我所看到的其他例子，收缩点或是紧靠在花粉团柄附着于黏盘的附着点的表面处，或是位于蕊喙柄与黏盘联合之处，但是，黏盘与蕊喙柄两者都是蕊喙的外表面部分。关于这些观察，我并不认为花粉块的俯降运动单纯由于蕊喙柄的弹力所引起，就像万代兰族的物种一样。

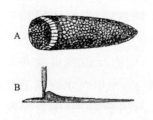

图 38　手参（*Gymnodenia conopsea*）的黏盘

　　手参的长带状的黏盘很适合于表明俯降运动的机制。整个花粉块，其直立的与俯降的（但不是完全俯降的）两个位置，已在图 10 表示过。在这里有两个毗连的插图，上图（A）示高度放大了的黏盘的上面观，它是处于不收缩的状态下，它的花粉团柄已被去掉；下图（B）示一个不收缩的黏盘的纵切面和附着在它上面的、直立的花粉团柄基部。在黏盘宽的一端有一个新月形深穴，穴缘有由一些纵长细胞所形成的浅脊。花粉团柄的末端附着于穴和脊的陡面上。在黏盘暴露于空气中大约 30 秒钟时，脊便收缩并下落成平坦状；当下落时，脊拖着花粉团柄一起，于是花粉团柄便并行地平卧于黏盘延长的渐尖部分之上。假如把黏盘置于水中，脊便升起，而花粉团柄又竖立起来，而当黏盘再暴露于空气中时，脊再次下落,但每次其力量都有几分减弱。当花粉团柄每次下落与升起时,整个花粉块当然随之俯降和竖立。

　　金字塔穗红门兰的马鞍形的黏盘很好地显示出,运动的力量唯一系于黏盘的表面,因为当黏盘被置于水下的时候,我去掉附着在它上面的花粉团柄以及黏盘下表面的黏性物质层,立即将黏盘再暴露于空气中时,原有的收缩跟着发生。黏盘是由几层小细胞形成的,它在保藏于酒精中的标本上看得最清楚,因为它的内含物因而变为较不透明。在马鞍形黏盘的两翼中,细胞是稍稍延长的。只要马鞍形黏盘还保持润湿,其上表面便近于平坦,但当它暴露于空气中时(见图 3E),其两翼或两侧便收缩而向内卷曲,这就引起(两个)花粉块叉开。由于某种收缩,在花粉团柄的前面也形成两条沟,以致使后者向前向下倒去,差不多就像在两支立竿的前面挖了两条沟,沟继续加深以使在两竿之下掘成两条坑道一样。就我所知,在早生红门兰中,一种类似的收缩引起花粉块的俯降运动。关于蜥蜴红门兰,两个花粉块附着于单个相当大的方形黏盘上,盘的整个前部暴露于空气中以后便落下,并以一个突然的步骤而与后面部分分开。由于这种收缩,两个花粉块便向前向下运动。

　　有些花粉块被粘到硬纸片上几个月,当把它们置于水中时,先升起而后再俯降。一个新鲜的花粉块,轮流地使之润湿之后再使之暴露于空气中,它便相应地轮流升起与下降。这些事实说明花粉块的这种运动纯粹在于吸收湿气的关系。在我确认这些事实以前,我想那是有生命的动作,曾试之于氯仿气体、氰酸气体以及浸在鸦片酊中,但这些试剂都不能阻碍运动。然而要明白运动何以能单纯地系于湿度是有些困难的。金字塔穗红门兰的马鞍形黏盘的两翼(见图 3D),在 9 秒钟中便完全向内卷曲,这对于单单使水分蒸发以产生作用来说也是极短的时间[1];而这种运动看来是由于下表面的变干所致,虽然,这里覆盖着一层厚的黏性物质。无论如何,马鞍形黏盘的两边可以在 9 秒钟中稍稍变干。当它被置于酒精中时,猛烈有力地收缩着,这可能由于酒精吸水所致;当它再被置于水中时,又展开了。不管收缩运动是否完全在于吸湿关系,而每一个物种的收缩运动则是美妙地被调节着,以致当花粉团被昆虫从这一朵花搬运至另一朵

----

　　[1]　这个事实现在对我说来并不像以前那样惊奇,因为我的儿子弗朗西斯已经指出(*Transact. Linn. Soc.*,第二辑,植物学,1 卷,149 页,1876 年)当羽茅属(*Stipa*)的芒暴露于干燥和潮湿的空气中时,它是以多么惊人的速度扭曲与伸直。这些动作正像他所指出的,是由于分隔细胞(separate cell)的扭曲与伸直所致。

花时，便处于击中柱头面的一个适当的位置。

除非花粉块以一成不变的位置附着于寻访花朵的昆虫身上，并在俯降运动后，它始终处于同样正确的瞄准方向，否则种种这类运动都完全归于无效。这样就很需要迫使昆虫始终如一地寻访同一物种的花朵。因此，我必须说几句关于萼片和花瓣的事。它们本来的作用自然是在花蕾中保护结实器官。在花完全开放以后，上萼片和两个上花瓣常常继续着同样的职能。我们不能怀疑这种保护作用对结实器官是有益的，这就是，当我们在微柱兰属中看到萼片在展开以后，在相当长的一段时间里，仍旧精巧地再合拢来和保护着花朵；在尾萼兰属中，萼片始终彼此接合在一起，独留着两个小窗开放着；在无掩蔽地开放着的石豆兰属的花中，柱头腔的口部在一个时期以后才关闭起来。关于原沼兰属和头蕊兰属等等，也可以提供类似的事实。但是，由一片上萼片和两片上花瓣所形成的兜，除了提供保护以外，还显然起着一种引导作用，以迫使昆虫从前面进入花朵。现在几乎没有人还对 C. K. 施彭格尔的观点[1]的正确性有所怀疑了，这个观点认为花的鲜艳而触目的色彩系用以引诱远处的昆虫。虽然，某些兰科植物具有极不显著的带绿色的花朵，这或许是为了避免某种危害，但是其中许多是有强烈香味的，它同样会很好地用以引诱昆虫。

唇瓣是花的外被中最为重要部分。它不仅仅分泌花蜜，而且常常形成种种式样的贮器以保藏这种蜜汁，或者唇瓣本身变成了诱饵而让昆虫咬啮它。除非花朵用某种方法对昆虫进行引诱，否则大多数物种就会有永久不育之虞。唇瓣始终位于蕊喙的前面，它的外围部分常常给所需的来访者以一个落足点。在新疆火烧兰属，这个部分是柔韧而又有弹性的，看来是迫使昆虫在退出时擦着蕊喙。在杓兰属，唇瓣前部就像拖鞋的前端那样抱合起来，迫使昆虫通过两个特定通道之一从花里爬出来。在翅柱兰属以及少数其他兰科植物，唇瓣是敏感的，以致当触碰它时，它就使花闭合起来，而只留下一个通道，让昆虫得以逃逸。在绶草属，当花完全成熟时，蕊柱离开唇瓣，从而留出空隙，使附着于野蜂吻上的花粉团得以带入花内。在火焰旋柱兰，唇瓣位于蕊柱的顶端，昆虫在这里降落并触及它的敏感点，便引起花粉团从药室里抛出。唇瓣常具深槽，或者有引导

① 作者这部珍奇的著作给以奇妙有趣的书名《揭露自然界的秘密》(Das Entdeckte Geheimniss der Natur)，该著作一直到晚近还常常被人看不起。当然，他是一位异想家，或许把他的某种思想导至极遥远的境地。但是，从我自己的观察中，确实感觉到他的著作包含有巨大的真理部分。多年前，其见解受到所有植物学家钦佩的 R. 布朗对我盛赞这部著作，并说只有对这一课题几无所知的人们才会讥笑这位作者。

脊,或者紧压着蕊柱,许多例子表明唇瓣靠得很近,足以使花成为管状。依靠这种方法,昆虫被迫擦着蕊喙。但是,我们无法推测唇瓣构造的每一细小部分都是有用的。在某些例子,例如就隔距兰属而论,唇瓣的奇异形状似乎一部分是由于它紧紧地处于和奇形怪状的蕊喙相对的位置上发育的缘故。

在卵叶对叶兰,唇瓣远离蕊柱,但是唇瓣基部是狭窄的,因而导致昆虫正好站在蕊喙中央之下。在其他的一些属,像马车兰属、蝴蝶兰属及斑叶兰属等等,唇瓣具有向上翻起来的基生裂片,它显然起侧面引导标作用。在某些属像原沼兰属,两片上花瓣向后卷,因此不致阻挡通路。在其他的一些属,诸如奇唇兰属、尾萼兰属以及石豆兰属的一些物种,这些上花瓣显然起侧面引导标的作用,迫使昆虫直接在蕊喙的正面寻访花朵。在其他一些属,由药床的边缘或蕊柱的边缘所形成的翅,在花粉块被取出和后来被塞入柱头穴这两个方面,起侧面引导脊的作用。因此,花瓣、萼片以及发育不全的花药除了对花蕾提供保护之外,在若干方面起到良好作用可能是没有疑问的。

整个花包括其所有的部分,其最终目的乃是产生种子;而兰科植物产生的种子是极为大量的。这样大量的种子并没有什么可夸耀的,因为产生几乎无限数量的种子或卵无疑是有机体低级的标志。一个非一年生植物,主要靠产生大量的种子或幼苗而免于灭绝,这说明它缺乏某种装置,以及需要某种相应的保护以抵御其他的危险。我很想估计一下几种兰科植物所产生种子的数目。因此,我就拿了一个大花头蕊兰的成熟蒴果,把种子排列在一条划有格子的长线上,尽可能均匀整齐地堆成一条狭长的土方般的小丘,然后在一个精密量过的 0.1 英寸的长度上计算种子的数目。用这种方法估计出一个蒴果里约含有 6020 粒种子,而且,其中极少是坏的,因此,由同一植物所产生的四个蒴果就包含有 24080 粒种子。以同样方法估计斑花红门兰较小的种子,我发现数目差不多相等,即 6200 个。因为我常常在同一植株上看到过 30 个以上的蒴果,那么种子的总数就是186300 个。因为这种兰科植物是多年生的,而且,在大多数地方植株数目总不能增多,所以,在这样大量数目的种子中,只有一粒种子每几年一次产生一个成长的植株。

为提供上述数字所真正表示的概念,我愿意简要地说明一下斑花红门兰的可能增长率:1 英亩土地会容纳 174240 植株,每植株占 6 平方英寸,这对于它们的生长是恰恰足够的,因此,在每个蒴果中公平地扣除 400

个坏种子,而 1 英亩土地就会为一个植株的子代所密盖。按同等增长率,孙子辈会覆盖一个比安格尔西岛*稍大一些的土地面积;而一个植株的曾孙便会以一望无际的绿色地毯几乎(47 与 50 之比)覆盖全球所有陆地的表面。但是,我们英国的一种普通兰科植物所产生的种子无法和某些外来的种类相提并论。斯科特先生发现一种奇唇兰属植物的蒴果,其中包含 371250 种子。从花的数目判断,一个植株有时会产生约 7400 万粒种子。F. 米勒在一种颚唇兰属植物中发现一个蒴果中竟有 1756440 种子;而此种植物往往产生 6 个这类的蒴果。我可以补充说,通过计算一些花粉束(其中一束在显微镜下被弄散开了),我估计在斑花红门兰的单个花药中,花粉粒数目——其中每个花粉粒都在发出着它的花粉管——是 122400 个。阿美西(Amici)估计绿纹红门兰的花粉粒数目为 120300 个。因为这两个物种看来不比其近亲种斑花红门兰产生更多的种子——后者一个蒴果有 6200 个种子,所以我们知道每个胚珠平均占有 20 粒花粉粒。根据这个标准,在产生出 1756440 粒种子的颚唇兰属一朵花的花药中,其花粉粒的数目必定是庞大的。

　　妨碍兰科植物在全世界无限繁殖的原因何在,还不清楚。包藏在轻薄种皮内的细小种子是很适于广播的。我曾有几次在我的果园中和在一个新栽植的树林中,观察到兰科植物的一些籽苗萌发起来,它们一定是来自相当远的地方。特别是火烧兰更是这样,有一位有本事的观察者[2]记载了一个例子,即这种植物的籽苗出现于距离生长有该植物的任何地方估计 8～10 英里之间。虽然,兰科植物产生着惊人数目的种子,而它们的稀疏分布却是众所周知的事实。例如,肯特似乎是英国最有利于兰科植物生长的地方,而在离我屋子 1 英里之内生长有 9 个属计 13 个物种,但其中只有一个物种即绿纹红门兰数目之多使其能以在该地植被中形成蔚为明显的景观。至于同样长在开旷林地上的斑花红门兰则比较少些。大多数其他物种是稀疏分布的,虽然还不至被称为稀有物种;可是,如果它们的种子或籽苗不是大量被消灭的话,其中任何一种就会立即遍布整个地区。在热带,兰科的物种更丰富得多。在这方面,F. 米勒在巴西南部发现超过 13 个种的、分属于几个属的兰科植物生长在一株洋椿树***上。在澳大利

---

　　* 安格尔西岛(Angelesea)位于英格兰岛西面一小岛,面积约为 276 平方英里。——译者

　　② 勃里(Bree)先生(*London's Mag. Nat. Hist.*,)2 卷,70 页,1829 年。

　　*** 洋椿属(*Cedrela*)原产南美洲和西印度群岛.属于楝科(Meliaceae),其中一种 *C. glaziovii* 我国广东有栽培。——译者

亚的悉尼,菲茨杰拉德先生在半径 1 英里地区之内采到至少 62 种兰科植物,其中 57 种是地生的。但是,我相信没有一个地方,同一种兰科植物的个体数目会接近于非常多的其他植物的物种的个体数目。林德利以前估计过,在全世界约有 6000 种兰科植物,包括在 433 个属之中[①]。

兰科植物到达成年的个体数目,似乎并非全然密切地取决于每一个物种所产生的种子数目。当我们把一些有亲密关系的类型加以比较时,就知道这是合乎情理的。像蜜蜂眉兰是自花受精的,每朵花都能够产生蒴果;但是,这个物种的个体数目在英国的一些地方没有像蝇眉兰那样多,后者是不能自花受精的,而是不完全地由昆虫来授粉,以致大部分花朵都没有受精而萎缩了。我们发现在利古里亚有大量的蜘蛛眉兰,但是,德尔皮诺估计在 3000 朵花中至多一朵花结蒴果[②];奇斯曼(Cheeseman)先生说[③]新西兰的翅柱兰的花是那么巧妙地适应于异花受精,而它们结蒴果的远不到四分之一;反之,关于近亲种辛氏针花兰的花同样需要昆虫的帮助使之受精,一共 87 朵花就结了 71 个蒴果,所以,这种植物必定产生惊人数目的种子,但是在许多地区丝毫不比翅柱兰属生长得更丰富。菲茨杰拉德先生在澳大利亚一直特别关注这个课题,他说肉色始花兰的每一朵花均为自花受精且都结蒴果,但是它远不如“大多数花为不孕的”拱形针花兰那样常见。鹤顶兰(*Phaius grandifolius*)[**]和三褶虾脊兰(*Calanthe veratrifolia*)[***]生长于彼此相似的环境中,鹤顶兰属的每朵花都结籽,而虾脊兰属的花则只偶尔结籽。但前者是罕见的,而后者则是常见的。

全世界兰科植物各个族的成员,常常未能使它们的花都受精,乃是一个明显的事实,虽然这些花都有卓越地适应于异花受精的结构。F. 米勒告诉我,在巴西南部的茂密森林中,大多数的树兰族以及香荚兰属就是这样。例如他访问了一个地方,在那里香荚兰属植物几乎爬上每一棵树,虽然这种植物盛挂花朵,但只结两个有种子的蒴果。同样,再以一种树兰为例,有 233 朵花不孕地凋落了,只见一朵花结了蒴果,而在尚开着的 136 朵花中,只有 4 朵花的花粉块已被运走。菲茨杰拉德先生相信,在新南威尔士成千美白石斛(*Dendronbium speciosum*)的花中,不会超过一朵花结蒴

---

① *Gardener's Chron.*,192 页,1862 年。

② *Ult. Osservaz. sulla Dicogamia*,第 1 部,177 页。

③ *Transact. New Zealand Inst.*,7 卷,351 页,1875 年。

** 为 *Phaius tankervilleae* 的异名。——译者

*** 为 *Calanthe triplicata* 的异名。——译者

果;而另外一些物种则完全不育。在新西兰,三裂盔唇兰(*Coryanthes tri-loba*)的 200 朵以上的花只结 5 个蒴果;在好望角,同样数目的蒴果是由大花双距兰的 78 朵花结出的。在欧洲的眉兰属的一些物种中曾经观察到几乎同样的结果。就这些情形而论,不育性是难以解释的。这显然由于那些适应于异花受精的花,其精心构造得没有昆虫帮助便不会产生种子。从我在别处①所提供的证据看,我们可以推断,对多数植物来说,产生少数异花受精的种子而以许多花不育而凋落为代价,远比产生许多自花受精的种子有利得多。大量的浪费在自然界不是罕见的,例如我们看到风媒植物的花粉,以及大多数植物所产生的为数众多的种子及幼苗与很少成长的植株相比较。就别的情形而论,受孕花的缺少可能是由于特种昆虫在环境不断变化下变得稀少了,而环境变化在世界上是经常发生的;或者是由于更能引诱特种昆虫的其他植物数目增加了。我们知道,一定的兰科植物是需要一定的昆虫为它们传粉的,例如,前面举出过的香荚兰属和狭唇兰属(*Sarcochilus*)的例子。在马达加斯加,长距武夷兰必须依靠某一种巨大的蛾来受精。在欧洲,杓兰似乎只由地花蜂属的小蜂而受精,而火烧兰则只由黄蜂来受精。在上述例子中,特种昆虫只寻访少数的花,以致只有少数的花受精。这对植物可能有巨大的损害,全世界有成千成百的植物种就是这样归于绝灭了,那些尚残存于世的物种则有赖某种其他方法的帮助。另一方面,在这种情况下所产生的少量种子会是异花受精的产物,就我们现在所确实知道的,这对于大多数植物是有巨大的好处的。

现在我快要把本卷写完了,它也许太冗长了吧! 我想,关于兰科植物所展示的几乎无穷尽地多种多样的美妙适应在本书里已经被表达出来了。当这一部分或那一部分被说成是适应某种专门目的时,不可以假定它原来一定是为这个唯一的目的才形成的。事物变化的正常过程似乎是这样,即一部分本来用于某种目的,通过缓慢变化变为适应于迥然不同的目的。举一个例子来说:在全部眉兰族中,长而几乎劲直的花粉团柄,分明是当花粉块被昆虫搬运到另一朵花时,为使其花粉粒涂于柱头上而设计的;而花药开裂得宽大是为了使花粉块容易被拖出来;但是,在蜜蜂眉兰中,由于花粉团柄稍为变长和变细,由于花药开裂得更加宽大一些,又由于花粉团的重量和风吹花颤的协助,花粉团柄变为专门适应于自花受精这个迥然不同的目的了。在这两种状态之间的各个阶梯都可能有——

---

① *The Effects of Cross and Self-fertilization in the Vegetable Kingdom*,1876 年。

我们在蜘蛛眉兰中已有部分的例子。

再者，花粉块的蕊喙柄的弹性在某些万代兰族的代表中是为了适应于使花粉团脱离药囊而出；但在进一步稍微改变后，蕊喙柄的弹性就变为专门适应于用强大力量射出花粉块以便击中来访的昆虫的躯体。许多万代兰族植物唇瓣中的大空腔为昆虫所咬，因此，唇瓣就成为引诱昆虫的了。但是，在火焰旋柱兰中，空腔体积大大缩小，主要是使唇瓣保持在蕊柱顶端的新位置上。就许多植物的同功结构看，我们可以推断，一个长的蜜腺距本来是适应于分泌和容纳着丰富的花蜜，但在许多兰科植物中，到目前为止，它已失去这种机能，而只在细胞间隙含有流质。在既具裸露的花蜜，又具细胞间隙的流质的那些兰科植物中，我们可以看到怎样实现从一种状态过渡到另一种状态，亦即由内壁所分泌的花蜜越来越少，而越来越多地保留在细胞间隙中。还可以举出其他一些类似的例子。

虽然，一个器官也许本来不曾为某种专门的目的而形成，但是，假如它现在为这个结果服务，则我们可以正当地认为它是专门适应于这一新目的的。同样的原理，假如一个人为某种专门目的而制造出一架机器，但是使用旧轮子、旧弹簧和旧滑轮而只稍稍改变一下，则整个机器包括其所有部件便可以说是为现有的目的而专门设计的。因此，在整个自然界中，几乎每种生物的每个组成部分，在一个稍微改变了的状态下，可能已服务于不同的目的，并且，该部分曾经在许多古老的和不同的特定类型中，作为生存手段而起过作用。

在我对兰科植物的观察中，几乎没有任何事实像在结构上无穷尽的多样性——富有临机应变的种种手段——给我更深刻的印象了。这种多样性是为了达到极其相同的目的，亦即为使这植株上的一朵花从另一植株上的一朵花接受花粉。根据自然选择的原理，这个事实是很可理解的。因为一朵花的各个部分是互相协调的，如果任何一个部分所保持下来的细微变异有利于植物时，那么其他各部分通常必须作某种相应的改变。但是，这些后来改变的部分，也许毫不变化，也许并非相应地变化，而这类不同的变异，不管其性质如何，只要使所有部分能在机能上彼此更加协调，就会为自然选择保存下来。

试举一个简单的例子：在许多兰科植物中，子房（但有时是花梗）在某一时期变成扭转，引起唇瓣处于下方花瓣的位置，因此，昆虫能够很容易地寻访花朵；但是，由于两片花瓣的形状或位置的缓慢的变化，或者由于新种类昆虫对花的寻访，而唇瓣恢复到在花上面的正常位置，可能会有利于植物,例如北沼兰和龙须兰属的某些物种实际上就是这样。这样显而易见的变化,也许是通过对其子房越来越少扭转这类变异连续选择的单纯结果,但是,如果植物只使其子房变得更加扭转,通过对这类变异的选择,直到花轴完全旋转一周为止,也可以获得同样的结果。以北沼兰为例,这似乎实际上已经发生,因为唇瓣通过其子房扭转到为平常的两倍时,已经到达它现在所处的在花上面的位置。

再者,我们曾经看到,在大多数万代兰族植物中,柱头穴位置之高低与插生于花粉团上蕊喙柄之长度有明显的关系。现在,如果由于蕊柱的形状或其他不明的原因所引起的任何变化,而使柱头穴的位置稍微变得低一些,最简单的相应变化只是蕊喙柄的缩短,但如果蕊喙柄不变短,那么像蝴蝶兰属那样由于弹性而使蕊喙柄弯曲这种极其微小的倾向,或者像颚唇兰属的一个物种那样由于吸湿而使蕊喙柄向后方运动这种同样极其微小的倾向,都会被保存下来,而且这种倾向在自然选择下会不断地增大。因此,这个蕊喙柄就其作用而论,就像它已缩短的那样改变了。这种过程是在成千上万世代中通过种种方法进行的,它会引起花的各个部分为了同一个总目的而创造出极为多种多样的联合适应的构造。我相信,这种观点为部分地解决以下问题提供了钥匙,即在生物的许多大群中,为了适应极相类似的目的而出现了构造上巨大的多样性。

我越是研究自然界的现象,对下述情形就越有日益强烈的印象,即生物的种种装置和完美适应是通过每一部分既是程度细微的、但又是途径多端的偶然变异而逐渐获得的,还有,保存在不断变化的复杂的生活环境下对有机体有利的那些变异,就使得这些装置和适应无可比拟地超过了人类最丰富想象力所能创造出来的。

探索每一微小的精细结构的用处,对于相信自然选择的那些人们绝不是无益的。当一个博物学家偶尔研究一种生物,而没有调查其全部生活时(虽然这样的研究终归是不完备的),他自会怀疑:每一细微之点是否会有什么用处,或者是否确实受一般法则所支配。有些博物学家相信,无数的结构仅仅由于多样性和美观的缘故而被创造出来的——非常像一个工艺者会作出一些形形色色的式样。一方面,我曾反复地怀疑,在许多兰科植物及其他植物中,这个或那个细微构造是否会有什么用处;但是,假如没有用处,这些结构就不会形成,因为自然界所保存的是有用的变异。这类细微构造只能笼统地用生活环境的直接作用或相关生长的奥妙规律来解释。

举出兰科植物花中微小构造的几乎全部例子,确实是高度重要的,但这无异于对差不多本书的全部加以重述。不过我愿意使读者回忆少数例子。这里我并不涉及植物的基本组成部分,例如,交互排列为 5 轮的 15 个主要器官的遗迹等等,因为几乎每一个相信物种逐渐进化的人都将承认,它们的存在是由于继承了一个久远的祖先类型。关于不同形状与不同位置的花瓣与萼片的用途方面,已经举出无数事实。再者,已同样论及的就是蜜蜂眉兰与同属其他物种比较起来,其花粉团柄在形状上细微的差异的重要性;此外,还可以加上蝇眉兰的双重弯曲的花粉团柄的重要性。诚然,有关柱头位置、花粉团柄长度及形状的重要关系可以为许多族所证实。在新疆火烧兰,当花药凸出的实心体——其中不含花粉——被昆虫移动时,花粉团便脱囊而出。在大花头蕊兰,几乎闭合的花的直立位置系保护稍微黏合的花粉柱,使其不受扰乱。连接花药的花丝的长度与弹性,在某些石斛属植物中,看来是为自花受精服务的,如果昆虫不去搬运花粉团的话。在对叶兰属,蕊喙鸡冠状小褶微向前倾斜,系防止药囊在黏性物质一经排出就被黏住。在红门兰属中,蕊喙唇的弹性的作用在于,当只有一个花粉团被搬走之后,它再弹上来,从而使第二个黏盘随时可以行动起来,否则第二个黏盘就会无用了。没有一个不曾研究过兰科植物的人,对这些结构上细节和许许多多其他结构上微小的细节对于每一个物种具有极端重要性这点会有过怀疑。所以,如果物种被置于新的生活环境中,无论各个部分的构造变化怎样微小,这些结构上最小的细节都可以通过自然选择而容易获得。在其他生物中,关于结构上似属微小细节的重要性,上述例子提供了一个疏忽不得的有益的教训。

人们当然可以问,为什么兰科植物为了受精展现出如此多的、完备的装置呢?根据许多植物学家和我本人的观察,我确信许多其他植物也有高度完备的类似适应性,但是,这种种适应性似乎在兰科植物中比在大多数其他植物中确实更多些,更完备些。在一定程度上,这个问题是可以解答的。因为每个胚珠至少需要一个或几个花粉粒[①]供受精用,而兰科植物所产生的种子又是如此不可估量的多,我们得知,在每朵花的柱头上,需要接受大量的花粉。即便在鸟巢兰族中,它具有粒状花粉,花粉粒被细弱弹丝连接在一起,而我曾经观察到,在柱头上通常留有相当数量的花粉。这种情况似乎解释了例如在许多族中为什么花粉粒黏合成束或成大蜡质

---

① 格特纳(Gärther):*Beiträge zur Kenntniss der Befruchtung*,135 页,1844 年。

团,换句话说,这乃是为了避免在搬运中的损耗。大多数植物的花均会产生足以供几朵花受精用的花粉,以便容许或有利于异花受精。但是,从许多只产生两个花粉团的兰科植物以及只产生一个花粉团的某些沼兰族植物看来,单单一朵花所产生的花粉不可能使多于两朵花受精,或者说只能使一朵花受精。我相信这类情况并不见于任何其他植物群中。假如,兰科植物竭力使所产生的花粉与其他植物所产生的花粉,在与它们各自所产生的种子数目比较起来同样多的话,则兰科植物就应该产生极为大量的花粉,这会使兰科植物的营养物质耗费过大。这种耗费过大是可以避免的,只要有许多专门的技巧保证花粉安全地从一植株搬运至另一植株,并安全地把花粉放到另一植株花的柱头上,而不必产生大量多余的花粉。因此,我们便能够明白,为什么兰科植物要比大多数其他植物被更高地赋予适应异花受精的机制。

在我的著作《植物界自花受精与异花受精》中,我曾经指出,在花进行异花受精时,它们通常接受来自不同植株的花粉,同不是同一植株上另一朵花的花粉。进行后一种方式的交配几乎没有益处。我曾进一步指出,从两植株间的交配之所以获得好处,全在于它们的体质彼此有些不同。有大量证据表明,每个籽苗个体具有它自己独特的体质,正如上述著作中所叙述的一样,同一个物种不同植株间的交配,系受助于或取决于各个方面,但主要在于从另一植株来的花粉比从同一花朵中来的花粉具有更优越的作用。至于兰科植物,很可能这种优越作用是很普遍的,因为我们从斯科特先生和 F. 米勒先生[①]有价值的观察中得知,若干兰科植物,从本植株花中来的花粉是完全不育的,甚至有时候对柱头有毒。除了这种优越作用以外,兰科植物存在种种专门的装置——例如花粉块除非从花药中搬走以后要经过一些时间,否则便得不到击中柱头的适当位置——在对叶兰属与鸟巢兰属中,徐徐向前弯曲、而后再向后弯曲的蕊喙——在绶草属中,蕊柱缓慢地从唇瓣移开——龙须兰属的雌雄异株——某些物种只产生一朵花的事实等等——一切全都表明,花确实是或者非常可能是习惯于从不同植株的花粉进行受精的。

从异花受精而至完全排斥自花受精乃是兰科植物的规律,这点从全世界所有的族中有关的许多物种所早已提供的事实看来,是毋庸置疑的。

---

① 这些观察全部的摘要在我的 *Variation of Animals and Plants under Domestication*,第二版,第 2 卷,第 17 章,114 页中提到。

要是兰科植物的花一般不适于确保异花受精的话,则我可能立刻相信这类花不适于产生种子,因为有少数植物从未看到它们产生过种子。虽然如此,有一些物种还是规规矩矩地行自花受精或常常行自花受精。现在,我愿意就自己和其他作者至今所观察的全部例子提供一个名录。在这个名录中,有一些物种的花似乎常常由昆虫来传粉,但它们有能力自己受精而无需昆虫的帮助,虽然多少是不完全的,所以,如果昆虫不寻访它们,也未必完全不育。在此项下可以包括 3 个英国产的物种,即大花头蕊兰、鸟巢兰以及可能的卵叶对叶兰。在南非洲,硕花双距兰常常行自花受精,但是威尔先生相信,它们也由蛾进行异花受精。在西印度群岛,属于树兰族的 3 个物种,花少有开放,虽然,这些花是自花受精的,然而是否全部受孕则有疑问,因为在温室中的这个族的某些成员天然产生的种子中,占很大比例是无胚的。石斛属的某些物种,在栽培状况下,从其结构和偶然产生的蒴果看来,也属于此类。

关于完全自花受精而无需任何外力帮助就会产生饱满蒴果的物种,几乎没有什么例子会比蜜蜂眉兰更为明显的了,这在本书的第一版已提到了。属于这类情况的,现在还可以加上欧洲的另外两种植物,新蒂兰和绿花火烧兰。北美的两个物种,即三齿手参和北极舌唇兰,似乎处于同样情况,但其自花受精是否会产生含有良好种子的丰满蒴果,则还没有调查清楚。在巴西南部,有一种奇妙的树兰,产生两个附加花药,借助于这对附加花药,花就可以任意行自花受精。我们知道,在英国温室中,报春石斛产生完好的自花受精的种子。最后,绥草和澳大利亚产的始花兰属的两个物种也属于此类。自然,可能还有别的例子可以加入到这个短短的名录中来,约有 10 个物种看来能完全行自花受精,在没有昆虫时,能行不完全的自花受精的约有同样数目的物种。

应该特别注意的是,所有上面列举的自花受精的物种,它们的花仍然保留有种种结构。用不着怀疑,这些结构是适应于确保异花受精的,虽然,它们现在极少使用,或者从来不使用。因此,我们可以断定,所有这类植物,都是在以前由昆虫来受精的物种或变种的后裔。而且,有几个属既包括这些自花受精的物种,又包括另外一些没有自花受精能力的物种。始花兰属确然提供了我所知道的唯一例子,即在同一属内有两个物种全部是自花受精的。考虑到像眉兰属、双距兰属和树兰属等等情况,它们乃是一属中只有一个物种有能力进行完全的自花受精,而其余物种则少有受孕的,这无论如何是由于特种昆虫不常来寻访所致——同样要记住,世界上许多地区有大量物种正由于上述原因而难得受孕。这使我们相信，上面列举的自花受精植物，以前系依赖昆虫寻访而受精的，我们还相信由于这种寻访的中断，它们便不能产生充足的种子而濒于灭绝。在这种情况下，可能它们逐渐地改变，有朝一日，它们变得或多或少地完全行自花受精；因为对于某一植物说来，与其说异花受精连一颗种子也不产生或者产生极少的种子，不如产生自花受精的种子显然会更为有益。是否现在绝不进行异花受精的任何物种，能够抵抗长期持续自花受精的有害影响，而与同属中习惯于异花受精的其他物种生存同样长的平均岁月，当然还不能说。但是，蜜蜂眉兰一直是很繁盛的植物，而三齿手参和北极舌唇兰据 A. 格雷说是北美的常见植物。确实可能，这些自花受精的物种，在一个期间中还可以恢复到那种无疑是它们原来的状态，假使这样，它对异花受精的各种适应就会再度发挥作用。我们从莫格里奇先生那里听到，鹬眉兰在法国南部的一个区任意行自花受精而无需昆虫的帮助，而在另一个区没有那种帮助它便完全不孕，那么我们可以相信这种返回是可能的。

末了，倘若我们考虑到花粉系多么宝贵的物质，考虑到关于在兰科中花的各个附属部分和花粉的结构的精巧性是多么细致——考虑到需要多么大量的花粉使这些植物受孕产生几乎数不清的种子——考虑到花药紧靠在柱头的后面，或者是上面，我们便会理解自花受精的这种方法比起花粉从一朵花搬到另一朵花，要安全和容易得无法相比。如果我们不记住在大多数情况下已被判明是随着异花受精而来的良好效果，那么，兰科的花竟然不是全部行自花受精，确实是一桩使人惊奇的事。这似乎说明，后一种方法必定是有些害处的。对这种事实，我已经在别处提供过直接的证据了。如果说：大自然断然告诉我们，她厌恶永恒的自花受精，这未必是夸大其词。

附　录

· Appendix ·

　　为什么达尔文会选择兰花作为研究对象呢？因为兰花独特的授粉方式，也许是植物界谱写出的最匪夷所思的自然演化篇章。

　　达尔文曾说："兰科植物的财富几乎使我发狂了……在我的一生中，没有什么能比兰科植物更让我感兴趣的了。"

附录一　兰科植物学名中外对照表

A

埃氏肉唇兰　*Cycnoches egertonianum*

凹唇掌裂兰　*Dactylorhiza viridis*

B

巴克兰属　*Barkeria*

白唇武夷兰　*Angraecum eburneum*

白萼薄叶兰　*Lycaste skinneri*

白花长距虾脊兰　*Calanthe dominii*

白花手参　*Gymnadenia albida*

斑点马车兰　*Stanhopea saccata*

斑花红门兰　*Orchis maculata*

斑花爪唇兰　*Gongora maculata*

斑叶兰　*Goodyera repens*

斑叶兰属　*Goodyera*

报春石斛　*Dendrobium polyanthum*

北极舌唇兰　*Platanthera hyperborea*

北沼兰　*Hammarbya paludosa*

贝母兰　*Coelogyne cristata*

贝母兰属　*Coelogyne*

扁轴龙须兰　*Catasetum planiceps*

波瓣兜兰　*Paphiopedilum insigne*

波纳兰　*Bonatea speciosa*

波纳兰属　*Bonatea*

薄叶兰属　*Lycaste*

C

苍绿树兰　*Epidendrum glaucum*

侧花凹萼兰　*Rodriquezia secunda*

长苞人唇兰　*Aceras longibracteata*

长萼兰　*Brassia maculata*

长萼兰属　*Brassia*

长萼兰亚族　Brassidae

长茎羊耳蒜　*Liparis viridiflora*

长距武夷兰　*Angraecum sesquipedale*

长距虾脊兰　*Calanthe masuca*

长药兰　*Serapias cordigera*

长叶翅柱兰　*Pterostylis longifolia*

长叶始花兰　*Thelymitra longifolia*

长足兰属　*Chysis*

齿舌兰属　*Odontoglossum*

翅柱兰　*Pterostylis trullifolia*

翅柱兰属　*Pterostylis*

窗花尾萼兰　*Masdevallia fenestrata*

D

大花双距兰　*Disa grandiflora*

大花头蕊兰　*Cephalanthera damasonium*

大花折叶兰　*Sobralia macrantha*

大文心兰　*Oncidium grande*

带舌兰属　*Himantoglossum*

东非石豆兰　*Bulbophyllum cococinum*

◀ 蜜蜂兰。

兜兰属 *Paphiopedilum*

短茎隔距兰 *Cleisostoma parishii*

短毛杓兰 *Cypripedium calceolus* var. *pubescens*

毒豆属 *Laburnum*

对叶兰属（*Listera*）＝*Neottia* （鸟巢兰属）

多根石豆兰 *Bulbophyllum rhizophorae*

多花树兰 *Epidendrum floribundum*

E

厄勒兰属 *Elleanthus*

颚唇兰属 *Maxillaria*

颚唇龙须兰 *Catasetum mentosum*

二列武夷兰 *Angraecum distichum*

二色斑叶兰 *Goodyera discolor*

二型裂缘兰 *Caladenia dimorpha*

二叶舌唇兰 *Platanthera chlorantha*

F

费氏盔唇兰 *Coryanthes fieldingii*

芬芳凹萼兰 *Rodriquezia suaveolens*

芬氏鼬蕊兰 *Galeandra funkii*

俯绶草 *Spiranthes cernua*

G

隔距兰属 *Cleisostoma*

格罗兰属 *Glossodia*

拱形针花兰 *Acianthsu fornicatus*

古力红门兰 *Orchis coriophora*

固唇兰属 *Acineta*

圭亚那厄勒兰 *Elleanthus carivata*

H

和尚兰属 *Monachanthus*

鹤顶兰 *Phaius tankervilleae*

鹤顶兰属 *Phaius*

褐花龙须兰 *Catasetum luridum*

黑紫兰属 *Nigritella*

红花火烧兰 *Epipactis atrorubens*

红门兰属 *Orchis*

蝴蝶兰属 *Phalaenopsis*

胡克舌唇兰 *Platanthera hookeri*

虎舌兰属 *Epipogium*

槐属 *Sophora*

黄蝉兰 *Cymbidium iridioides*

黄花奇唇兰 *Acropera luteola*

黄花舌唇兰 *Platanthera flava*

黄花手参 *Gymnadenia flava*

火烧兰 *Epipactis helleborine*

火烧兰属 *Epipactis*

火焰旋柱兰 *Mormodes ignea*

J

基叶杓兰 *Cypripedium acaule*

焦黄红门兰 *Orchis ustulata*

角距指甲兰 *Aerides cornutum*

角盘兰 *Herminium monorchis*

角盘兰属 *Herminium*

接瓣兰 *Zygopetalum mackai*

截形爪唇兰 *Gongora truncata*

金字塔穗红门兰 *Orchis pyramidalis*

巨瓣石斛 *Dendrobium bigibbum*

K

卡拉兰属 *Calaena*

卡特兰属 *Cattleya*

铠兰属 *Corybas*

克劳密尔顿兰 *Miltonia clowesii*

阔叶红门兰 *Orchis latifolia*

盔唇兰 *Coryanthes macrantha*

盔唇兰属 *Coryanthes*

L

兰属 *Cymbidium*

肋茎兰 *Pleurothallis prolifera*

肋茎兰族 Pleurothallidae

蕾丽兰属 *Laelia*

镰叶合尊兰　*Megaclinium falcatum*

蓼状双距兰　*Disa polygonoides*

裂唇虎舌兰　*Epipogium aphyllum*

龙须兰属　*Catasetum*

龙须兰亚族　Catasetidae

绿花和尚兰　*Monachanthus viridis*

绿花火烧兰　*Epipactis viridiflora*

绿花美冠兰　*Eulophia viridis*

绿花指甲兰　*Aerides virens*

绿纹红门兰　*Orchis morio*

卵叶对叶兰　*Neottia ovata*

罗氏奇唇兰　*Acropera loddigesii*

M

马车兰属　*Stanhopea*

马利筋属　*Asclepias*

毛斑叶兰　*Goodyera pubescens*

毛柄虾脊兰　*Calanthe vestica*

毛柱隔距兰　*Cleisostoma simondii*

眉兰属　*Ophrys*

眉兰族　Ophreae

美白蝴蝶兰　*Phalaenopsis amabilis*

美白石斛　*Dendrobium speciosum*

美丽盔唇兰　*Coryanthes speciosa*

美丽石斛　*Dendrobium formosanum*

美人蕉属　*Canna*

美洲兜兰属　*Phragmipedium*

美洲朱兰　*Pogonia ophio*

蜜蜂眉兰　*Ophrys apifera*

墨西哥马车兰　*Stanhopea devoniensis*

N

囊瓣龙须兰　*Catasetum saccatum*

拟白及属　*Bletia*

拟兰属　*Apostasia*

鸟巢兰　*Neottia nidus-avis*

鸟巢兰属　*Neottia*

鸟巢兰族　Neotteae

鸟喙颚唇兰　*Maxillaria ornithorhyncha*

鸟首兰属　*Ornithocephalus*

P

盆距兰属　*Gastrochilus*

膨花舌唇兰　*Platanthera dilatata*

胼胝龙须兰　*Catasetum callosum*

Q

奇唇兰属　*Acropera*

蜻蜓舌唇兰　*Platanthera souliei*

秋花绶草　*Spiranthes autumnalis*

R

髯毛兜兰　*Paphiopedilum barbatum*

热氏沼兰　*Malaxis rheedii*

人唇兰　*Aceras anthropophora*

人唇兰属　*Aceras*

柔细绶草　*Spiranthes gracilis*

肉唇兰属　*Cycnoches*

肉色始花兰　*Thelymitra carnea*

S

三齿唇手参　*Gymnadenia tridentata*

三齿龙须兰　*Catasetum tridentatum*

三裂盔唇兰　*Coryanthes triloba*

三褶虾脊兰　*Calanthe triplicata*

杓兰　*Cypripedium calceolus*

杓兰属　*Cypripedium*

杓兰族　Cypripedeae

舌唇兰属　*Platanthera*

舌唇肋茎兰　*Pleurothallis ligulata*

始花兰属　*Thelymitra*

石豆兰属　*Bulbophyllum*

石斛属　*Dendrobium*

绶草　*Spiranthes sinensis*

绶草属　*Spiranthes*

釉白杓兰　*Cypripedium candidum*

羽茅属　*Stipa*

玉凤花属　*Habenaria*

鹬眉兰　*Ophrys scolopax*

原沼兰属　*Malaxis*

Z

掌裂兰属　*Dactylorhiza*

早生红门兰　*Orchis mascula*

爪唇兰　*Gongora galeata*

爪唇兰属　*Gongora*

爪唇文心兰　*Oncidium unguiculatum*

沼兰族　Malaxeae

胀花肉唇兰　*Cycnoches ventricosum*

折叶兰属　*Sobralia*

针花兰　*Acianthus exertus*

针花兰属　*Acianthus*

贞兰属　*Sophronitis*

蜘蛛眉兰　*Ophrys aranifera*

指甲兰属　*Aerides*

皱波卡特兰　*Cattleya crispa*

朱红蕾丽兰　*Laelia cinnabarina*

朱兰属　*Pogonia*

竹芋科　Maranthoceae

紫花火烧兰　*Epipactis purpurata*

紫花爪唇兰　*Gongora atropurpura*

紫纹兜兰　*Paphiopedilum purpuratum*

棕花红门兰　*Orchis purpurea*

棕榈叶碗兰　*Selenipedium palmifolium*

附录二　兰科植物学名外中对照表

A

Aceras　人唇兰

Aceras anthropophora　人唇兰

Aceras longibracteata　长苞人唇兰

Acianthus　针花兰属

Acianthus exertus　针花兰

Acianthus fornicatus　拱形针花兰

Acianthus sinclirii　辛氏针花兰

Acineta　固唇兰属

Acropera　奇唇兰属

Acropera loddigesii　罗氏奇唇兰

Acropera luteola　黄花奇唇兰

Aerides　指甲兰属

Aerides cornutum　角距指甲兰

Aerides odorata　香花指甲兰

Aerides virens　绿花指甲兰

Anacamptis　细距红门兰属

Angraecum　武夷兰属

Angraecum distichum　二列武夷兰

Angraecum eburneum　白唇武夷兰

Angraecum sesquipedale　长距武夷兰

Apostasia　拟兰属

Arethuseae　旭兰族

Asclepias　马利筋属

B

Barkeria　巴克兰属

Bletia　拟白及属

Bonatea　波纳兰属

Bonatea speciosa　波纳兰

Brassia　长萼兰属

Brassia maculata　长萼兰

Brassidae　长萼兰亚族

Bulbophyllum　石豆兰属

Bulbophyllum barbigerum　须毛石豆兰

Bulbophyllum cocoinum　东非石豆兰

Bulbophyllum cupreum　铜色石豆兰

Bulbophyllum rhizophorae　多根石豆兰

C

Caladenia dimorpha　二型裂缘兰

Calaena　卡拉兰属

Calanthe　虾脊兰属

Calanthe dominii　白花长距虾脊兰

Calanthe masuca　长距虾脊兰

Calanthe triplicata　三褶虾脊兰

Calanthe veratrifolia＝Calanthe triplicata
　　（三褶虾脊兰）

Calanthe vestita　毛柄虾脊兰

Canna　美人蕉属

Catasetidae　龙须兰亚族

Catasetum　龙须兰属

Catasetum callosum　胼胝龙须兰

Catasetum luridum　褐花龙须兰

Catasetum mentosum　颚唇龙须兰

Catasetum planiceps　扁轴龙须兰

Catasetum saccatum　囊瓣龙须兰

Catasetum tabulare　台花龙须兰

Catasetum tridentatum　三齿龙须兰

Cattleya　卡特兰属

Cattleya crispa　皱波卡特兰

Cedrela　洋椿属

Cephalanthera　头蕊兰属

Cephalanthera damasonium　大花头蕊兰

Cephalanther ensifolia＝*Cephalanthera
longifolia*　（头蕊兰）

Cephalanthera grandiflora＝*Cephalanthera
damasonium*　（大花头蕊兰）

Cephalanthera longifolia　头蕊兰

Chysis　长足兰属

Cirrhaea　须喙兰属

Cleisostoma　隔距兰属

Cleisostoma parishii　短茎隔距兰

Cleisostoma simondii　毛柱隔距兰

Coelogyne　贝母兰属

Coelogyne cristata　贝母兰

Coryanthes　盔唇兰属

Coryanthes fieldingii　费氏盔唇兰

Coryanthes macrantha　盔唇兰

Coryanthes speciosa　美丽盔唇兰

Coryanthes triloba　三裂盔唇兰

Corybas　铠兰属

Corysanthes＝*Corybas*　（铠兰属）

Cycnoches　肉唇兰属

Cycnoches egertonianum　埃氏肉唇兰

Cycnoches ventricosum　胀花肉唇兰

Cymbidium　兰属

Cymbidium giganteum＝*Cymbidium
iridioides*　（黄蝉兰）

Cymbidium iridioides　黄蝉兰

Cypripedeae　杓兰族

Cypripedium　杓兰属

Cypripedium acaule　基叶杓兰

Cypripedium barbatum＝*Paphiopedilum
barbatum*　（髯毛兜兰）

Cypripedium calceolus　杓兰

Cypripedium calceolus var. pubescens
短毛杓兰

Cypripedium candidum　釉白杓兰

Cypripedium insigne＝*Paphiopedilum in-
signe*

Cypripedium pubescens＝*Cypripedium
calceolus var. pubescens*　短毛杓兰

Cypripedium purpuratum＝*Paphiopedilum
purpuratum*　（紫纹兜兰）

Cypripedium venustum＝*Paphiopedilum
venustum*　（秀丽兜兰）

Cyrtopodium　弯足兰属

Cyrtostylis　蚊兰属

D

Dactylorhiza　掌裂兰属

Dactylorhiza viridis　凹唇掌裂兰

Dendrobium　石斛属

Dendrobium bigibbum　二囊石斛

Dendrobium chrysanthum　束花石斛

Dendrobium cretaceum＝*Dendrobium
polyanthum*　（报春石斛）

Dendrobium formosanum　美丽石斛

Dendrobium polyanthum　报春石斛

Dendrobium speciosum　美白石斛

Disa　双距兰属

Disa cornuta　双距兰

Disa grandiflora　大花双距兰

Disa macrantha　硕花双距兰

Disa polygonoides　蓼状双距兰

Disperis　双袋兰属

Diuris　双尾兰属

E

Edwardsia＝*Sophora*　（槐属）

Elleanthus　厄勒兰属

Elleanthus carivata　圭亚那厄勒兰

Epidendreae　树兰族

Epidendrum　树兰属

Epidendrum cochleatum　蜗牛树兰

Epidendrum floribundum　多花树兰

Epidendrum glaucum　苍绿树兰

Epipactis　火烧兰属

Epipactis atrorubens　红花火烧兰

Epipactis helloborine　火烧兰

Epipactis latifolia＝*Epipactis helloborine*
　（火烧兰）

Epipactis microphylla　小叶火烧兰

Epipactis palustris　新疆火烧兰

Epipactis purpurata　紫花火烧兰

Epipactis rubiginosa＝*Epipactis atrorubens*
　（红花火烧兰）

Epipactis viridiflora　绿花火烧兰

Epipogium　虎舌兰属

Epipogium aphyllum　裂唇虎舌兰

Epipogium gmelini＝*Epipogium aphyllum*
　（裂唇虎舌兰）

Epipogon aphyllus＝*Epipogium aphyllum*
　（裂唇虎舌兰）

Eulophia viridis　绿花美冠兰

Evelyna＝*Elleanthus*　（厄勒兰属）

Evelyna carivata＝*Elleanthus carivata*
　（圭亚那厄勒兰）

G

Galeandra funkii　芬氏鼬蕊兰

Gastrochilus　盆距兰属

Glossodia　格罗兰属

Gongora　爪唇兰属

Gongora atropurpura　紫花爪唇兰

Gongora galenta　爪唇兰

Gongora maculata　斑花爪唇兰

Gongora truncata　截形爪唇兰

Goodyera　斑叶兰属

Goodyera discolor　二色斑叶兰

Goodyera pubescens　毛斑叶兰

Goodyera repens　斑叶兰

Gymnadenia　手参属

Gymnadenia albida　白花手参

Gymnadenia conopsea　手参

Gymnadenia flave　黄花手参

Gymnadenia nivea　雪手参

Gymnadenia odoratissima　异香手参

Gymnadenia tridentata　三齿唇手参

H

Habenaria　玉凤花属

Habenaria bifolia＝*Platanthera bifolia*
　（细距舌唇兰）

Habenaria chlorantha＝*Platanthera chlorantha*
　（二叶舌唇兰）

Hammarbya paludosa　北沼兰

Herminium　角盘兰属

Herminium monorchis　角盘兰

Himantoglossum　和同不同属

L

Laburnum　毒豆属

Laelia　蕾丽兰属

Laelia cinnabarina　朱红蕾丽兰

Leptotes　筒叶兰属

Liparis pendula＝*Liparis riridiflora*
　　（长茎羊耳蒜）

Liparis viridiflora　长茎羊耳蒜

Listera＝*Neottia*　（鸟巢兰属）

Listera cordata＝*Neottia cordata*
　　（心叶对叶兰）

Listera ovata＝*Neottia ovata*　（卵叶对叶
兰）

Lycaste　薄叶兰属

Lycaste skinneri　白萼薄叶兰

M

Malaxeae　沼兰族

Malaxis　原沼兰属

Malaxis paludosa＝*Hammarbya paludosa*
　　（北沼兰）

Malaxis rheedii　热氏沼兰　90,91

Maranthoceae　竹芋科

Masdevallia　尾萼兰属

Masdevallia fenestrata　窗花尾萼兰

Maxillaria　颚唇兰属

Maxillaria ornithorhyncha　鸟喙颚唇兰

Megaclinium falcatum　镰叶合萼兰

Microstylis rhedii＝*Malaxis rheedii*
　　（热氏沼兰）

Miltonia clowesii　克劳密尔顿兰

Monachanthus　和尚兰属

Monachanthus viridis　绿花和尚兰

Mormodes　旋柱兰属

Mormodes ignea　火焰旋柱兰

Mormodes luxata　优雅旋柱兰

Myanthus　蝇兰属

Myanthus barbatus　须毛蝇兰

Microstylis＝*Malaxis*（原沼兰属）

N

Neotinea　新蒂兰属

Neotinea intacta　新蒂兰

Neotteae　鸟巢兰族

Neottia　鸟巢兰属

Neottia cordata　心叶对叶兰

Neottia ovata　卵叶对叶兰

Neottia nidus-avis　鸟巢兰

Nigritella　黑紫兰属

Nigritella engustifolia　狭叶黑紫兰

Notylia　驼背兰属

O

Odontoglossum　齿舌兰属

Oncidium　文心兰属

Oncidium grande　大文心兰

Oncidium roseum？　（一种）文心兰

Oncidium unguiculatum　爪唇文心兰

Ophreae　眉兰族

Ophrys　眉兰属

Ophrys apifera　蜜蜂眉兰

Ophrys arachnites＝*Ophrys fucifera*
　　（晚花蜘蛛眉兰）

Ophrys aranifera　蜘蛛眉兰

Ophrys fucifera　晚花蜘蛛眉兰

Ophrys insectifera　昆虫眉兰

Ophrys muscifera　蝇眉兰

Ophrys scolopax　鹬眉兰

Orchis　红门兰属

Orchis coriophora　古力红门兰

Orchis fusca＝*Orchis purpurea*
　　（棕花红门兰）

Orchis hircina　蜥蜴红门兰

Orchis latifolia　阔叶红门兰

Orchis maculata　斑花红门兰

Orchis mascula　早生红门兰

Orchis militaris　四裂红门兰

Orchis morio　绿纹红门兰

Orchis purpurea　棕花红门兰

Orchis pyramidalis　金字塔穗红门兰

Orchis ustulata　焦黄红门兰

Orchis variegata　条纹红门兰

Ornithocephalus　鸟首兰属

Platanthera solitialis　夏至舌唇兰

Platanthera souliei　蜻蜓舌唇兰

Pleurothallidae　肋茎兰族

Pleurothallis ligulata　舌唇肋茎兰

Pleurothallis prolifer　肋茎兰

Pogonia　朱兰属

Pogonia ophioglossoides　美洲朱兰

Pterostylis　翅柱兰属

Pterostylis longifolia　长叶翅柱兰

Pterostylis trullifolia　翅柱兰

P

Paphiopedilum　兜兰属

Paphiopedilum barbatum　髯毛兜兰

Paphiopedilum insigne　波瓣兜兰

Paphiopedilum purpuratum　紫纹兜兰

Paphiopedilum venustum　秀丽兜兰

Peristylis veridis＝Dactylorhiza viridis
（凹唇掌裂兰）

Phaius　虾脊兰属

Phaius grandifolius＝Phaius tankervilleae
（鹤顶兰）

Phaius tankervilleae　鹤顶兰

Phalaenopsis　蝴蝶兰属

Phalaenopis amabilis　美白蝴蝶兰

Phalaenopsis grandifolius＝Phalaenopsis amabilis　（美白蝴蝶兰）

Phragmipedium　美洲兜兰属

Platanthera　舌唇兰属

Platanthera bifolia　细距舌唇兰

Platanthera chlorantha　二叶舌唇兰

Platanthera dilatata　膨花舌唇兰

Platanthera flava　黄花舌唇兰

Platanthera hookeri　胡克舌唇兰

Pcatanthera hyperborea　北极舌唇兰

R

Rodriguezia secunda　侧花凹萼兰

Rodriguezia suaveolens　芬芳凹萼兰

S

Saccolabium　多数种类已并入 *Gastrochilus*
（盆距兰属）

Sarcanthus　多数种类已并入 *Cleisostoma*
（隔距兰属）

Sarcanthus parishii＝Cleisostoma parishii
（短茎隔距兰）

Sarcanthus teretifolius＝Cleisostoma simondii
（毛柱隔柱兰）

Sarcochilus　狭唇兰属

Sarcochilus parviflorus　小花狭唇兰

Schomburgkia　熊保兰属

Selenipedium　碗兰属

Selenipedium palmifolium　棕榈叶碗兰

Serapias cordigera　长药兰

Sobralia　折叶兰属

Sobralia macrantha　大花折叶兰

Sophora　槐属

Sophronitis　贞兰属

Spiranthes　绶草属

Spiranthes australis＝*Spiranthes sinensis*
（绶草）

Spiranthes autumnalis　秋花绶草

Spiranthes cernua　俯绶草

Spiranthes gracilis　柔细绶草

Spiranthes sinensis　绶草

Stanhopea　马车兰属

Stanhopea devoniensis　墨西哥马车兰

Stanhopea oculata　细斑马车兰

Stanhopea saccata　斑点马车兰

Stelis　微柱兰属

Stelis racemiflora　微柱兰

Stipa　羽茅属

T

Thelymitra　始花兰属

Thelymitra carnea　肉色始花兰

Thelymitra longifolia　长叶始花兰

U

Uropedium　尾兰属（畸形属）

V

Vanda　万代兰属

Vandeae　万代兰族

Vanilla　香荚兰属

Vanilla aromatica　香荚兰

Vanillidae　香荚兰亚族

W

Warrea　瓦利兰属

Z

Zygopetalum mackai　接瓣兰

附录三　兰科中常用的植物学术语注释

anther-bed	＝clinandrium
anther-cap 药帽	(＝operculatum) a lid formed for the outer wall of an anther, usually referring to a lid-like or cap-like anther. 由花药外壁形成的盖状物，通常指盖状或帽状的花药。
articulate 具关节的	referring to a clear abscission or joint toward leaf base. 指靠近叶基部的明显断痕或关节。
auriculate 耳状的	(noun **auricle**) having two ear-like lobes or outgrowths on both sides of lip or other organs. 唇瓣或其他器官两侧的耳状裂片或突出物。
autotrophic 自养的	a green plant capable of producing its own nutrition. 能够制造自身所需养分的绿色植物。
bract 苞片	a leaf-like organ bearing a flower or inflorescence in its axil, generally smaller than leaf. 叶状器官，其腋部生花或花序，通常比叶小。
anthesis 花期	period during which flower is open. 花开放的时期。
axillary 腋生的	borne in the axil. 生于腋部。
bursicle 黏囊	a pouch-like structure enclosing the viscidium found in some orchids. 在一些兰科植物中看到的一种包藏黏盘的囊状结构。
callus 胼胝体	a fleshy or thickened protuberance on the lip. 唇瓣上的肉质或肥厚的突起。
calyculus 副萼	(or **calycule**; adj. **calyculate**) a small cup or circle of bract-like structure outside or under the sepals. 在萼片外面或下方的小杯状物或圆形物，貌似苞片的结构。
caudicle 花粉团柄	the stalk-like part of the pollinium produced within the anther and attached to the stipe or directly to the viscidium. 花粉团的柄状部分，生于花药内，连接于蕊喙柄或直接连接于黏盘上。
cauline 茎生的	boren on the stem. 生于茎上。
ciliate 具缘毛的	bearing fine hairs at the margin. 边缘生有细毛。

claw 爪	(adj. **clawed**) the conspicuously narrowed base of an organ, often applied to the lip or its mid-lobe. 指一个器官明显收窄的基部,常用于唇瓣或其中裂片。
clinandrium 药床	the terminal portion of the column, by which the anther is concealed; an altemative term for anther-bed. 蕊柱的顶部,花药藏于其中,为 anther-bed 的替代术语。
column 蕊柱	an organ representing the fusion of filaments and style. 由雄蕊和花柱合生而成的器官。
column-foot 蕊柱足	a ventral extension at the base of the column, to which the lip and sometimes the lateral sepals are attached. 蕊柱腹面基部扩展而成,着生于其上的有唇瓣,有时也有侧萼片。
compressed 压扁	flattened, especially laterally. 扁平的,尤指侧面压扁。
conduplicate 对褶的	folded together lengthwise with the upper surface within. 上表面向内的纵向对褶。
confluent 汇合的	merging into each other. 彼此合生在一起。
connivent 靠合的	coming into contact. 接触在一起。
coriaceous 革质的	leathery in texture. 质地似皮革。
disk 唇盘	(or **disc**) the area between the lateral lobes in the basal half of the lip. 唇瓣下半部两枚侧裂片之间的部分。
distichous 二列的	in two vertical ranks. 排成垂直的二列。
ebracteate 无苞片的	without floral bract. 不具花苞片。
entire 全缘的	without toothing or lobing. 不具齿裂或裂片。
epichile 上唇	terminal lobe of a lip that is differentiated into two or three parts or lobes. 当唇瓣分化为 2～3 个部分或裂片时,顶端的裂片称上唇。
epiphyte 附生植物	a plant growing on or attached to another plant, but not parasitic. 一植物生于或附着于另一植物上,但不是寄生。
equitant 套叠的	used of conduplicate leaves which overlap each other in two ranks. 指对褶的叶片彼此套叠成二列。
fimbriate 具流苏的	(noun **fimbrillae**) fringed, used of hair-like structure along the margin. 具饰边的,用来指沿边缘所生的毛状物。

gymnostemium	＝column
habit 体态、习性	general appearance or mode of growth of a plant. 植物的总体外形或生长方式。
heteromycotrophic 半菌根营养的	(noun **heteromycotroph**) a plant that is a mycotroph as part of its method of nutrition, usually with inadequate photosynthesis and hence often not green;a facultative mycotroph. 菌根营养成为其部分获取养分方法的植物,通常其光合作用不充分,因而常常为非绿色的;为不完全的菌根营养。
holomycotrophic 全菌根营养的	(noun **holomycotroph**) a plant that is a mycotroph as its sole method of nutrition, without chlorophyll and hence not green. In orchids, so called "saprophytic" formerly is in fact "holomycotrophic". 菌根营养成为其唯一获取养分方法的植物,不具叶绿素,因而非绿色,在兰科植物中所谓"腐生的"就是"全菌根营养的"。
hypochile 下唇	basal lobe of a lip that is differentiated into two or three parts or lobes. 当唇瓣分化为 2～3 个部分或裂片时,基部的裂片称下唇。
inflorescence 花序	the flowering part of a plant. 植物中花朵着生的部分。
labellum	＝lip
lamella 褶片	(pl. **lamellae**；adj. **lamellate**) in orchids, referring to laterally flattened ridge on the lip. 在兰科植物中,指唇瓣上两侧压扁的脊。
lip 唇瓣	a median, exceptional petal in the orchid flower that is different in shape and color from the two lateral petals. 兰科花中特化的中央花瓣,它在形态上和色泽上不同于两枚侧生的花瓣。
lobe 裂片	any division or segment or an organ. 一个器官的任何分裂部分或片段。
lobule 小裂片	a small lobe. 小的裂片。
lithophytic 石上附生的	growing on rocks. 生于岩石上。
massula 小团块	(pl. **massulae**) a small mass of pollen in the pollinium which comprises separable small masses. 指花粉团中的一个花粉小团块,而此种花粉团包含有可分开的小团块。
mentum 蕈囊	a spur-like or chin-like projection or structure formed by the united column-foot, lip and lateral sepals. 一个距状或颏形的突出物或结构,由蕊柱足、唇瓣和侧萼片联合而成的。

续表

mesochile 中唇	middle lobe of a lip that is differentiated into three parts or lobes. 当唇瓣分化为 3 个部分或裂片时,中部的裂片称中唇。
monopodial 单轴生长	(＝monopodium)a growth habit in which the main axis can continue to grow indefinitely at its apex. 一种生长方式,其主轴的顶端能不断地继续生长。
mycotrophic 菌根营养的	(noun **mycotroph**)a plant that obtains part or all of its nutrition from organic substances provided by fungi. 从真菌提供的有机物质中取得部分或全部养分的植物。
operculum	(adj. **operculate**)＝ anther-cap
petal 花瓣	any of the two lateral segments of the inner perianth whorl,placed on either side of the dorsal sepal. 花被内轮中两个侧生花被片中任何一片,位于中萼片的两侧。
panicle 圆锥花序	(adj. **paniculate**)a branched, racemose inflorescence with flowers opening from the bottom upwards. 具分枝的总状花序,花由基部向上渐次开放。
peduncle 花序柄	(adj. **pedunculate**) the stalk of an inflorescence. 花序的柄。
plicate 折(褶)扇状	folded into many pleats, like a folding fan. 具许多褶,状如褶扇。
pollinarium 花粉块	(pl. **pollinaria**)a structure or organ comprising pollinia (sometimes with caudicles), stipe (sometimes absent) and viscidium (sometimes absent or represented by sticky substance). 一种结构或器官,由花粉团(有时带有花粉团柄)、蕊喙柄(有时不存在)和黏盘(有时不存在或为黏性物质)组成。
pollinium 花粉团	(pl. **pollinia**)a mass of coherent pollen grains. 一团黏合的花粉粒。
pseudobulb 假鳞茎	a thickened stem, usually aerial. 一种变厚的茎,通常为气生的。
raceme 总状花序	(adj. **racemose**) an unbranched, elongated inflorescence with pedicellate flowers opening from the bottom upwards. 长而不分枝的花序,生有具花梗的花,由基部向上渐次开放。
rachis 花序轴	the axis of an inflorescence. 花序的轴。
resupinate 倒置的	upside down, having the lip on the lower side of the flower, this being caused by the ovary or pedicel twisting or bending during deve-lopment. 上下颠倒的,指唇瓣位于花的下侧,这是由于花梗或子房在发育中扭转或弯曲而引起的。
rhizome 根状茎	used of a horizontal stem often in or on the substrate or sometimes appressed to branches or rocks. 指平卧的茎,通常生于地下或地面上,有时也贴生于树枝或岩石上。

rostellum 蕊喙	a portion of the median stigma lobe that looks like a beak lying between the stigma and anther. 柱头中裂片的一部分,外观似一个喙状物,位于柱头与花药之间。
saccate 囊状的	deeply concave, bag-shaped. 深凹的,袋状的。
scape 花葶	a leafless flowering stem, generally arising from the ground. 无叶的花茎,通常从地面发出。
sectile 可分割的	separable pollinium, said of soft, granular pollinium comprising small masses connected by elastic threats. 可分割的花粉团,指柔软、粒粉质的花粉团,包含有由弹丝相连接的小团块。
sepal 萼片	any of the three segments of the outermost perianth whorl. 外轮花被片 3 枚中任何 1 枚。
septum 隔膜	(adj. **septate**)a partition separating or dividing a room or space into two parts. 指一个隔断将一个房室或空间分隔成两部分。
spike 穗状花序	(adj. **spicate**) an unbranched, elongated inflorescence with sessile or subsessile flowers opening from the bottom upwards. 长而不分枝的花序,具无柄或近无柄的花,由基部向上渐次开放。
spur 距	a hollow saccate or tubular extension of the lip, often containing nectar. 唇瓣的囊状或管状的中空延伸物,通常内含花蜜。
staminode 退化雄蕊	a sterile stamen that produces no pollen. 不产生花粉的不育雄蕊。
stipe 蕊喙柄	any pollinium stalk derived from the rostellum. 源自蕊喙的花粉团的柄。
stelidium 蕊柱臂	(pl. **stelidia**)a projection borne on either side of the column, usually interpreted as staminode. 生于蕊柱两侧的突起,通常被认为是退化雄蕊。
stolon 匍匐茎	an elongated, horizontal stem creeping along the ground, usually with long intemodes and rooting at the tip to form a new plant. 沿地表横生的长茎,通常具长的节间并在顶端生根并长出新植株。
sympodial 合轴生长	(＝sympodium)a growth habit in which the axes or shoots have limited growth, new shoots commonly arising from the bases of older ones. 一种生长方式,它的轴或幼茎通常发自老茎的基部。
synsepal 合萼片	a compound organ formed by partial or complete fusion of two lateral sepals. 由两枚侧萼片部分或完全合生而成的复合器官。

taxon 分类群	(pl. **taxa**) a taxonomic group of any rank，such as genus，species，variety or form，would be a taxon. 分类上任何等级的一个类群，如属、种、变种或变型，都叫分类群。
terrestrial 地生的	growing on the ground and supported by soil. 生于地上，固着于土壤中。
tessellated 具网格斑的	used of various colors arranged in a somewhat checkered pattern. 用来指不同的色泽排成似方格网状图案。
tuber 块茎	a thickened and short subterranean stem or branch bearing buds or "eyes"， 粗短的地下茎或地下枝，具芽或"眼"。
tuberoid 块根	a fleshy-thickened root，resembling a tuber. 肉质增粗的根，貌似块茎。
velamen 根被	(pl. **velamina**) the spongy integument layer of an orchid root，comprising dead cells at maturity. 兰科植物根的海绵质覆盖层，长成后包含有死的细胞。
viscidium 黏盘	(pl. **viscidia**) a sticky portion of the rostellum connected directly to pollinia or by a stipe or caudicle. 蕊喙中黏性的部分，直接连接于花粉团或通过黏盘柄，或花粉团柄连接于花粉团。

附录四　关于兰科植物受精方面的文献

　　下面关于兰科植物受精方面的论文和书籍是在本书 1862 年第一版出版以后发表的,悉按年代顺序排列。

Bronn, H. G. Charles Darwin, über die Einrichtungen zur Befruchtung britischer und ausländischer Orchideen. With an Appendix by the Translator on *Stanhopea devoniensis*. Stuttgart,1862.

Gray,Asa. On *Platanthera* (*Habenaria*) and *Gymnadenia* in Enumeration of Plants of the Rocky Mountains. ,American Journal of Science and Arts, Second Series, vol. xxxiv. No. 101,Sept. 1862,p. 33.

Gray. Asa. On *Platanthera hookeri*,in a review of the first edition of the present work. American Journal of Science and Arts,vol. xxxiv. July 1862,p. 143.

Anderson. J. Fertilisation of Orchids. Journal of Horticulture and Cottage Gardener,April 21, 1863,p. 287.

Gosse,P. H. Microscopic Observation on Some Seeds of Orchids. Journal of Horticulture and Cottage Gardener,April 21,1863,p. 287.

Gray,Asa. On *Platanlhera*(*Habenaria*)*flava* and *Gymnanenia tridentata*. American Journal of Science and Arts,vol. xxxvi. Sept. 1863,p. 292.

Journal of Horticulture and Cottage Gardener. ,March 17,1863,p. 206. On Orchid Cultivation, Cross-breeding,and Hybridising.

Scudder,J. H. On *Pogonia ophioglossoides*. Proceedings of the Boston Society of Natural History,vol. ix. April,1863.

Treviranus. Ueber Dichogamie nach C. C. Sprengel und Ch. Darwin. § 3. Orchideen. Botanische Zeitung,No. 2,1863,p. 9.

Treviranus. Nachträgliche Bemerkungen über die Befruchtung einiger Orchideen. Botanische Zeitung,No. 32,1863,p. 241.

Trimen,R. On the Fertilisation of *Disa grandiflora*,Linn. ,Journal of Linnean Society,Botany. vol. vii. 1863,p. 144.

West of Scotland Horticultural Magazine. Fertilisation of Orchids,Sept. 1863,p. 65.

Crüger. A few Notes on the Fecundation of Orchids,and their Morphology. Journal of Linnean

Society, Botany, vol. viii. No. 31, 1864, p. 127.

Scott, J. On the Individual Sterility and Cross-impregnation of certain Species of Oncidium. Journal of Linnean Society, vol. viii. No. 31, 1864, p. 162.

Moggridge, J. Traherne. Observations on some Orchids of the South of France. Journal of Linnean Society, Botany, vol. viii. No. 32, 1865, p. 256.

Trimcn, R. On the Structure of *Bonatea speciosa*, Linn. , with reference to its Fertilisation. Journal of Linnean Sociery, vol. ix. 1865, p. 156.

Rohrbach, P. Ueber *Epipogium gmelini*. Gekrönte Preisschrift, Göttingen, 1866.

Delpino. Sugli Apparecchi della Fecondazione nelle Piante antocarpee. , Florence, 1867.

Hildebrand, F. Die Geschlechter-Vertheilung bei den Pflanzen, &c. Leipzig, 1867, p. 51. *et seq*.

Hildebrand, F. Frederigo Delpino's Beobachtungen über die Bestäubungsvor richtungen bei den Phanerogamen. Botanische Zeitung, No. 34, 1867, p. 265.

Moggridge, J. Traherne, on Ophrys. Flora of Mentone, 1867(?). Plates 43, 44, 45.

Weale. J. P. Mansel. Notes on the Structure and Fertilisation of the Genus Bonatea, with a special description of a Species found at Bedford, South Africa. Journal of Linnean Society, Botany, vol. x. 1867, p. 470.

Hildebrand. Notizen über die Geschlechtsverhältnisse brasilianischer Pflanzen. Aus einem Briefe von Fritz Müller. Botanische Zeitung, No. 8, 1868, p. 113.

Müller, Fritz. Ueber Befruchtungserscheinungen bei Orchideen. Botanische Zeitung, No. 39, 1868, p. 629.

Müller, Hermann. Beobachtungen an westfälishen Orchideen. Verhandlungen des nat. Vereins für Pr. Rheinl. u. Westf. 1868 and 1869.

Darwin, Charles. Notes on tbe Fertilisation of Orchids. Annals and Magazine of Natural History, Sept. 1869.

Delpino. Ulteriori Osservazioni sulla Dicogamia nel Regno vegetale. Parte prima. Milan, 1868—1869, pp. 175—178.

Moggridge, J. Traherne. Ueber *Ophrys insectifera*, L. (part). Verhandlungen der Kaiserl. Leop. Carol. Akad. (Nova Acta), tom. xxxv. 1869.

Müller, Fritz. Ueber einige Befruchtungserscheinungen. Botanische Zeitung, No. 14, 1869, p. 224.

Müller, Fritz. Umwandlung von Staubgefässen in Stempel bei Begonia. Uebergang von Zwitterblüthigkeit in Getrenntblüthigkeit bei Chamissoa. Triandrische Varieät eines monandrischen Epidendrum. Botanische Zeitung, No. 10, 1870, p. 149.

Weale, J. P. Mansel. Note on a Species of Disperis found on the Kageberg, South Africa. Journal of

Linnean Society, Botany, vol. xiii. 1871, p. 42.

Weale, J. P. Mansel. Some Observations on the Fertilisation of *Disa macrantha*. Journal of Linnean Society, vol. xiii. 1871, p. 45.

Weale, J. P. Mansel. Notes on some Species of Habenaria found in South Africa. Journal of Linnean Society, vol. xiii. 1871, p. 47.

Cheeseman, T. F. On the Fertilisation of the New Zealand Species of Pterostylis. Transactions of the New Zealand Institute, vol. v. 1873, p. 352.

Müller, Hermann. Die Befruchtung der Blumen durch Insekten, &. c. Leipzig, 1873, pp. 74—86.

Cheeseman, T. F. On the Fertilisation of *Acianthus cyrtostilis*. Transactions of the New Zealand Institute. vol. vii. 1874(issued 1875), p. 349.

Müller, Hermann. Alpine Orchids adapted to Cross-fertilisation by Butterflies. Nature, Dec. 31, 1874.

Delpino. Ulteriori Osservazioni sulla Dicogamia nel Regno vegetale. Parte seconda, fasc. ii. Milan, 1875, pp. 149—150.

Lubbock, Sir J. British Wild Flowers. London 1875, pp. 162—175.

Fitzgerald, R. D. Australian Orchids. Part I. 1875. Part II. 1876. Sydney, New Soutrh Wales.

科学素养文库·科学元典丛书

即将出版